GÄRTEN DES JAHRES

Susanne Wiborg
Konstanze Neubauer

Callwey

„Die Natur ist in allen Lebenslagen unser Lehrmeister, und ohne Naturverständnis gibt es keine Ästhetik.“

PETER BERG

Inhalt

Architects' Choice

Architects' Voice

Die lebendige Kunst des Gartens

VON SUSANNE WIBORG

Wie private Gärten zu kulturellen Räumen werden – und was sie über uns erzählen.

„Man fühlt im Augenblick, daß eine erhöhte Freude an Gärten existiert. Solche Phänomene kommen und gehen und drücken das innere Leben eines Gemeinwesens aus, wie irgendwelche Liebhabereien bei einem Individuum. Die große Stadt entledigt sich nicht mürrisch und amtsmäßig ihrer Verpflichtung, kleine Flecke von Grün in ihren graugelben Gesamtaspekt aufzunehmen, sondern ist entzückt, wenn an zwanzig Stellen neue Büschel von Grün und Farbe aufbrechen. Man eröffnet immer neue Gärten, der Bürgermeister hält kleine Reden, die unvergleichlich sympathischer sind als das meiste, was irgend bei öffentlichen Anlässen geredet wird…“

Urban Gardening? Gärtnern fürs Klima? Stadtgrün naturnah? Zeitgeist pur? Ja und nein: Zeitgeist schon, aber vor mehr als 100 Jahren, im Wien der Belle Epoque, und festgehalten in Hugo von Hofmannsthals „Es werden Gärten sein". In buchstäblich blumiger Sprache blickt der Dichter hier auf Gegenwart und vor allem Zukunft der Gartenkultur, auf die damals neu erwachende Freude am Wechselspiel zwischen Kultur und Natur. Heute, in einer Zeit, in der Gärten erneut im Trend liegen, ist dieser visionäre Text allemal ein Wiederlesen wert. Schließlich sind Hofmannsthals „Gärten der Zukunft" die Gärten unserer Gegenwart. Unsere Gärten. Wir freuen uns, sie Ihnen hier in einer Vielfalt vorstellen zu dürfen, von der der Dichter damals nur träumen konnte. Die spannenden Fragen dazu: Was hat sich verändert, was kann sich nicht verändern, wie mögen unsere Gärten der Zukunft aussehen? Vor allem aber:

> Was wird unsere „erhöhte Freude am Grün" auch weiterhin und über alle Trends hinweg wachsen lassen? Was verbindet uns seit Menschengedenken so eng mit einem selbstgeschaffenen Stückchen Natur, dass diese Beziehung oft schon an Liebe grenzt?

Damals, vor dem Ersten Weltkrieg, spiegelte sich im Grünen ein gesamtgesellschaftlicher Trend: Weg vom Gekünstelten, weg vom harten ornamentalen Zwang vergangener Gartenzeiten, weg von den steifen, „steingewordenen Phrasen einer halbvergangenen Ära", vom Historismus. Abrüstung im grünen Bereich bis hin zu einer neuen Freiheit, zu einem lebendigen urbanen Gesamtkunstwerk.

Es war das Zeitalter des Jugendstils, der wild wuchernden Ornamente, welche die von den Städtern entbehrte und damals wie heute deshalb idealisierte Natur wenigstens auf die Wohnzimmertapete brachte, und in dem Hofmannsthal über die Großstadt Wien urteilte:

> „Dieses Ganze ist ja ein ungeheurer Garten, zusammengesetzt aus Tausenden von kleinen Gärten und aus wilden, aber gartenhaften Hügeln."

Wie harmonisch Wohnraum, Garten, Natur und Umgebung buchstäblich zusammenwachsen können, wie wirkungsvoll die „selbstsichere Simplizität" einer gelungenen Anlage ist, haben unsere Teilnehmer auch diesmal wieder eindrucksvoll gezeigt. Auch uns, wie einst Hofmannsthal, geht es mit dieser Kollektion darum, Entwicklungen zu spiegeln und dadurch vielleicht auch gleich einen Blick in die Zukunft zu wagen. Es geht um besonders gelungene Kombinationen, um geglückte Harmonien und spannende Gegensätze, um Überraschungen und Bewährtes, kurz: um Kultur, Natur und Menschen in gelebten und geliebten privaten Lebensräumen. Während zu Hofmannsthals Zeiten gerade erst die Abkehr vom Garten als Zwangsanstalt für widerspenstige Botanik Hauptthema war, sind wir in seiner Suche nach dem Zusammenklang deutlich weitergekommen. Ans Ziel natürlich nicht, denn einen Endpunkt kann es im Umgang mit Leben, mit den individuellen Gärten individueller Menschen, niemals geben. Der Gartenweg bleibt das Ziel. Immer, seit der erste Mensch selbstvergessen vor der ersten duftenden Blüte stehenblieb, suchen wir hier dieses kleine, große Glück. Ob die Freude an der reinen Schönheit auf einem liebevoll bepflanzten Balkon zuhause ist, in einem strubbeligen, aber herrlich blühenden alten Apfelbaum wohnt oder in einer professionell durchgestylten großen Anlage residiert, spielt für diese archaische, beinahe magische Verbindung keine Rolle.
„Es ist ganz gleich, ob ein Garten klein oder groß ist," brachte es Hofmannsthal auf den Punkt. „Was die Möglichkeiten seiner Schönheit betrifft, so ist seine Ausdehnung so gleichgültig, wie es gleichgültig ist, ob ein Bild groß oder klein, ob ein Gedicht zehn oder hundert Zeilen lang ist. Die Möglichkeiten der Schönheit, die sich in einem Raum von fünfzehn Schritt im Geviert, umgeben von vier Mauern, entfalten können, sind einfach unmeßbar."

Dass gerade ein Dichter festhält, was ebenso als Motto über all unseren „Gärten des Jahres" stehen könnte, ist kein Zufall. Garten und Literatur sind unzertrennlich, beide menschengeschaffener Spiegel und Abglanz der Welt, oder, in der üppig wuchernden Sprache des kaiserlichen Wien: „Der Ausgleich zwischen dem Bürgerlichen und dem Künstlerischen (es gibt im Grunde nichts, was dem Dichten so nahesteht, als ein Stück lebendiger Natur nach seiner Phantasie umzugestalten), der Ausgleich zwischen dem Netten und dem Pittoresken, der Ausgleich zwischen der persönlichen und der allgemeinen Tradition, dies alles wird unseren neuen Gärten ihre nie zu verwischenden Physiognomien geben. Sie werden da sein, und, sie werden etwas ganz bestimmtes sein, eine jener Chiffren, die die Zeit zurück läßt für die Zeiten, die nach ihr kommen.

Ein alter Garten ist immer beseelt. Der seelenloseste Garten braucht nur zu verwildern, um sich zu beseelen.

Es entsteht unter diesen schweigenden grünen Kreaturen ein stummes Suchen und Fliehen, Anklammern und Ausweichen, eine solche Atmosphäre von Liebe und Furcht, daß es fast beklemmend ist, unter ihnen allein zu sein. Und doch sollte es nichts Beseelteres geben als einen kleinen Garten, in dem die lebende Seele seines Gärtners webt. Es sollte hier überall die Spur einer Hand sein, die zauberhaft das Eigenleben aller dieser stummen Geschöpfe hervorholt, reinigt, gleichsam badet und stark und leuchtend macht. Der Gärtner tut mit seinen Sträuchern und Stauden, was der Dichter mit den Worten tut: er stellt sie so zusammen, daß sie zugleich neu und seltsam scheinen und zugleich auch wie zum erstenmal ganz sich selbst bedeuten, sich auf sich selbst besinnen. Das Zusammenstellen oder Auseinanderstellen ist alles: denn ein Strauch oder eine Staude ist für sich allein weder hoch noch niedrig, weder unedel noch edel, weder üppig noch schlank: erst seine Nachbarschaft macht ihn dazu, erst die Mauer, an der er schattet, das Beet, aus dem er sich hebt, geben ihm Gestalt und Miene."

Da ist es, das ewig faszinierende Abenteuer vor der Haustür, das Austarieren von Wunsch und Wirklichkeit. Was braucht der Garten für Hofmannsthals vielbeschworene „Seele"? Wie viel Design und Kontrolle sind gewünscht, wie viel Freiheit und Eigensinn müssen bleiben? Die größere Frage dahinter: Inwieweit sind Gärten generelle Spiegel eines gesellschaftlichen Zeitgeistes, inwieweit individuelle Spiegel ihrer Besitzer? Noch einmal Hofmannsthal: „Wer heute baut, soll nicht einen alten Garten kopieren, sondern ihm seine paar Wahrheiten ablernen. Wer heute einen Garten anlegt, hat eine feinfühligere Zeit darin auszudrücken. Irgendwie wird er mit der Anlage seines Gartens seine stumme Biographie schreiben, so wie er sie mit der Zusammenstellung der Möbel in seinem Zimmer schreibt."

Zeige mir deinen Garten, und ich sage dir, wer du bist?

Es gab Zeiten, da gab es sogar noch mehr, nämlich: Ich zeige dir meinen Garten, und der sagt dir, wer du sein sollst. Botanik als Rollenvorbild. Die prächtigen Anlagen absolutistischer Herrscher repräsentierten nicht nur Macht und Pracht, sondern demonstrierten auch gleich noch, was generell erwartet wurde, und sei es vom Buchsbaum: Unterwerfung. Dauergestutzt, in möglichst künstliche Ornamente gezwungen, war er die gärtnerische Übersetzung eines unmissverständlichen Mottos: L'etat, c'est moi. Und jeder in diesem Staat, Buchs oder Bürger, hatte sich vor den großen und kleinen Sonnenkönigen, auf deren Schlösser solche Anlagen zuliefen, zu erniedrigen und zu biegen. Diese Botschaft konnte der Buchs umso klarer vermitteln, als er sich als der ideale Untertan erwies: Egal, wie brutal er behandelt wurde, er entzog sich nie und trieb immer brav wieder aus. Was schon damals nicht jedem gefiel. Liselotte von der Pfalz urteilte 1719 über die Gärten von Versailles: „Was natürlich ist, gefällt mir besser als alles, was die Künste und Magnifizenz erdenken kann. Solche Sachen taugen nur im ersten Anblick, sobald man's aber gewohnt ist, denkt man nicht mehr dran, und was noch mehr ist, man wird bald müde. Aber natürlich, Wasser, Wiesen und Wälder kann ich mein Leben [...] nicht müde werden." Der Herzog von Saint-Simon wurde noch deutlicher: „Die Gewalt, die der Natur angetan wird, ist abstoßend."

Und darum geht es bis heute: um die Freude.

Ein republikanisches Kontrastprogramm bot da die Freie und Hansestadt Hamburg. Deren florierender Handel und Wandel sorgte für riesige bürgerliche Vermögen, von denen ein erstaunlicher Teil in eine allgemeine Gartenleidenschaft investiert wurde, von der noch heute die prachtvollen großen Landschaftsparks entlang der Elbe zeugen. Diese Neigung hatte auch handfeste wirtschaftliche Hintergründe: „Der Privatgarten zu Hamburg", so urteilte der Schriftsteller Hans Leip in unseren Tagen, „war eigentlich bis zur letzten Jahrhundertwende ein so gültiger Maßstab für die Kreditfähigkeit eines Mannes wie sein Warenlager und seine Geschäftsverbindungen." Garten nicht als verkörperter Herrschaftsanspruch, sondern als grüne Bilanz und blühende Mustermesse, in der die letzten botanischen Neuigkeiten, die oft ein Vermögen gekostet hatten, stolz vorgeführt wurden.

Doch auch Liebe war immer dabei: „Mit tausend Freuden," besang der barocke Senator Barthold Heinrich Brockes „Wie lieblich sich die schönen Blumen kleiden", widmete einem „Bett voll Hyazinthen" ein neunstrophiges Gedicht und seinem Garten gleich ganze Bücher. Der Komponist Georg Philipp Telemann ließ sich von seinem Freund Georg Friedrich Händel auch noch die wenigen exotischen Pflanzen aus London schicken, die er, selten genug, selbst in Hamburg nicht bekam. In fast rauschhafter Glückseligkeit bekannte er „meine Unersättlichkeit in Hyacinthen und Tulpen, meinen Geiz nach Ranunkeln und meine Begierde nach den mehrsten Zwiebelgewächsen". Und da treffen sich dann die Zeiten, die Welten und die stummen Biografien: Das alles ist mehr als 250 Jahre her – aber welcher leidenschaftliche heutige Gärtner kann sich in dieser reinen, naiven Freude, in diesem Wunsch, immer mehr lebende Schönheit um sich zu versammeln, nicht sofort wiederfinden?

Wir haben da den vorhergehenden Epochen einiges voraus. Wir sind von vielen Sachzwängen befreit und dürfen tun, was lange ein Privileg sehr weniger sehr Reicher war. Wir dürfen die eigene „stumme Biographie" genau so schreiben, wie wir sie haben möchten. Abgesehen natürlich von dem unabänderlichen Naturgesetz, dass ein Garten nie groß genug für alle Wünsche ist. Aber sonst: Das eigene Revier über die Jahre anzulegen, zu pflegen, immer mehr zum Eigenleben und auch zum Eigensinn erwachen zu sehen, bedeutet heute vor allem anderen ein Riesenvergnügen. Was jeder weiß, der sich schon einmal einen trüben Winter mit Plänen für die nächste Saison verkürzt hat. Es gibt inzwischen kaum noch etwas, das es – theoretisch - nicht gäbe: ein Mausklick, ein Umblättern, vielleicht sogar professionelle Hilfe, und die Gartenwelt liegt einem selbst am ekligsten Februartag sattgrün und verlockend zu Füßen. Keine störende Realität, keine gierigen Nacktschnecken, kein Hagelschauer zur Rosenzeit. Solange die Pläne ins Kraut schießen, gehören sie einem alle, Hofmannsthals Gärten der Zukunft. Oder jedenfalls beinahe: „Das ist nämlich das Leidige daran, wenn man ein besonders schönes und hervorstechendes Plätzchen im Garten hat: man will dauernd etwas damit anstellen," seufzte ein anderer Klassiker der Gartenliteratur, Beverley Nichols, eine Generation jünger, very british und daher sehr viel weniger pastoral als sein Wiener Kollege: „Während der langen Wintermonate, über Katalogen brütend, hatten mir die Beschreibungen aller Arten von Kletter-, Hänge- und Schlinggewächsen derart den Kopf verdreht, dass ich mir immer wieder vorstellte, wie schön sie sich um die Keramikvasen herum ausnehmen müssten – wobei ich völlig vergaß, dass die Vasen schon längst nicht mehr zu sehen wären, wenn auch nur ein Teil davon aufging."

Wie könnte, bei so vielen Möglichkeiten, die Chiffre aussehen, die wir hinterlassen werden, unsere vielen Garten gewordenen Träume und Pläne? Vermutlich, wie seit jeher, angesiedelt irgendwo auf der Skala zwischen Brutalität und Können: „Die Japaner machen eine Welt von Schönheit mit der Art, wie sie ein paar Sträucher, wie sie ein paar ungleiche Steine in einen samtgrünen, dicken Rasen legen", bewunderte Hofmannsthal, „wie sie einen kleinen kristallhellen Wasserlauf sich biegen lassen, mit der Kraft des Rhythmus, wie sie einen Strauch und einen zwerghaften Baum gegeneinanderstellen, und das alles in einem offenen Garten von so viel Bodenfläche wie eines unserer Zimmer. Aber von dieser Feinfühligkeit sind wir noch weltenweit, [...] immerhin kommen wir allmählich wieder dorthin zurück, [...] die Harmonie der Dinge zu fühlen, aus denen ein Garten zusammengesetzt ist: daß sie untereinander harmonisch sind, daß sie einander etwas zu sagen haben [...]."

Inzwischen verstehen viele Gärtner – unsere Teilnehmer beweisen es – Harmonien und Zusammenklänge ähnlich kunstvoll ins Europäische zu übersetzen.

Auf der einen Seite steht also ein Fortschritt; eine andere Hoffnung Hofmannsthals aber hat sich nicht erfüllt: Zwar ist der Zwang heute nicht mehr so unübersehbar wie in barocken Rabatten voller hart geknechteter Gewächse, aber gewichen ist er nie. Die falsche Pflanze am falschen Platz leidet immer noch genauso kläglich wie damals, als er es als „abscheuliche Gewohnheit" bezeichnete, „so fremde und unglückliche Geschöpfe in unsere Gärten zu tun, wie es die Palmen sind. Denn sie sind so entsetzlich und unheilbar heimatlos bei uns, daß sie einen ganzen Garten traurig und häßlich machen, wenn auch nur ihrer zwei oder drei darin herumstehen. Es gehört eine besondere Stumpfheit dazu, um nicht zu fühlen, daß alles an ihnen, die Nuance ihres Grün, das Gewebe ihrer Wedel, ihr ganzes Dastehen, in den lautesten Tönen gegen ihre Umgebung schreit, gegen den Rasen, aus dem sie nicht hervorgewachsen sind, gegen die Büsche und Bäume, mit denen sie nichts gemein haben, gegen das Licht, das ihnen zu wenig stark ist, in dem sie nicht flirren und schwirren, ja, gegen die Luft selber, die sie hassen."

Heute hätten den hypersensiblen Dichter wohl eher all die Wegwerfpflanzen traumatisiert, die zwischen Schotter, Kirschlorbeer und Plastikzäunen ihr klägliches Dasein fristen und für dieselbe Acht- und Respektlosigkeit stehen wie die Palmen im kaiserlichen Wien. So ist es nun einmal: Sensibilität lässt sich nicht erzwingen, Bezug zur lebendigen Umwelt ist nicht selbstverständlich. Dafür lässt sich vieles anregen, unterstützen und fördern, und genau dazu möchten wir auch mit diesen „Gärten des Jahres" wieder beitragen.

Wir hoffen, dass Sie unsere Freude an so viel Gelungenem teilen, und vor allem hoffen wir, dass Sie hier und im eigenen Revier viele dieser Glücksmomente finden können, die Sinn und Quintessenz allen Gärtnerns ausmachen – so wie Beverley Nichols angesichts seiner doch noch glücklich bepflanzten Keramikvasen: „Meiner Ansicht nach sind sie am schönsten an Sommerabenden, wenn die Clematis Jackmanii (die zwar „gewöhnlich" sein mag, aber herrlich aussieht) sich mit ihren dunkelvioletten Blüten hinaufrankt und sich mit dem viktorianischen Blassrosa der „Apfelblüten"-Geranien vermengt, die in den Keramiken stehen. Es ist eine bezaubernde Farbenehe, eine Art blumiger Liebesgeschichte, und wenn man den Weg entlangkommt, so dass dieses zarte Duo gegen den Hintergrund der Blutbuche aufleuchtet, so merkt man erst, wie lebenswert das Leben sein kann, und dass es ein lohnender Einfall war, auf die Welt zu kommen."

Über

SUSANNE WIBORG
IST JOURNALISTIN UND BUCH-AUTORIN. SIE LEBT IN DER NÄHE VON HAMBURG, ARBEITETE UNTER ANDEREM FÜR „DIE ZEIT" UND SCHREIBT AKTUELL FÜR „KRAUT & RÜBEN". VON IHR ERSCHIENEN DIE BÜCHER „BLÜTENPRACHT UND SCHLAUE HÜHNER" SOWIE „GÄSTE IN MEINEM GARTEN" UND VIELE WEITERE TITEL.

Die Jury

Viele Stimmen, ein gemeinsamer Klang.
Bei der Bewertung der eingereichten Projekte wurde lebhaft diskutiert – bis am Ende Klarheit herrschte:
Dies sind die 50 herausragenden Privatgärten 2026!

STEPHAN LENZEN
PRÄSIDENT DES „BUND DEUTSCHER LANDSCHAFTSARCHITEKT:INNEN (BDLA)", FREISCHAFFENDER LANDSCHAFTS-ARCHITEKT

„Nur mit öffentlichen Grünflächen allein ist die dringend notwendige Anpassung an die Folgen des Klimawandels und die Erhöhung der Biodiversität unserer Siedlungsräume nicht zu schaffen. Viele der eingereichten Projekte zeigen die ergänzende Wirksamkeit der privaten Gartenräume dafür eindrucksvoll auf."

BURKHARD DAMM
LANDSCHAFTSARCHITEKT AKNW
GEWINNER GÄRTEN DES JAHRES 2025

„Schön zu erleben, dass die Jury so konzentriert arbeitet und die Einreichungen aus vielen verschiedenen Perspektiven diskutiert!"

HEIKE VOSSEN
VERANTWORTLICHE REDAKTEURIN VON „GÄRTEN" UND „FREIRAUM GESTALTEN", VERLAG EUGEN ULMER

„Was haben wir diskutiert, argumentiert und uns die Köpfe heiß geredet, um gemeinsam die Sieger zu küren. Aber diese Gärten inspirieren! Sie zeigen uns, dass sie weitaus mehr sind als der Außenraum des Hauses – hier spüren wir den genius loci und sehen den Wert einer Pflanzung, die über reine Ästhetik hinaus reicht."

JENS SPANJER
VORSTAND „STIFTUNG SCHLOSS DYCK ZENTRUM FÜR GARTENKUNST UND LANDSCHAFTSKULTUR", LANDSCHAFTSARCHITEKT

„Gärten des Jahres ist ein großartiger Wettbewerb, weil er einen besonders eindrucksvollen Teil unserer Gartenkultur sichtbar macht: die individuellen und oft sehr persönlichen Privatgärten. Sie begeistern durch Kreativität, gestalterische Vielfalt, ästhetische Qualität – und zunehmend auch durch nachhaltige Konzepte und eine bemerkenswerte Pflanzenvielfalt."

KONSTANZE NEUBAUER
AUTORIN

„Viele Planer und Planerinnen setzen nicht auf schnelle Effekte, sondern nehmen in ihrer Gestaltung eine klare Haltung ein: Respekt vor dem Ort, dem Boden und dem Vorgefundenen, etwa in Gestalt alter Bäume.
Zudem wird immer mehr Wert auf die Regionalität der Materialien sowie ökologische Aspekte wie offene Versickerung, Verdunstungsflächen, Pflanzungen mit hoher Artenvielfalt und Insektenförderung gelegt. Eine Entwicklung, die in die richtige Richtung geht!"

DIRK EBBEN
GESCHÄFTSFÜHRER
„BAUMSCHULE EBBEN"

„Ein Garten entfaltet seine Kraft, wenn er Haus und Umgebung harmonisch verbindet – als Ort, an dem man aufatmet, genießt und einfach gern ist. Besonders berührt mich, wie viel Leidenschaft und Vielfalt in den eingereichten Gärten steckt – von grünen Dachoasen bis zum Einsatz großer Bäume. Jede Fläche, die wir begrünen, ist ein wertvoller Beitrag im Kampf gegen den Klimawandel."

THOMAS BANZHAF
PRÄSIDENT DES „BUNDESVERBANDES FÜR GARTEN-, LANDSCHAFTS- UND SPORTPLATZBAU (BGL)"

„Es gibt viele schöne Gärten – aber nicht viele Gärten verdienen die Auszeichnung als Gärten des Jahres."

WOLFGANG BOHLSEN
CHEFREDAKTEUR
„MEIN SCHÖNER GARTEN"

„Große Refugien, kleine grüne Paradiese, begrünte Dachterrassen oder ein Wohngarten mit Pool – die Einreichungen zu den Gärten des Jahres zeigen auch in diesem Jahr eine große Vielfalt faszinierender Projekte, erstklassig umgesetzt von professionellen Gartenplanerinnen und -planern. Es war für uns in der Jury wieder sehr herausfordernd, aus der Vielzahl hochklassiger Einreichungen eine Auswahl zu treffen. Wir konnten nicht allen Projekten in dieser Ausgabe eine besondere Anerkennung verleihen – verdient hätten sie es."

Die Partner

Wir bedanken uns bei diesen wichtigen Branchen-Akteuren ganz herzlich für die Unterstützung.

BDLA – BUND DEUTSCHER LANDSCHAFTSARCHITEKTEN

Der Bund Deutscher Landschaftsarchitekt:innen (bdla) ist der Berufsverband deutscher Landschaftsarchitekten. Er wurde 1913 in Frankfurt am Main als Bund Deutscher Gartenarchitekten (kurz BDGA) gegründet und schließlich 1972 in den heutigen Namen umbenannt.

BGL – BUNDESVERBAND GARTEN-, LANDSCHAFTS- UND SPORTPLATZBAU

Der Bundesverband Garten-, Landschafts- und Sportplatzbau e. V. ist ein deutscher Arbeitgeber- und Wirtschaftsverband. Er vertritt die Interessen des Garten-, Landschafts- und Sportplatzbaues auf Bundesebene und in Europa.

DGGL – DEUTSCHE GESELLSCHAFT FÜR GARTENKUNST UND LANDSCHAFTSKULTUR E.V.

Die Deutsche Gesellschaft für Gartenkunst und Landschaftskultur e. V. ist ein gemeinnütziger Verein in Deutschland, aktiv in allen deutschen Bundesländern und mit einer Bundesgeschäftsstelle in Berlin.

ÖGLA

Die Österreichische Gesellschaft für Landschaftsplanung und Landschaftsarchitektur (ÖGLA) ist der Verband der Landschaftsarchitekt:innen und -planer:innen Österreichs. Die Interessen aller im Fach Berufstätigen (Selbstständige, Unselbstständige, öffentlich Bediensteter, Wissenschaftler:innen, Studierende) stehen im Vordergrund der Vereinstätigkeiten.

INTERNATIONALE LEITMESSE GALABAU

Die internationale Leitmesse GaLaBau bietet alles rund um die Themen Garten- und Landschaftsbau sowie Pflege und Bau von Sportplätzen, Spielplätzen und Golfanlagen. Als einzige Fachmesse weltweit bildet die GaLaBau das gesamte Angebotsspektrum der Branche ab. Auf der GaLaBau geben die Top-Player der Branche mit ihrem Angebotsspektrum rund um Planung, Bau und Pflege von Urban-, Grün- und Freiflächen schon heute die Antworten auf die Fragen von morgen.

GALABAU VERBAND ÖSTERREICH

Der Garten- und Landschaftsbauverband ist ein österreichischer Wirtschaftsbauverband. Er eint Unternehmen, die sich mit dem Bau, der Umgestaltung und Pflege von Grün- und Freianlagen sowie der Landschaftspflege beschäftigen, und vertritt deren Interessen.

BSLA

Der BSLA ist ein Zusammenschluss von qualifizierten, in der Planung tätigen Landschaftsarchitekten und Landschaftsarchitektinnen in der Schweiz. Der BSLA nimmt die fachlichen, berufspolitischen und wirtschaftlichen Interessen des Berufsstandes im Allgemeinen und seiner Mitglieder im Besonderen gegenüber Politik, Verwaltung, Wirtschaft und Öffentlichkeit wahr, auf nationaler wie internationaler Ebene.

JARDIN SUISSE

JardinSuisse ist der repräsentative Zusammenschluss und die Interessenvertretungs- und Dienstleistungsorganisation der Unternehmen der grünen Branche in der Schweiz. Die Mitglieder planen, bauen und pflegen Grünanlagen, produzieren Pflanzen in Gewächshäusern und im Freiland und betreiben gärtnerische Detailhandelsgeschäfte.

GARTEN + LANDSCHAFT

Garten + Landschaft ist ein deutschsprachiges Fachmagazin für Landschaftsarchitektur & Urban Design und informiert über Landschaftsarchitektur, Grünplanung, Freiraumplanung und Stadtplanung, Naturschutz, Ökologie, Kulturlandschaft, HOAI und zeigt Parks, Gärten, Plätze und Wettbewerbe.

MEIN SCHÖNER GARTEN

Mein schöner Garten ist eine Publikumszeitschrift des Offenburger Medienkonzerns Hubert Burda Media im Segment Living/Garden. Die Zeitschrift beinhaltet zahlreiche Anregungen zur Gartengestaltung und Gartenarbeit sowie hilfreiche Gartentipps und Pflanzeninformationen.

GARTENPRAXIS

Bei der Gartenpraxis steht die Pflanze im Mittelpunkt. Die Zielgruppe beinhaltet Garten- und Landschaftsarchitekten, Gartenbauingenieure, Garten- und Landschaftsbauer, Gärtner und Gartenbesitzer, die Informationen und Erfahrungen auf professionellem Niveau suchen und auf Qualität Wert legen.

GÄRTEN

ist das Magazin für Entscheider in Gartenarchitektenbüros und GaLaBau-Unternehmen im deutschsprachigen Raum. Mit „Best Practice"-Beispielen aus der Planungspraxis, Hintergrundinfos aus der Branche, der Vorstellung neuer Produkte und vielem mehr ist GÄRTEN ein wichtiger Begleiter für alle, die sich mit professioneller Gartengestaltung beschäftigen.

GIARDINA

Die Giardina zählt zu Europas führenden Indoor-Veranstaltungen für das Leben im Garten. Die bedeutendsten Anbietenden der Branche präsentieren jeweils zum Frühlingsbeginn auf rund 30.000 m² neue Produkte, kreative Lösungen und die kommenden Trends in der Gartengestaltung.

BAUMSCHULE EBBEN

Die Baumschule Ebben ist ein Familienbetrieb mit einer klaren grünen Vision. Das Augenmerk auf Innovationen im Bereich Farben, Texturen und Anwendungsbereiche mit Fokus auf die natürliche Art des Wachstums der Pflanze bildet einen wichtigen Schwerpunkt in der Baumschule. Nachhaltiges Züchten mit möglichst geringer Belastung der Umwelt, steht bei Ebben im Mittelpunkt, was die Bäume stark und widerstandsfähig macht.

Erster Preis

Daniel Berg GmbH

LAUDATIO
VON BURKHARD DAMM

Wir schauen heute auf einen Menschen, der die Gartengestaltung quasi in die Wiege gelegt bekommen hat, der sich für einen Gartengestalter bereits mit jungen Jahren eine Sprache geschaffen hat, die Landschaft, Garten, Handwerk und Poesie in wunderbarer Weise verbindet. Letztes Jahr noch als Newcomer des Jahres ausgezeichnet, überzeugte Daniel Berg dieses Jahr die gesamte Jury mit seinem Entwurf „Auf Fels gebaut“.
Worte aus der eigenen Vita wie „Alpenruhe, japanische Klarheit, Miniaturwelten“ – klingen anspruchsvoll, in seinem Projekt löst er sie mit Schärfe und präziser Handwerkskunst ein. Daniel Berg erinnert uns daran, dass Garten nicht Dekoration, sondern Dialog ist: mit dem Ort, mit den Menschen, mit den Naturgesetzen.
Was den Siegergarten 2026 auszeichnet, ist die Fähigkeit, Topografie, Panorama und Ruhe zu einer stimmigen Einheit zu verweben. Der Garten ist nicht einfach ein Raum; er ist eine Fortsetzung der Landschaft, rahmt das Seepanorama, tritt zurück, damit der Blick ungestört wandern kann. Dennoch ist der Garten eigenständig und würde auch ohne dieses Panorama auskommen. Die konsequente Verwendung von Material und Pflanzen macht deutlich: Hier wurde kompromisslos an den Potenzialen des Ortes gearbeitet, die Selbstverständlichkeit der Anlage steht im Vordergrund, der Planer zieht sich bescheiden zurück.
Der Garten erzählt eine Geschichte von Kraft und Geduld: Die Flaumeiche verankert die Terrassen, der Wasserlauf lässt die Welt leiser werden, der Feuerplatz öffnet den Blick in die Unendlichkeit. Und doch bleibt alles behutsam: Keine Überhöhung, kein Effektgeklimper, sondern eine stille, beständige Eleganz, als hätte sich die Natur die Bühne selbst geschaffen.
In diesem Sinne könnte man sagen: Der Garten scheint längst zu wachsen, nicht erst nach der Fertigstellung – wie eine Spur, die lediglich freigelegt, nicht neu gesetzt wurde.
Fazit: Daniel Berg vereint Naturverständnis, klare Form, subtiles Detail und nachhaltige Praxis. Der Siegergarten ist ein Meisterwerk der Gelassenheit, in dem Landschaft und Mensch in Harmonie atmen.

Der Garten als ideale Fortsetzung einer Landschaft

„Direkt in den Fels gebaut, zieht sich das Gebäude förmlich am Gestein empor. Der Weg nach oben: Eng, höhlenartig – bis sich die Spannung plötzlich löst und man im Freien steht. Drei Palmen, sonst nichts, nur Raum, rohe Fläche“, beschreibt Daniel Berg seine Eindrücke beim ersten Besuch des Grundstücks.

OBEN
Infinity-Villa am Fuß der Rigi mit Blick über den Vierwaldstättersee.

—

LINKS
Natursteine aus der Region formen einen kleinen Bachlauf mit Wasserfall.

Der See taucht den Garten
in immer neue Stimmungen.

OBEN
Blickfang am Bachlauf: ein knorriger alter Fächer-Ahorn 'Beni Shidare'.

UNTEN LINKS
Schattiger Hang mit regionalen Felsen und einer Bepflanzung aus Samt-Hortensien *(Hydrangea aspera ssp. sargentiana)*, Rhododendren, Farnen und *Brunnera macrophylla*.

—

UNTEN RECHTS
Vollständig ohne Beton: Die Stützmauer aus massivem Bollinger Sandstein wurde fugenlos an den Nagelfluh angeschlossen und wirkt, als wachse sie direkt aus dem Fels heraus.

E

Es liegt auf ca. 800 m Höhe über N.N. am Fuß der Rigi, einem markanten Bergmassiv mit weitem Blick über den Vierwaldstättersee, die Alpen und das Schweizer Mittelland.

Für den jungen Gartenplaner steht sofort fest, dass der Garten zu diesem besonderen Ort so selbstverständlich wirken muss, dass nicht zu erkennen ist, was die Natur und was der Mensch gestaltet hat. Den Charakter des Ortes herausarbeiten und in ein Konzept der „geordneten Natur" aufnehmen – das sieht Daniel Berg als seine Aufgabe. Die massiven Formationen aus Nagelfluh (poröses Konglomerat) auf dem Gelände begreift er als gestalterisches Potenzial und integriert sie in sein Gestaltungskonzept. So gelingen weiche Übergänge zwischen gebautem Garten und dem anstehenden Gestein. „Wir haben den Garten neu gedacht und zu einem kraftvollen, strukturierten Landschaftsraum umgestaltet. Dazu lesen wir den Ort, erkennen seine Potenziale und Störungen, ordnen Funktionen den Sichtbezügen zu und gestalten mit Präzision, Respekt und Klarheit", erklärt der Planer.

Es entsteht ein Garten, der sich völlig in die alpine Umgebung integriert und deren Schönheit unterstreicht, der aber genauso gut ohne diesen Ausblick funktionieren würde. Es ist eine reduzierte Gestaltung, die mit der Topografie verschmilzt und das Panorama nicht stört, sondern rahmt – als Fortsetzung der Landschaft. Nichts lenkt ab vom Ort, der Weite, der Ruhe. Die Reduktion auf das Wesentliche hat nicht nur gestalterische Gründe, denn in dieser Höhe und steilen Lage klappte der Transport der Materialien nur per Helikopter, wobei die Fluglogistik so effizient organisiert wurde, dass kein einziger Leerflug entstand. Selbst die großen Natursteine mussten via Luftweg angeliefert und gesetzt werden – eine Aufgabe, die viel Erfahrung und Gespür erfordert: „Ich analysierte die Form der Felsblöcke am Boden, bestimmte ihre spätere Lage und grub die Mulden so vor, dass die Steine exakt ins Gelände passten und präzise ausgerichtet gesetzt werden konnten – direkt aus der Luft. So stellte ich einen persönlichen Rekord auf: 30 Tonnen Fels in nur 30 Minuten", berichtet Daniel Berg.

Die Natursteine aus der Region bieten Struktur, dienen als Stützmauer oder Terrasse, als Pflegewege und Sitzsteine, formen an anderer Stelle einen kleinen Bachlauf mit Wasserfall. „Die Stützmauer aus Bollinger Sandstein Brand schließt sich fugenlos an den Nagelfluh an, so als wachse sie direkt aus dem Fels. Diese Blöcke fassen ebenso die angrenzende Terrasse ein, die wie eine schwebende Platte wirkt. Regionaler Guber-Naturstein greift das Bild der natürlichen Felswand im Hintergrund auf. Die tonnenschweren Steine schaffen eine physische Beständigkeit, die den Eindruck erweckt, dies sei alles seit jeher da gewesen", erklärt der Gartenplaner, der ein besonderes „Händchen" für die Gestaltung mit Natursteinen hat.

Der Garten ist zwar klein, bietet aber verschiedene Räume mit eigener Stimmung und schönen Details. Nichts wirkt beliebig, jedes Material, jede Linie ist durchdacht und erfüllt eine Funktion. Dies gilt ebenso für die Pflanzenverwendung: Eine Flaumeiche *(Quercus pubescens)* mit kräftigem Stamm und kompaktem Wuchs verankert die Terrasse mit der Stützmauer optisch im Gelände, als wäre sie seit Jahrzehnten dort gewachsen. Zwei Fächer-Ahorne *(Acer palmatum)* rahmen das Ensemble und bilden ein schützendes Blätterdach, das den höher gelegenen Nachbargarten ausblendet. Auf dem freigelegten Nagelfluhfels behauptet sich eine Banks-Kiefer *(Pinus banksiana)*, als hätte sie sich dort einst angesiedelt. Unumschränkter Blickfang ist jedoch der ca. 50 Jahre alte Fächer-Ahorn (*Acer palmatum* 'Beni Shidare') am Bachlauf mit seinem markant knorrigen Wuchs, der von jeder Ecke des Gartens sichtbar ist. *Sedum* und Mauerfarne in Fugen und Steinritzen erwecken den Eindruck, der Garten sei längst Teil der umgebenden Natur. Bis ins kleinste Detail wirkt alles natürlich und selbstverständlich. „Patina legt sich über jede Fläche. Die dicken Baumstämme erzählen von Alter und Ruhe. Ein rundgeschliffenes Holzstück treibt im Wasser, wie beiläufig, aber genau platziert. Die Vergänglichkeit ist Teil des Konzepts. Die Spuren der Zeit sind nicht beseitigt – sie sind inszeniert. Das macht den Garten glaubwürdig. Und lebendig. Viele glauben, die Natur hätte den Garten gestaltet. Das war mein Ziel und genau das ist gelungen", resümiert Daniel Berg. Wer möchte ihm da widersprechen?

DANIEL BERG

„Wie der Fels den Garten trägt, so trägt der Garten den Blick – vom kleinsten Detail bis zur Unendlichkeit der Berge."

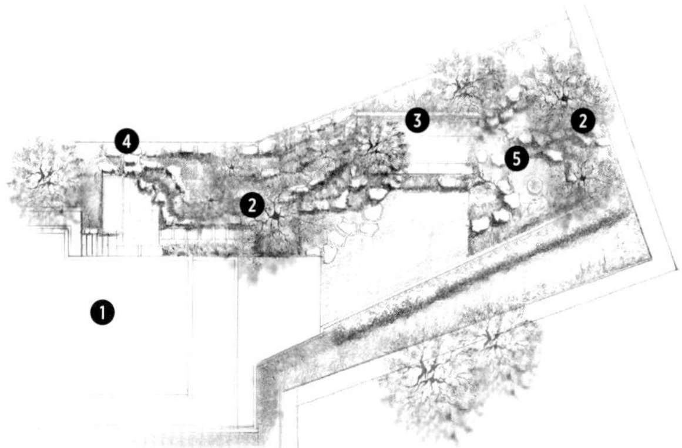

Details

LAGE
WEGGIS, KANTON LUZERN, SCHWEIZ

GRÖSSE
400 M²

PLANUNGSBÜRO
DANIEL BERG GMBH

AUSFÜHRUNG
DANIEL BERG GMBH

FOTOGRAFIE
FERDINAND GRAF LUCKNER

PLAN
1 WOHNHAUS
2 FÄCHER-AHORN 'BENI SHIDARE'
3 TERRASSE MIT MAUER
4 FELSEN
5 BACHLAUF

Aner-kennungen

LSLA GmbH

LAUDATIO
VON WOLFGANG BOHLSEN

Dieser wunderschöne Garten auf kleiner Fläche entstand unter der Regie des Landschaftsarchitekturbüros LSLA (Lustenberger Schelling) aus Horgen in der Schweiz. Das nur ca. 200 m^2 große Refugium liegt in einem ländlichen Umfeld in der Nähe von Zürich. Bisher gab es auf dem stark abfallenden Grundstück nur eine Blumenwiese und eine niedrige Ligusterhecke.
Die Gartenbesitzer wünschten sich wegen der Nähe zur Straße und der Mehrfamilienhaus-Überbauung im Umfeld mehr Privatsphäre.
Um von der Wohnung einfach in den Garten zu gelangen, wurde das Balkongeländer geöffnet und mit einer fast freischwebenden Treppe in den Garten ergänzt. Auf dem Hang entstanden zwei Gartenräume: ein erhöhter Lounge-Bereich, darunter der eigentliche Hauptgarten mit Gartenküche, Essbereich und einem kleinen Wasserbecken, das sich auch als Mini-Swimmingpool nutzen lässt.
Ein Hainbuchen-Trio bildet mit der Zeit ein geschlossenes Laubdach. Mehrstämmige Felsenbirnen schmücken den unteren Bereich. Durch den Garten zieht sich ein Band aus Hortensien, begleitet von Wacholdersträuchern, Buchskugeln sowie einem roten Fächer-Ahorn. Dazu Seggen *(Carex)*, Kaukasus-Vergissmeinnicht *(Brunnera macrophylla)*, Funkien *(Hosta)*, Farne und das Japan-Berggras *(Hakonechloa macra)*, außerdem Kletterpflanzen wie Rosen und Pfeifenwinden *(Aristolochia)*, die eine optische Verbindung zwischen Haus und Garten schaffen. Eine hohe Eibenhecke fasst das Grundstück ein.
Die Jury ist sich einig, dass es dem Team von Lustenberger und Schelling auf vorbildliche Art gelungen ist, einen Garten zu erschaffen, der unbekümmerten Aufenthalt gewährt, Licht hereinlässt und vor unerwünschten Blicken abschirmt.

Zuhause angekommen

Dass aus einem exponierten, kaum nutzbaren Hang ein spannungsreicher, intimer, wohnlicher Garten inmitten einer Wohnsiedlung werden kann, beweisen die beiden Landschaftsarchitekten Robin Lustenberger und Jan Schelling mit ihrer Gestaltungsidee. Die Ausgangslage war für die Gartenbesitzer mehr als unbefriedigend.

OBEN
Lounge-Bereich oberhalb des Hauptgartens.
—
RECHTS
Eine luftige Treppenkonstruktion führt von der Balkonterrasse in den Garten und schafft eine Verbindung zwischen Wohnraum und Natur.

Das Wasserbecken ist an die Hangsicherung angefügt, ebenso wie die Einfassung der Pflanzflächen aus derselben lamellenartigen Holzverkleidung.

JAN SCHELLING (LI.) UND ROBIN LUSTENBERGER

„Zwei Gartenebenen – verbunden durch Atmosphäre, getrennt durch Stufen – ein Ankommen und das Gefühl: Zuhause."

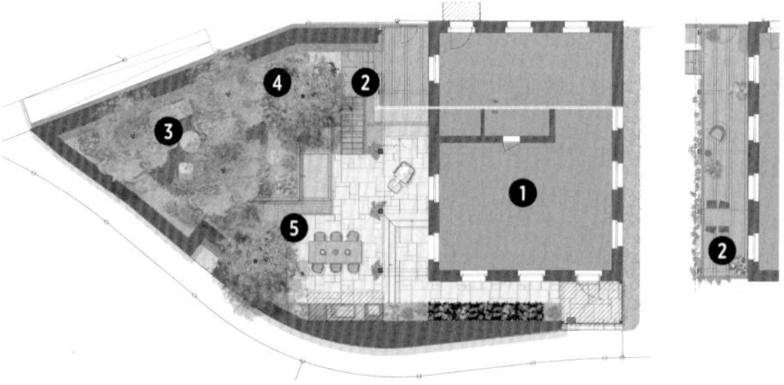

Details

LAGE
SCHWEIZ

GRÖSSE
204 M²

PLANUNGSBÜRO
LSLA GMBH

AUSFÜHRUNG
LEUTHOLD GÄRTEN AG

FOTOGRAFIE
TERRY FRAUENFELDER

PLAN
1 WOHNHAUS
2 PODEST UND TREPPE
3 LOUNGE
4 *CATALPA*
5 SITZPLATZ MIT WASSERBECKEN

Die Nähe zur Nachbarbebauung und zur Straße, die angrenzenden Parkplätze ließen keine Privatsphäre, kein Gefühl der Geborgenheit aufkommen. Zudem existierten Haus und tiefer liegendes Grün völlig beziehungslos nebeneinander. Die Zugänglichkeit war eingeschränkt, der kleine Hanggarten nur über Umwege erreichbar. „Es musste ein Gartenraum geschaffen werden, welcher einen unbekümmerten und ruhigen Aufenthalt gewährt, Licht hereinlässt und trotzdem abgeschirmt ist", konstatiert Robin Lustenberger, der das Konzept für die Umgestaltung erarbeitet. Klar im Mittelpunkt stehen dabei die ersehnte Privatsphäre sowie die Verknüpfung zwischen Haus und Garten. Intimität erzeugt der Planer mit gelungener raumbildender Bepflanzung und Struktur: „Raumbildung und Raumbezüge sowie die Komposition von Pflanzen, Materialien und Strukturen sind in dieser Anlage facettenreich miteinander verwoben." Die bestehende Topografie wird dafür gezielt genutzt, indem die Böschung mit Winkelelementen abgestuft, begradigt und anschließend mit einer lamellenartigen Holzverkleidung abgefangen wird. So entsteht ein völlig neues Raumgefüge aus zwei Gartenräumen auf verschiedenen Ebenen mit unterschiedlichen Stimmungen: Der Loungebereich auf der ersten Ebene und, eine Ebene tiefer, der eigentliche Hauptgarten mit Gartenküche, Essbereich und einem kleinen Wasserbecken, einer gelungenen Mischung aus Brunnen und Abfrischbecken, in dem man sich an heißen Tagen wie in einer Badewanne erfrischen kann. Das Wasserbecken ist an die Hangsicherung angefügt, ebenso wie die weiterlaufende holzverkleidete Einfassung der Pflanzflächen, die zugleich als Sitzfläche dient. Ergänzt wird dieser Bereich mit einer auf Maß gefertigten Außenküche inklusive Arbeitsfläche, Schubladen, Regalen sowie einem integrierten offenen Kamin. Dabei erweist sich vor allem die exakte Planung der mit Holz verkleideten Bauteile als herausfordernd. Diese mussten in Abhängigkeit zueinander exakt aufgebaut werden, damit die Holzlamellen über alle Ebenen hinweg aufgehen. „Da sich unter den Stützen des Gebäudes ein Streifenfundament befand, musste ein Teil des Belages mit einer minimalen Aufbauhöhe erstellt werden", so Robin Lustenberger. Doch das exakte Planen und Bauen hat sich gelohnt, da die Lattung durch ihre genau ineinander fließenden breiten Schattenfugen und ihr lamellenartiges Erscheinungsbild eine ruhige und natürliche Wohnlichkeit erzeugt.

Entscheidend für die Behaglichkeit und Intimität ist jedoch die Bepflanzung. Ein Hainbuchen-Trio *(Carpinus betulus)*, im Dreieck gepflanzt, wird mit der Zeit ein geschlossenes Laubdach am Loungebereich bilden und so für vertikale Abgrenzung sorgen. Mehrstämmige Felsenbirnen tragen mit saisonalen Aspekten Leben durch Veränderung in den Garten. Ein Band aus Hortensien zieht sich durch den Raum, begleitet von kriechenden Wacholder-Sträuchern *(Juniperus)* und Buchskugeln *(Buxus sempervirens)*. Blickpunkt in all dem Grün: Ein roter Fächer-Ahorn *(Acer palmatum)*, welcher allmählich über die Holzverkleidung und den Brunnen hinaus wachsen wird. Ruhe in die Pflanzung trägt die Bodenbegrünung aus Seggen *(Carex)*, Kaukasus-Vergissmeinnicht *(Brunnera macrophylla)*, Funkien *(Hosta)*, Farnen und dem wunderbar weich fallenden Japan-Berggras *(Hakonechloa macra)*.

Auch der Zugang und die Verbindung zwischen Haus und Garten sind elegant hergestellt: Von der Balkonterrasse gelangt man über eine „schwebende" Stahltreppe hinunter zur Lounge oder in den Hauptgarten. Kletterrosen und Pfeifenwinde *(Aristolochia)* erklimmen sukzessive die Vertikale an Haus und Stahltreppe und verbinden so Gebäude und Garten miteinander.

Trotz seiner Lage inmitten einer Wohnsiedlung ist Privatsphäre nun garantiert, doch eigentlich hat Robin Lustenberger mit der Umgestaltung ungleich mehr erreicht: Er hat einen Garten geschaffen, der das Gefühl von Geborgenheit vermittelt, der dank fein abgestimmter Bepflanzung und edlen Details ebenso behaglich wie funktional ist und dennoch Neugierde weckt: „Es ist ein überwältigendes Gefühl, vom korridorartigen Eingang den Hauptgarten zu betreten, welcher sich öffnet und dennoch nicht alle Räume auf einmal sehen lässt", so der Landschaftsarchitekt.

OBEN
Auf Maß gefertigte Außenküche mit einem integrierten Kamin komplettiert den Hauptbereich.

UNTEN LINKS
Hauptgarten mit Gartenküche, Essbereich und kleinem Wasserbecken.

—

UNTEN RECHTS
Texturreiche Schattenbepflanzung aus *Hakonechloa macra, Hydrangea macrophylla* und *Brunnera macrophylla.*

CvB Gartendesign Christiane v. Burkersroda

LAUDATIO
VON JENS SPANJER

Der ca. 1.200 m^2 große Hausgarten südlich von München überzeugte die Jury in mehrfacher Hinsicht und wurde mit großer Anerkennung gewürdigt. Der Entwurf von Landschaftsarchitektin Christiane von Burkersroda besticht durch ein klares, durchdachtes Konzept, das behutsam auf die Architektur des Wohnhauses, die Einbindung in die umgebende Landschaft sowie auf Form und Topografie des Grundstücks eingeht. Die besondere dreieckige Grundstücksform und die Lage am Hang werden geschickt genutzt, um den Garten in gut proportionierte, klar strukturierte Zonen zu gliedern. Trotz einer zurückhaltenden Material- und Pflanzenauswahl entsteht eine vielschichtige und zugleich harmonische Gartenstruktur, die abwechslungsreiche Raumerlebnisse schafft. Das ruhige Pflanzkonzept mit mehrstämmigen Gehölzen wie Felsenbirne und Fächer-Ahorn wird behutsam durch Gräser und Stauden sowie durch die Einbindung bestehender Gehölze abgerundet. Verschiedene Blühaspekte und Herbstfärbungen sorgen für stimmungsvolle, jahreszeitliche Gartenerlebnisse.
Holzdecks aus gebrauchtem Hartholz verbinden sich gestalterisch mit der Fassade des Wohnhauses. Ein sich in Gelände und Pflanzung geschickt einfügender Sitzplatz mit Feuerstelle schafft Intimität, während ein Wasserbecken dem Garten klare Struktur verleiht und den Blick vom Wohnhaus in die weite Landschaft lenkt.
Insgesamt ist hier ein Garten entstanden, der mit natürlichen Materialien und Farben, klarer Gestaltung und einer ruhigen Pflanzenwahl ein ausgewogenes, zeitgemäßes Design mit hoher Aufenthaltsqualität bietet.

Gartenpanorama in Szene gesetzt

Dieser Garten besticht durch seine ruhige Atmosphäre, seine Konzentration auf das Wesentliche und seine gelungenen Proportionen. Zu dem schlichten Einfamilienhaus mit Holzfassade passt die klare Gartengestaltung mit wenigen Akzenten und mehrstämmigen Gehölzen. Der weite Blick auf die Alpenkette ist Bezugspunkt und entsprechend wirkungsvoll inszeniert.
Der klare, dennoch warme, einladende Stil wird von der Innenausstattung über die Architektur in den Garten weitergeführt – ein nahtloser Übergang vom Wohnbereich in den Garten.

OBEN
Blick vom Japanischen Garten zum Haus im Morgenlicht.
—
LINKS
Die Bepflanzung ist dort, wo sie hingehört: dicht am Haus.

Die Ausrichtung des Wasserbeckens führt den Blick in die Ferne Richtung Berge, und lenkt so von der geringen Tiefe des Gartens ab.

OBEN LINKS
Die ruhige Materialität ist – wie hier am Feuerplatz – wahrnehmbar, drängt sich aber nie in den Vordergrund.

—

OBEN RECHTS
Der Japanische Garten schmälert die Breite des Grundstücks mit seinem Volumen.

—

UNTEN
Eine Dreierreihe aus Kolchischem Blut-Ahorn (*Acer cappadocicum* 'Rubrum') mit besonders dekorativen Blättern.

Dabei gestaltete sich die Ausgangssituation für Gartendesignerin Christiane von Burkersroda durchaus verzwickt. Hanglage, dreieckige Grundstücksform und geringe Tiefe – jedes für sich genommen eine Herausforderung, doch hier lagen gleich alle drei Merkmale auf einmal vor. Entsprechend galt es zunächst die Topografie zu analysieren und das Grundstück danach zu gliedern. Nun folgt der Garten zwei Hauptlinien: Der Bereich der Zufahrt orientiert sich an der Grundstücksgrenze, der Hauptgarten am rechtwinkligen Wohnhaus. „Durch den Wechsel zwischen den beiden Hauptkoordinaten (Haus und Grenze) ergibt sich eine große Pflanzfläche zwischen Zufahrt und Garten. Hier wird mit einer Reihe mehrstämmiger Gehölze eine lockere, aber deutliche Abgrenzung geschaffen und so zugleich die Breite optisch reduziert", erklärt Christiane von Burkersroda. Wegen der geringen Tiefe und übermäßigen Breite gliedert die Gartengestalterin den Raum in verschiedene Bereiche, wie den „Japanischen Garten", der mit seinem Volumen die Breite zusätzlich schmälert.

Eine weitere Herausforderung stellt eine alte Birke dar, die bleiben soll, gestalterisch aber an der ungünstigsten Stelle steht: mitten im Garten. Christiane von Burkersroda macht sie zum Angelpunkt für die verschiedenen Gartenbereiche: „Sie ist ein Fixpunkt. Die Fluchtlinien der gleichmäßig durch die Fenster strukturierten Fassade liefern die Linien für weitere Strukturen wie die Ausrichtung des länglichen Wasserbeckens und die Orientierung der Dielen. So wird der mittlere Gartenbereich ebenfalls nochmals gegliedert. Dabei führt die Ausrichtung des Wasserbeckens den Blick in die Ferne über Baumgruppen jenseits der Hecke Richtung Berge und lenkt so von der geringen Tiefe ab." So klingt durchdachte Gartengestaltung bis ins kleinste Detail.

Das Pflanzkonzept ist reduziert, mit einer begrenzten Vielfalt an Stauden und Ziergräsern, wie von den Gartenbesitzern gewünscht. Der Fokus liegt auf Raumbildung mit ausgewählten Gehölzen. Sie bieten Blickpunkte, fungieren als Bezugspunkte für verschiedene Bereiche und dienen als Schattenspender. Eine Dreierreihe aus Kupfer-Felsenbirnen *(Amelanchier lamarckii)* sorgt für Schatten vor dem Wohnzimmer, das ganztägig der Sonne ausgesetzt ist. Aus der Sammlung der Gartenbesitzer übernimmt Christiane von Burkersroda rotlaubige Fächer-Ahorne, die in das Konzept integriert werden. Einzelne Solitärgehölze im „Japanischen Garten" wie der Grüne Fächer-Ahorn 'Osakazuki' *(Acer palmatum)* ergänzen die Auswahl zu einer stimmigen Gesamtkonzeption. Gräserbetonte Pflanzungen aus Japan-Berggras *(Hakonechloa macra)* und Immergrünem Herbst-Kopfgras *(Sesleria autumnalis)*, ergänzt um die zarten Blüten der Herbst-Anemonen *(Anemone hupehensis)* und Sterndolden *(Astrantia)*, betten die Gehölze in den Garten und verbinden mit der Landschaft.

In dieses Bild einer stimmigen Gartenlandschaft passt die zurückhaltende Materialwahl für Wege und Terrassen. Sie orientiert sich an der Holzfassade des Hauses und am vorhandenen Material im Garten. So harmonieren z. B. die Terrassendielen aus gebrauchtem Hartholz ebenso mit der Holzfassade wie mit dem Beton der Mauerscheiben. Die Stahleinfassungen und Aufkantungen entsprechen dem Vordach am Haus. Das Material ist zwar wahrnehmbar, drängt sich aber nicht in den Vordergrund, sondern lässt die Pflanzen wirken. „Der Garten besticht im Zusammenspiel mit der Landschaft und dem Wechselspiel der Tages- und Jahreszeiten. Der Himmel verändert sich fortwährend, der Bergblick ebenso. Gehölze und Pflanzen geben dem Garten im Jahresverlauf ein immer neues Gesicht. Stundenlang möchte man sitzen und schauen", so Christiane von Burkersroda. Man säße gerne daneben, würde in die Weite der Landschaft blicken, auf die malerischen Gehölze, die sanfte Wellenbewegung des Japan-Berggrases und sich in dieser geschützten Atmosphäre geborgen fühlen.

CHRISTIANE VON BURKERSRODA

„Im Spiel von Licht und Schatten wird der Garten zu einer Bühne der sich permanent wandelnden Szenerie."

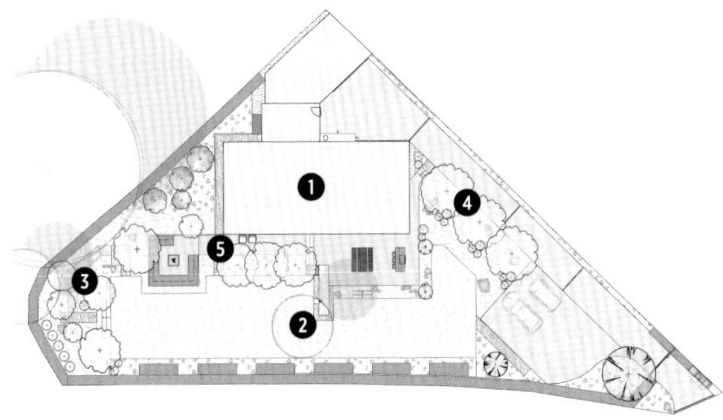

Details

LAGE MÜNCHNER SÜDEN, BAYERN **GRÖSSE** 1.200 M² **PLANUNGSBÜRO** CVB GARTENDESIGN CHRISTIANE V. BURKERSRODA **AUSFÜHRUNG** GARTEN- UND LANDSCHAFTSBAU MICHAEL FELLA & WINFRIED BEHN GBR **FOTOGRAFIE** FERDINAND GRAF LUCKNER	**PLAN** 1 WOHNHAUS 2 BIRKE 3 JAPANISCHER GARTEN 4 KOLCHISCHER BLUT-AHORN 5 KUPFER-FELSEN-BIRNEN

Stephan Maria Lang Architektengesellschaft

LAUDATIO
VON STEPHAN LENZEN

GartenArchitektur – ein Wort mit zwei Gegensätzen, die steinerne Architektur und der pflanzliche Garten. Stephan Maria Lang gelingt mit seinem Projekt die Aufhebung dieser Gegensätze und er führt die beiden Pole wieder in eine gemeinsame Wahrnehmung zusammen. Schon die Positionierung des Gebäudes, leicht diagonal, wirkt ungewöhnlich, erzeugt aber spannende, sich öffnende, andererseits sich schließende Räume und verlängert gleichzeitig die axiale Ausdehnungsmöglichkeit des Gebäudes. In diesen Räumen kreiert der Entwurf zwei Strategien, um die Symbiose von Garten und Architektur zu aktivieren: Bauliche Elemente führen einerseits in den Freiraum und entmaterialisieren sich langsam. Mauerscheiben aus dem Gebäudesockel werden zu Mauern im Freiraum, fassen Terrassen und Außensitze ein, verlieren an Höhe und sinken in den Boden. Natursteinplatten, aus dem Material des Gebäudesockels, lösen sich auf und werden allmählich zu Splitt. Innenräume des Gebäudes gehen nahtlos in den Außenraum über. Die Vegetation, an den Rändern verdichtet, entwickelt sich andererseits gegenläufig, drängt vom Grundstücksrand an das Gebäude. Staudenbeete in freier Form, verstärkt von Felsen, dem Urmaterial der Terrassenplatten, lagern sich förmlich an die Architektur an. Besonders eindrücklich wird das Spiel der Überlagerungen der Elemente der Architektur mit den Elementen des Gartens im Vorgartenbereich, wo Mauer-, Hecken- und Wandscheiben gemeinsam das Entrée sehr gekonnt staffeln und die Höhe des Gebäudes auf den Boden des Gartens bringen. Der Entwurf schafft es innen wie außen den menschlichen Maßstab anzuwenden, trotz der dem Volumen des Gebäudes innewohnenden Großzügigkeit. Die Pflanzenverwendung spielt das Spiel der Harmonie zwischen Garten und Architektur gekonnt weiter, indem die gebäudenahen Staudenflächen dezent und in ihren weißen und blassen Blütenfarben den Fassadentönen ähneln. Bestandsbäume wurden integriert. Aber auch die Verschmelzung wird bei dem mit Rosen berankten Fahrradüberstand wieder angewandt, und teilweise verspürt man sogar Humor in diesem Spiel der gebändigten Dualität, wie der Verortung des Wasserspiels im Tiefhof vor dem innen liegenden Pool.

Am Anfang steht der Ort

„Die erste Frage, die sich mir stellt, ist die nach dem *genius loci*, dem Geist, der Aura des Ortes. Ich muss diese Atmosphäre aber nicht beschreiben, ich muss sie nur spüren. Empfänglich sein für die feinstofflichen Qualitäten und Wesenheiten und in der Lage sein, dieses Spüren in ein Arrangement zu übersetzen, das den Geist für alle erlebbar und einzigartig macht", sagt Stephan Maria Lang.

OBEN
Eine 60 cm hohe Steinmauer aus Muschelkalk zieht sich von außen nach innen und verbindet die Architektur mit der Natur.
—
RECHTS
Vorgarten mit „geliehener Landschaft" sowie stattlichen Rhododendren als Sichtschutz.

Rund um den Baukörper entstehen eine Abfolge unterschiedlicher Gartenräume. Im Vordergrund: Blasenbaum *(Koelreuteria paniculata)*.

STEPHAN MARIA LANG

„Am Anfang steht niemals das leere Blatt, sondern immer der Ort, der Garten, die Blicke und am Ende die Einfügung des Hauses."

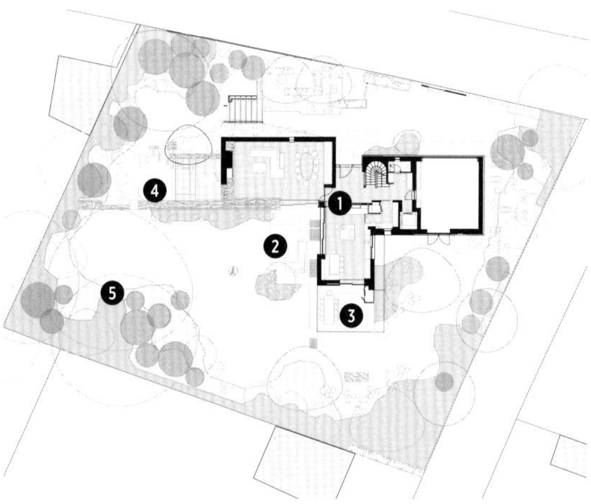

Details

LAGE
MÜNCHEN, BAYERN

GRÖSSE
1.457 M²

PLANUNGSBÜRO
STEPHAN MARIA LANG ARCHITEKTENGESELL-SCHAFT

AUSFÜHRUNG
BUK GARTEN- UND LANDSCHAFTSBAU GMBH

FOTOGRAFIE
SEBASTIAN KOLM

PLAN
1 WOHNHAUS
2 LOUNGE
3 ÜBERDACHTER ESSBEREICH
4 STÜTZMAUER VOR DEM TIEFHOF
5 *FAGUS SYLVATICA* BESTAND

Dieser Ort, der zunächst erfasst werden will, liegt im Münchner Süden: Ein ruhiges Quartier mit Gründerzeitvillen inklusive großer Gärten und intakter Großbäume am Waldrand. Hier entsteht ein Ensemble, das eine Verschmelzung von Architektur und Natur, ein Ineinanderfließen von Innen- und Außenraum, anstrebt. Für diese organische Bauweise ist der Münchner Architekt und Garten-Autodidakt bekannt, der ganz in der Tradition von Frank Lloyd Wright und Richard Neutra steht.

Entscheidend dabei ist das Zusammenspiel von Haus und Garten. Mit einem einfachen Kniff schafft Stephan Maria Lang dafür die Grundlage: Das Haus wird aus dem rechten Winkel der Grundstücksgrenzen herausgedreht, sodass sich interessante Gartenräume und Blickachsen ergeben. „Es war wichtig, die Lage des Gebäudes dahingehend zu bestimmen, dass auch aus dem 5 m breiten Vorgartenstreifen großzügige Gartenräume entstehen und gleichzeitig eine möglichst lange Vista diagonal aufgebaut wird, um die Grundstücksgrenzen in den Hintergrund treten zu lassen", erklärt der Architekt. Dadurch blickt man nicht direkt auf das Nachbargrundstück, sondern in den eigenen Garten, und der Vorgarten ist nunmehr kein beengter Raum, sondern trägt maßgeblich zur repräsentativen Wirkung des Villengartens bei. Rund um den Baukörper entsteht eine Abfolge unterschiedlicher Gartenzimmer, u. a. ein überdachter Freisitz, eine lässige Lounge-Sitzlandschaft, ein Kräuter-Küchengarten sowie eine Spielwiese.

Anfangs gleicht der Garten wegen der enormen Baugrube inklusive Spundwänden bis auf den westlichen Gehölzrand einer planierten Kieswüste. Daher muss zunächst ein Gerüst über die Bodenmodellierung und Pflanzung strukturgebender Bäume aufgebaut werden. Um eine spannungsvolle Harmonie zwischen Gebautem und Gewachsenem zu erzeugen, werden bauliche Elemente in den Garten gezogen: Der Natursteinsockel des Hauses setzt sich in den Terrassen fort, die Stützmauer vor dem Tiefhof verbindet sich wie ein „Frank Lloyd Wright-Anker" mit dem Gelände. Im Gegenzug rücken die Pflanzen dicht an den Baukörper heran, als wollten sie die Innenräume erobern. Hausnahe Stauden und schirmartige Gehölze bauen die Einheit von Haus und Garten auf. „Die Architektur ist Ausdruck eines besonders intensiven Verhältnisses zur Natur. Aus diesem Grund darf ein Haus keine Barriere zwischen Mensch und Natur sein, vielmehr betrachte ich es als Refugium, als eine Art Filter, die den Menschen in den jahreszeitlichen Wechsel einbindet", erklärt Stephan Maria Lang. Muschelkalk ist das Material der Wahl, da der Naturstein zeitlos wirkt, in Würde altert und das Gebäude mit dem Natürlichen verwurzelt.

Jedes Gartenzimmer hat seine Pflanzen, seine eigene Stimmung: Eine ausladende Lilien-Magnolie *(Magnolia denudata)* schmückt den Bereich um den Tiefhof, ein Blasenbaum *(Koelreuteria paniculata)* spendet der Sitz-Lounge natürlichen Schatten, ein Urweltmammutbaum *(Metasequoia glyptostroboides)* schirmt zur Straße hin ab. Einzelne Solitäre wie ein Tupelobaum *(Nyssa sylvatica)* oder ein vorhandener Nussbaum *(Juglans regia)* fangen die Blicke im Vordergrund. „Großgehölze nehmen die Umgebung auf und fügen das Neue in eine Zeitlosigkeit der Umgebung. Stauden sorgen für ganzjährige Blüheffekte und Insektennahrung, ordnen sich optisch aber unter, um auch der Kunst im Garten und dem großen Ganzen Raum zu geben", so der Architekt und Gartenplaner. Es ist eine waldartige Bepflanzung aus Farnen, Gräsern und tuffartig gesetzten Stauden wie den zarten Sterndolden *(Astrantia major)*, nur wenige dezente Töne, dafür facettenreiche Texturen. Eine Pflanzung, die eine natürliche Ordnung zum Vorbild hat, in der eine kraftvolle Ruhe liegt.

So bilden Haus und Garten eine Einheit, die den Garten ganzjährig erlebbar macht. „Meine Häuser sollen mehr sein als purer Luxus, es sind Orte der Verbindung mit Gärten, an denen man loslassen kann, sich lebendig fühlt. Wo alles in Harmonie steht. Es geht nicht um Geld und Status, sondern um Bereicherung, die in unser Leben gebracht wird. Das Gesamtwerk aus Haus und Garten in Verbindung mit Kunst als zivilisierter Gegenpol zur immer mehr digital wahrgenommenen Welt", so Stephan Maria Lang.

OBEN
Fließender Übergang: Das Haus stellt keine Barriere zwischen Mensch und Natur dar.

UNTEN LINKS
Stimmungsvolle Bepflanzung mit *Echinacea purpurea* 'Green Jewel' und *Heuchera villosa var. macrorrhiza.*

—

UNTEN RECHTS
Die Einheit von Haus und Garten wird durch hausnahe Stauden und schirmartige Gehölze aufgebaut.

WKM Landschaftsarchitekten GmbH

LAUDATIO
VON HEIKE VOSSEN

Grün dominiert in diesem Garten. Grün in vielfältigen Nuancen und Strukturen. „Was sonst?", würde man bei einem Garten vermuten. Aber wir kennen auch andere, in denen nicht das Blattgrün dominiert. Es ist ein unaufdringlicher Garten: zurückhaltend, aber nicht stumm. Hier findet man keine schreierischen Farben, kein effekthascherisches, lautes Design. Hier gehen Pflanzung und Topografie eine scheinbar natürliche Symbiose ein – weitläufig, großzügig. Mit Nonchalance entwickeln WKM Landschaftsarchitekten am Großstadtrand Gartenräume, die ein Selbstverständnis ausstrahlen, als gehörten sie schon immer dort hin. „Der Garten will entdeckt werden, Schritt für Schritt." So beschreibt es das Landschaftsarchitekturbüro aus Düsseldorf. Und ja, das wünscht man sich: Hier möchte man eintauchen in das Gräsermeer, den Garten erkunden bei jeder Jahreszeit und jede Veränderung wahrnehmen. Denn diese lässt sich hier intensiv erleben: Die wogenden Gräserwellen bei Wind, wenn sich die Halme biegen – mal sanft fließend, mal leicht zitternd, bis hin zu wild peitschend. Die glitzernden Tropfen in der Pflanzung nach einem Regenschauer, der Baumschatten und die leuchtenden Rispen bei Sonnenschein ...

Hier ist ein Rückzugsort gelungen, der einem Sehnsuchtsort gleicht. Ein Ruhepol, der dennoch lebendig ist. Und schaut man sich das Oeuvre von WKM an, so zeigt sich, dass die Planer nicht nur mit diesem Projekt beweisen, wie virtuos sie ihr Handwerkszeug beherrschen.

Stiller Garten mit Waldcharakter

„Alles, was gegen die Natur ist, hat auf Dauer keinen Bestand" – diese Erkenntnis des großen Naturforschers Charles Darwin haben die Planer des Düsseldorfer Büros WKM zum Leitgedanken ihrer Gestaltung erhoben. Den Charakter des Ortes zu erfassen, seine Qualitäten zu stärken und die Natur in das Konzept einzubeziehen, ist erklärtes Ziel. Dass diese Gestaltungsgrundsätze nicht nur gut klingen, sondern in den Planungskonzepten tatsächlich umgesetzt werden, zeigt der private Garten überzeugend.

OBEN
Geschwungene Rasenwege führen vom Haus durch den Garten.
—
LINKS
Ein Ort der Ruhe, der sich mit seiner Umgebung verbindet.

Terrasse auf der Wald-
lichtung mit Blick auf den
neuen Waldrand.

D

Dieses durch und durch grüne Refugium liegt am Stadtrand nahe eines Waldes und grenzt an sechs benachbarte Gärten. Ursprünglich war der Garten von Pflanzungen aus Bambus und Hortensien geprägt, was weder in die Umgebung noch zu den naturverbundenen Gartenbesitzern passte. Hinter den Nachbarhäusern ragen alte Eichen und Buchen des nahes Waldes hervor, die dem Grundstück Tiefe verleihen. „Der Blick aus dem Garten fiel in alle Richtungen auf die umliegende Bebauung; umgekehrt war auch das Grundstück von außen gut einsehbar. Von den großen Panoramafenstern des Wohnzimmers wirkt der Garten wie ein gerahmtes Bild und ich dachte, von hier aus müsste man den Wald sehen können", schildert Landschaftsarchitekt Sebastian Riesop seine ersten Eindrücke, die zu der Gestaltungsidee führen.

Ein Ort des Rückzugs soll entstehen – versteckt, still und offen für Ruhe und Natur. Um die angrenzenden Gebäude ganzjährig zu verdecken und den Waldcharakter herzustellen, setzt der Planer Großbäume, drei Kiefern *(Pinus sylvestris)* und zwei Wintergrüne Eichen (*Quercus turneri* 'Pseudoturneri') mit korkartiger Rinde, nahezu mittig in einen bis dato leeren Raum. „Das ist durchaus mutig, 10 m hohe Bäume in die Mitte eines Grundstücks zu pflanzen. Aber es war klar, dass die umliegende Bebauung nur so ausgeblendet werden kann", sagt Sebastian Riesop. Nun verbergen deren Kronen die Nachbarbebauung, ohne den Raum zu verschließen, während der Blick unter den aufgeasteten Bäumen bis zum Heckengürtel entlang der Grundstücksgrenze gleitet. Vereinzelt lockern Solitärgehölze wie Sternmagnolien (*Magnolia* x *loebneri* 'Leonard Messel'), Kupfer-Felsenbirnen *(Amelanchier lamarckii)* und Duftblüten (*Osmanthus* x *burkwoodii*) den immergrünen Rahmen auf. Herbst-Kopfgras *(Sesleria autumnalis)* und Teppich-Japan-Segge (*Carex morrowii ssp. foliosissima* 'Irish Green') fließen unter den neu gepflanzten Bäumen durch den Garten und bilden kleine Aufenthaltsflächen.

Wenige Sorten, dafür aber in hoher Stückzahl, bestimmen die Pflanzung – das schafft ein ruhiges Gartenbild. Über das ganze Jahr verteilt gibt es immer wieder besondere Wochen, in denen Stauden wie Palmblatt-Nieswurz *(Helleborus foetidus)*, Wohlriechendes Salomonssiegel *(Polygonatum odoratum)* und Schaublatt *(Rodgersia podophylla)* blühen. Wenn dann im Frühjahr ein Dutzend Sternmagnolien gleichzeitig ihre Knospen öffnen, verändert das kurzzeitig den ganzen Garten.

Durch die Baumpflanzung in der Mitte wirkt der Garten nun ungleich größer, lässt sich nicht mehr auf einen Blick erfassen, will vielmehr Schritt für Schritt erkundet werden. Es gibt erstaunlich viele Orte zu entdecken, wie etwa den kleinen, versteckt liegenden Platz unter den Kiefern oder die Feuerstelle für lange Sommerabende mit Sitzblöcken und einer alten vorhandenen Natursteinmauer. Und immer wieder verlaufen Sichtachsen durch die Pflanzung in der Mitte. „Der Garten verbindet sich optisch mit den Baumwipfeln des angrenzenden Waldes. Im Vordergrund steht das Spiel aus Licht und Schatten, der Kontrast der unterschiedlichen Grüntöne und die Raumwirkung aus Begrenzung und Weite", bringt es Sebastian Riesop auf den Punkt. Und darauf kommt es letztlich an: Einen Ort des Rückzugs, der Ruhe zu schaffen, der mit seiner Umgebung eine Verbindung eingeht. Dieser hier ist besonders wohltuend in seiner Zurückhaltung, seiner Einfachheit und entspricht der Philosophie, die Natur in den Garten zu holen und erlebbar zu machen.

LINKS OBEN
Gräser fließen durch den Garten und bilden kleine Aufenthaltsflächen wie hier an der Feuerstelle.

—

LINKS UNTEN
Zu Füßen der charakterstarken Kiefer wachsen Schattenstauden wie das Schaublatt *(Rodgersia)* und robuste Gräser wie Teppich-Japan-Seggen *(Carex)*.

SEBASTIAN RIESOP

„Ein stiller Garten mit Waldcharakter – lichtdurchflutet und uneinsehbar. Gräser und Stauden gliedern den Raum, großzügige Baumpflanzungen verbinden Garten und Umgebung."

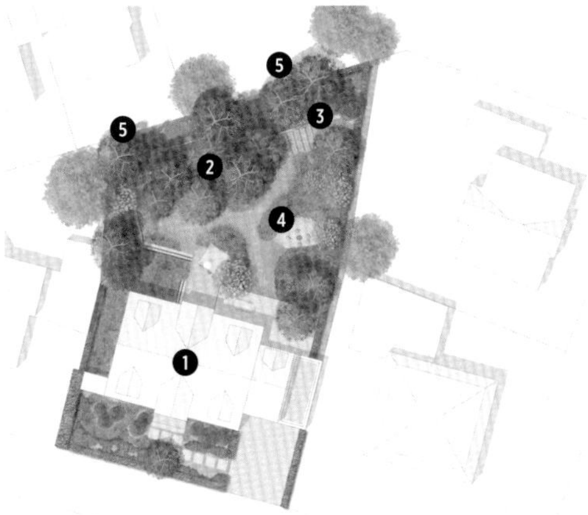

Details

LAGE
NIEDERRHEIN, NORDRHEIN-WESTFALEN

GRÖSSE
CA. 1200 M²

PLANUNGSBÜRO
WKM LANDSCHAFTSARCHITEKTEN GMBH

AUSFÜHRUNG
WESTPHAL SERVICE

FOTOGRAFIE
EDELROT FOTOGRAFIE & KOMMUNIKATIONSDESIGN RENÉ ROETERINK

PLAN
1 WOHNHAUS
2 KIEFERN UND EICHEN
3 RUHEZONE
4 FEUERSTELLE
5 HOCHBEETE MIT IMMERGRÜNEN

New-
comer

Draußen Daheim GmbH

LAUDATIO
VON THOMAS BANZHAF

Der Bau des Gartens begann eigentlich schon sehr früh. Als während der Elster-Eiszeit ein großer Findling an die Stelle des späteren Vorgartens platziert wurde. Etwa 320.000 Jahre später erhielt eine junge Gartenarchitektin den Auftrag zur Planung des gesamten Gartens.
Die technischen Voraussetzungen bestanden unter anderem darin, Höhendifferenzen von etwa anderthalb Metern zu überbrücken, zwei große Zisternen unterzubringen und vorhandene Großgehölze in das Konzept zu integrieren. Die Verwendung natürlicher Baustoffe und ein kluges Regenwassermanagement gelten neben möglicher Barrierefreiheit mittlerweile fast zu den Standards, die eine gute Gartenplanung zu berücksichtigen hat.
Doch damit noch nicht genug, musste die Planerin auch noch eine ganze Reihe individueller Wünsche der Haus- und Garteneigentümer berücksichtigen: Einen Naturpool, einen Nutzgarten, einen Platz für Hühner und obendrein genügend ruhige Rückzugsorte, um die gewünschte Oase genießen zu können.
Hier möchte ich gerne die Philosophie der Gartenplanerin zitieren, die uns verstehen lässt, wie ein Garten zu dem wird, was er sein sollte: „Planung setzt den Impuls – doch besonders die Bepflanzung und der Rhythmus der Jahreszeiten erfinden den Garten täglich neu."
Was entsteht, wenn man diese Philosophie konsequent umsetzt? Plätze, Wege und der Naturpool sind in dem Garten wie selbstverständlich vorhanden, aber sie ordnen sich dem Eigentlichen, was einen Garten zu einem Garten macht, dezent unter. Die Anordnung der Pflanzen und deren Zusammenstellung zeigen, dass die Planerin hervorragende Pflanzenkenntnisse besitzt und die ausgewählten Pflanzen perfekt einsetzt. Genau dadurch zeigt sie uns, dass sich hier die landschaftsgärtnerische Bautechnik, die zweifelsfrei auf einem sehr hohen fachlichen Niveau deutlich zu erkennen ist, der Vegetation angemessen unterordnet.
So – und eigentlich nur so – schafft man eine Oase der Lebensfreude.

Oase der Lebensfreude

Bereits der Blick von der Straße auf den Vorgarten ist ein Genuss – ein einladender Empfang und gelungener Auftakt; ein lebendiges Entrée zu dieser Oase der Lebensfreude, wie die junge Landschaftsarchitektin Vanessa Seiß den Garten bezeichnet. Zusammen mit Udo Lindenlaub erarbeitete sie das Konzept zu diesem besonderen Grundstück, einer ehemaligen städtischen Wetterwarte.

OBEN
Ein durchlaufendes Rasenband öffnet den Raum; Eiben-Halbkugeln sorgen für Ruhe und Struktur.

—

RECHTS
Blick von der oberen Ebene über die Wasserfläche auf Garten und Kulturlandschaft.

Trockenmauern aus fränkischem Muschelkalk gliedern das Gelände.

VANESSA SEISS UND UDO LINDENLAUB

„Hochstauden erschaffen vielfältige Gärten, deren Räume im Wechsel der Jahreszeiten immer neue, faszinierende Geschichten erzählen."

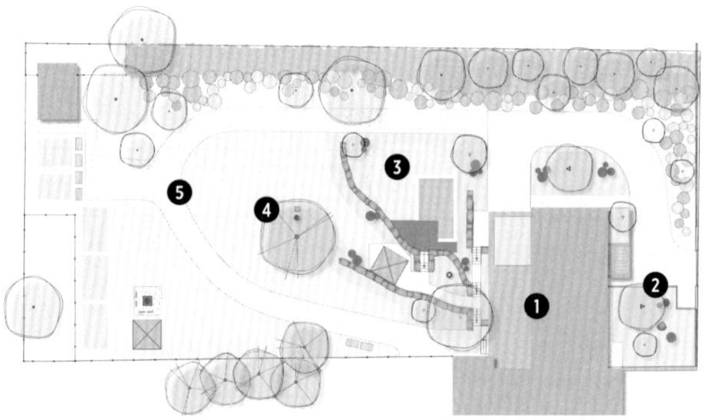

Details

LAGE
WEIMAR, THÜRINGEN

GRÖSSE
2.400 M²

PLANUNGSBÜRO, AUSFÜHRUNG
DRAUSSEN DAHEIM GMBH

AUSFÜHRUNG
LINDENLAUB GMBH GARTEN- UND LANDSCHAFTSBAU

FOTOGRAFIE
SYLVIA KNITTEL

PLAN
1 WOHNGEBÄUDE
2 VORGARTEN MIT FINDLING
3 TEICH MIT NATURPOOL
4 SCHWARZKIEFER
5 RUNDWEG

Als das Gebäude zu einem puristischen Wohnhaus umgebaut wird, entsteht aus einer weitgehend versiegelten Wirtschaftsfläche ein grünes Refugium, das in puncto Staudenverwendung Vorbildfunktion besitzt. Neben den gelungenen Pflanzkompositionen bietet der Vorgarten einen weiteren Blickfang: Ein Findling, der vor ca. 320.000 Jahren von den Gletschern der Elster-Eiszeit hierher geschoben wurde. „Die Form des Findlings wird durch Eiben-Halbkugeln in der Pflanzung aufgegriffen und verbindet die Vergangenheit mit zeitgemäßer Gartengestaltung", erklärt Vanessa Seiß.
Geschickt platzierte Hochstauden wie der markante Buschknöterich 'Johanniswolke' *(Aconogonon alpinum)* verdecken den Blick von der Straße in den rückwärtigen Garten. So ist Privatsphäre garantiert und das Auge erhält gleichzeitig einen Halt zwischen all der Staudenvielfalt. Mit dem zentralen Naturpool inklusive Teich und den Sitzplätzen auf verschiedenen Ebenen ist dieser Teil geradezu prädestiniert für Erholung. „Wege, Terrassen und Ebenen sind so angelegt, dass sie eine großzügige Offenheit ermöglichen und gleichzeitig geschützte Rückzugsorte schaffen", erklärt die Landschaftsarchitektin. Der Naturpool befindet sich an der landschaftlich stimmigsten Stelle, sodass er sich ganz natürlich in das leicht modellierte Gelände einfügt. Unterschiedlich gestaltete Terrassen, eingefasst von Trockensteinmauern aus fränkischem Muschelkalk, gliedern den Garten und bieten verschiedene Blickbeziehungen.
Der warme grau-braune Ton des Natursteins greift die Farbe der Hausfassade auf und vermittelt zwischen Architektur und Außenanlage.
Da die Gartenbesitzer Freude an Pflanzen haben, kann Vanessa Seiß die verschiedenen Ebenen mit Beeten lebendig gestalten – „frei von starren Farbregeln, aber voll spürbarer Lebensfreude".
Hochstauden wie Buschknöterich, Riesen-Sonnenblume *(Helianthus giganteus* 'Sheilas Sunshine') und Vernonie *(Vernonia crinita)* wirken über lange Zeit raumprägend. Gehölze wie der Feuer-Ahorn *(Acer tataricum ssp. ginnala)* und der Sieben-Söhne-des-Himmels-Strauch *(Heptacodium miconioides)* bieten mit ihrem malerischen Wuchs und kräftiger Herbstfärbung einen besonderen Hingucker. „Als verbindendes Element innerhalb des vielgestaltigen Farb- und Formenspiels erweist sich die Großblütige Schönaster *(Kalimeris incisa* 'Madiva'; neu: *Aster incisa)*. Ihre kompakte Erscheinung, Standfestigkeit und langanhaltende Blühfreude sorgen für rhythmische Ruhepunkte und verleihen dem Garten ganzjährig Struktur", so die Landschaftsarchitektin.
All diese Schönheiten lassen sich auf einem Rundweg genauer in Augenschein nehmen. Übrigens sind weite Bereiche des Gartens barrierearm erreichbar – eine Planung, die in die Zukunft denkt. Unterhalb des Rundweges geht die Bepflanzung in eine artenreiche Hecke über, die den Garten in die Umgebung integriert. Bewässerungsanlagen laufen derzeit über Zisternen, dies soll aber sukzessive reduziert werden, wenn die Pflanzen einmal eingewachsen sind. „Besonders freut es uns, dass die Gartenbesitzer in ihrer Oase der Lebensfreude so glücklich sind. Die baulichen Strukturen schaffen dafür den gestalterischen Rahmen – doch es sind die Pflanzen, die Tiere und der Rhythmus der Jahreszeiten, die diesen Ort täglich neu erfinden. Die Pflanzung erhielt mit der Planung lediglich einen Impuls und entfaltet sich seither auf eigene Weise, voller Überraschungen und neuer Entdeckungen", resümiert Vanessa Seiß.

BEN
ıus der Staudenvielfalt ragt
er markante Buschknöterich
Johanniswolke' *(Aconogonon
lpinum)* hervor.

NTEN
laturpool und Teich reflek-
ieren das Licht. Im Bild-
ordergrund: Alpen-Edeldistel
Blue Star' *(Eryngium alpinum).*

Fotografie-preis

Ferdinand Graf Luckner

LAUDATIO
VON CHRISTIANE VON BURKERSRODA

Projekt: „Der Garten als ideale Fortsetzung einer Landschaft" von Daniel Berg GmbH, Seite 18

Wer lauscht nicht gern einem guten Geschichtenerzähler und lässt sich verzaubern? Wer folgt nicht mit Neugier einer Handlung, bangt mit den Figuren und fiebert dem Finale entgegen?

Die Geschichten, die Ferdinand Graf Luckner erzählt, handeln von Gärten. Sein Stift ist die Kamera, das Licht ist seine Sprache.

Am liebsten betritt er den Garten schweigend. Bei seinem Rundgang nimmt er die Atmosphäre auf und verbindet sie wie selbstverständlich mit der Grundstimmung des Tages. Danach folgt der Austausch mit dem Designer und den Besitzern des Gartens.

Wo sind die Akteure, die Gehölze und Pflanzungen? Welche Rolle spielen sie, was sind ihre Merkmale? Bringt das Abendlicht ihre Struktur besser zur Geltung oder das weiche Morgenlicht? Welcher Blickwinkel zeigt die Hauptdarsteller am eindrucksvollsten? Mit künstlerischer Leichtigkeit und akribischer Präzision wählt er Bildausschnitt und Perspektive.

So entsteht seine Erzählung. Gehölze sind die Hauptfiguren, Blätter, Blüten und Insekten übernehmen die Nebenrollen. Mal verschwimmen sie im Hintergrund, mal treten sie für einen Moment ins Licht. Räumlichkeit und Topografie bilden den Rahmen seiner Geschichte.

Ferdinand Graf Luckners Sprache ist das Licht. Eingefangen mit seiner Kamera bringt es den Garten zum Leuchten. Wie ein Erzähler mit seiner Stimme Spannung und Atmosphäre schafft, so gestaltet er mit dem Spiel von Licht und Schatten Ausdruck und Stimmung. Oft wartet er minutenlang – und länger –, bis ein einziger Strahl die Szene vollendet.

Geduld und Ausdauer verbinden sich bei ihm mit Einfühlung und künstlerischem Können. So entstehen Gartengeschichten: Bilder, die berühren, inspirieren und Ansporn sind, Gärten zu schaffen, die erzählenswert sind.

Ausge-zeichnete Projekte

87

ATELIER WEHRLE GMBH
Potsdam
www.atelierwehrle.com

88

BNP LANDSCHAFTSARCHITEKTEN GMBH
CH–Zürich
www.bnp-landschaftsarchitekten.ch

89

CBPLAN LANDSCHAFTSARCHITEKTUR
Rosendahl
www.cbplan.net

90

CORDULA HAMANN - GÄRTEN UND MEHR
Bremen
www.cordula-hamann.de

91

DESIGN ASSOCIATES GMBH
München

92

DIEBOLD & ZGRAGGEN GARTENBAU AG
CH–Fislisbach
www.dzgartenbau.ch

93

DIRK CHRISTIAN SCHRÖDER – GARTEN- UND LANDSCHAFTSBAU
Rastorf
www.schroeder-gartengestaltung.de

94

DRAUSSEN DAHEIM GMBH
Weimar
https://dd-weimar.de/

95

FAHRION GARTEN- UND LANDSCHAFTSBAU GMBH
Notzingen
www.fahrion-garten.de

96

FFLO
UK–Tunbridge Wells
www.fflo.co.uk

97

FLORA TOSKANA BURKE
Hamburg
www.ft-burke.de

98

GARTENBAU LEUFGEN GMBH
Üttfeld
www.gartenbau-leufgen.com

99

GRÜNRÄUME
Würselen

100

HAMMERICH LANDSCHAFTS-ARCHITEKTUR GARTENPLANUNG UND FREIRAUMDESIGN
Neustadt am Rübenberge
www.gartenkultur.de

CALLWEY

Geprägt von der Flusslandschaft

„Der Garten ist durchzogen von der Bewegung des Wassers. Man spürt eine kraftvolle Stille – getragen von Ruhe und Licht. Hier kann der Mensch zu sich kommen, sich wieder mit dem Kreislauf der Natur verbinden – und dieser stillen Lebendigkeit Aufmerksamkeit schenken", sagt Maryvonne Schöner. Die Rede ist von einem Hanggarten in besonderer Lage: Er grenzt an das ökologisch bedeutende Ampermoos und befindet sich in einem sensiblen Übergangsraum zwischen Siedlung und Flussaue.

OBEN
Der naturnah gestaltete Uferbereich an der Windach.

—

LINKS
Sitzplatz an den Prachtbeeten im oberen Gartenbereich.

Zentrum des Gartens
mit Teich, in dem sich bereits
Leben angesiedelt hat.

MARYVONNE SCHÖNER

„Ein Garten, der Wandel spürbar macht – wo Herkunft und Handwerk, Wasser und Klang, Duft und Stein ein leises Ganzes bilden. Nicht gemacht – sondern gewachsen. Und plötzlich wird Stille lebendig."

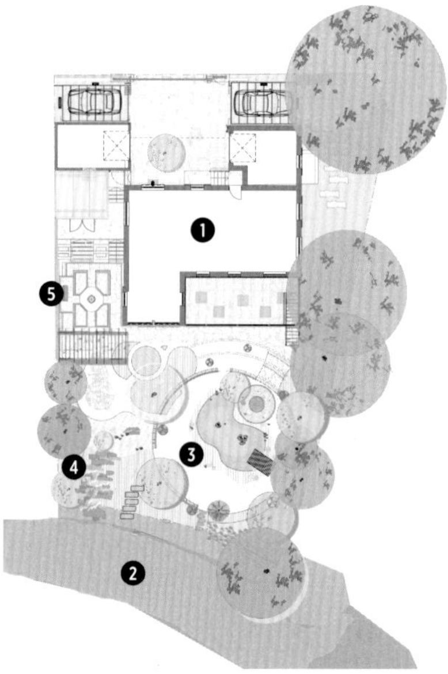

Details

LAGE
WINDACH AM AMMERSEE, BAYERN

GRÖSSE
1.400 M²

PLANUNGSBÜRO
SCHÖNER GÄRTEN

AUSFÜHRUNG
LANDSCHAFTEN UND GÄRTEN GALA GMBH

FOTOGRAFIE
FERDINAND GRAF LUCKNER

PLAN
1 WOHNHAUS
2 WINDACH
3 ZENTRUM MIT TEICH
4 WASSERFALL
5 KRÄUTERGARTEN

Die Windach fließt in sanfter Kurve direkt unterhalb des Gartens vorbei. Der kleine Fluss wird zur Inspirationsquelle der Landschaftsarchitektin – Wasser in seinen vielen Facetten steht im Mittelpunkt ihrer Gestaltung, welche die Balance zwischen Natürlichkeit und künstlerischer Gestaltung hält. So integriert sich der Garten in die ländliche Umgebung aus extensiven Wiesen, kleinen Wasserläufen und regionalem Gestein – Elemente, welche die Planerin aufgreift und zeitgemäß interpretiert.

Ursprünglich gab es hier nur Rasen mit einem Schmetterlingsstrauch *(Buddleja davidii)* in der Mitte. Der Blick zum Wasser war durch eine grüne Wand aus Kiefern zur öffentlichen Brücke versperrt. Für Maryvonne Schöner steht sofort fest, dass es um mehr geht, als einen Uferstreifen ökologisch aufzuwerten: „Wir können den Garten zu einem Resonanzraum machen – als leise, lebendige Antwort auf den Fluss. Die Windach bringt eine Haltung mit sich: fließen – nicht fixieren, offen sein – statt begrenzen. Dieses Prinzip durchzieht den gesamten Garten konzeptionell. Wege verlaufen in sanften Schwüngen, Staudenfelder ziehen sich wie Strömungen durch das Gelände. Ein zentraler Teich wird zur ruhigen Mitte. Nichts ist starr – alles steht in Beziehung." Mit der Entfernung der Kiefern rückt die Windach in das Blickfeld, aber auch die Brücke und die Blicke der Spaziergänger. Im Laufe der Arbeiten wird die Brücke zur Bühne, die Umgestaltung des Gartens zum sozialen Event, denn die Dorfbewohner nehmen rege Anteil daran. „Was kann es Schöneres geben, als mit Gestaltung solche Resonanz auszulösen?", freut sich die Planerin. Jetzt ist die „Grenze" offen gestaltet und gewährt dennoch Privatsphäre: Der Blick zur Brücke wird durch eine breitkronige Japanische Nelkenkirsche *(Prunus serrulata)* abgelenkt, hohe Gräser schaffen gleich einem transparenten Vorhang einen Sichtschutz. Den Hang verwandelt die Planerin in eine fließende Folge klar strukturierter und dennoch sinnlich erfahrbarer Gartenräume, die den Bezug zum Wasser nie verlieren.

Hier entfaltet sich die Meisterschaft des Handwerks. Im unteren Bereich führt ein handgefügter Wasserlauf aus Naturstein sanft zur Windach hinab und nimmt den Charakter des Flusses auf. Im oberen Bereich markiert eine Orangerie den höchsten Punkt. Ein klösterlich inspirierter Kräutergarten mit Brunnen verbindet Nutzen mit Duft und Stille. Die Verbindung zwischen oberen Gartenräumen und Hauptgarten schafft eine Pergola. Kieswege und strukturgebende Trockenmauern gliedern das Gelände, eine großzügige Treppe führt hinab zum Fluss. Diese Elemente fügen sich dank regionaler Materialien (Muschelkalk, Nagelfluh, Lärchenholz, Flusskies) in die Umgebung. Große Bäume mit Charakter werden behutsam integriert und bilden ein schützendes Gerüst. „Sie schaffen durch ihr fein gezeichnetes Licht-Schatten-Spiel die Atmosphäre, die den Garten zu dem macht, was er ist: Ein Ort, der nicht nur bepflanzt wurde, sondern vom Licht geführt ist", so die Planerin. Stauden, Gräser und Wildpflanzen schaffen Lebensräume für Insekten, Vögel und Amphibien. Ungefüllte nektarreiche Blüten wie *Achillea, Coreopsis, Anthemis* oder *Linum perenne* nähren Insekten. Lippenblütler wie Bergminze und *Origanum* ziehen viele Wildbienenarten an. Ziergräser wie *Deschampsia, Molinia* und *Sesleria* strukturieren die Fläche, bringen den Garten in Bewegung und bieten auch im Winter Lebensraum.

Zwar existiert der Garten erst seit wenigen Monaten, dennoch ist er bereits Teil der Landschaft – dank der einfühlsamen Gestaltung, die der Natur gerecht wird und gleichermaßen den Wünschen der Gartenbesitzerin entspricht. Untrügliches Zeichen diesen Erfolgs: Schon wenige Wochen nach der Pflanzung ist der Garten belebt, etwa mit Fröschen und Insekten im und am Teich. „Der Garten wurde mit Respekt vor dem Ort, dem Boden und den Lebewesen gestaltet, die ihn sofort angenommen haben. Er wirkt wie geliehene Zeit: als hätte die Natur selbst diesen Ort schon lange vorbereitet – und nur darauf gewartet, dass man achtsam genug ist, ihn zu erkennen. Dieser Garten ist ein lebendiges Beispiel dafür, wie schnell Natur zurückkehrt, wenn man sie ernst nimmt – und wie tief die Wirkung sein kann, wenn Gestaltung nicht Kontrolle, sondern Vertrauen bedeutet", so Maryvonne Schöner. Ein solcher Garten führt zurück zu dem, was wesentlich ist – er lässt Wandel als Teil des Lebens begreifen und zeigt, wie in Stille Verbundenheit wächst. Und wenn man dort ist, spürt man es.

OBEN
Klassischer Brunnen im Kräutergarten; im Hintergrund eine Pergola als Verbindung.

UNTEN LINKS
Handwerkliche Präzisionsarbeit: Wasserfall und Treppenstufen fügen sich in die Flusslandschaft.

—

UNTEN RECHTS
„Unterschiedliche Grüntöne reagieren auf den Sonnenverlauf, changieren im Tageslicht und erzeugen Tiefe durch Kontraste aus Dichte und Transparenz.“ (Maryvonne Schöner)

Im Dachgarten über dem See

„Durch die Hanglage entlang der Albis-Kette mit östlicher Ausrichtung spielt das Licht am Morgen und am Mittag eine wichtige Rolle. Wir kamen während der Bauphase des Mehrfamilienhauses hinzu, konnten frühzeitig Einfluss nehmen und verhindern, dass die Dachterrasse als Plattenwüste erstellt wird", sagt Jan Schelling. Das ist entscheidend, denn die Besitzer der dazugehörigen Attikawohnung sind echte Gartenfans, sie wünschten sich nicht einfach nur eine hübsch begrünte Dachterrasse; es sollte vielmehr ein Terrassengarten entstehen.

OBEN
Der Sitzplatz ist mit einer Stufe von der übrigen Terrassenfläche abgehoben, um damit den Weitblick zu unterstreichen.

—

RECHTS
Blauschwingel *(Festuca glauca)* kontrastiert mit seiner markanten Farbe die warmen Töne der Gefäße.

OBEN
Pflanztröge stehen versetzt zueinander und lockern den schmalen Korridor auf.

UNTEN LINKS
Die Überdachung bietet dem Essplatz permanenten Schutz und kann mit Sonnenstoren erweitert werden.
—
UNTEN RECHTS
Schattiger Rückzugsort mit „Miniwald"-Lounge.

Rechtzeitig wenden sie sich an die beiden Landschaftsarchitekten Jan Schelling und Robin Lustenberger, schenken ihnen ihr Vertrauen und lassen ihnen freie Hand bei der Gestaltung. Eine Entscheidung, die sich auszahlt, lebt die Attikawohnung mit ihren bodentiefen Fenstern doch in hohem Maße von dem Ausblick auf die spannungsreichen Gartenräume mit ihrer atmosphärischen Bepflanzung, welche die Seesicht unterstreicht.
Bauseits ist die Terrasse in einen schmalen Korridor und ein großes Rechteck aufgeteilt. Um daraus einen Garten zu machen, sind aus Sicht des Planers Jan Schelling viele Pflanzen nötig, ebenso natürliche Materialien wie Holz, das die Wärme der Sonne aufnimmt, sich aber nicht unangenehm aufheizt. Wo es die Platzverhältnisse zulassen, wird die große Terrasse mithilfe verschiedener Ebenen und Abgrenzungen in Räume mit eigenem Charakter eingeteilt. So wirkt die Gartenterrasse großzügiger und jeder Raum steht unabhängig für sich.
Um der Fläche mehr Spannung zu verleihen, arbeitet Jan Schelling mit unterschiedlichen Höhenniveaus. Der Sitzplatz und Aussichtsbereich wird mit einer Stufe von der restlichen Terrassenfläche abgehoben, was den Weitblick über den Zürichsee unterstreicht. Wie von einem Schiffsdeck blickt man nun von hier oben auf den See. Der überdachte Essbereich in Küchennähe bietet die Möglichkeit, selbst bei mäßigem Wetter den Dachgarten zu genießen und lässt sich bei Bedarf mit Sonnenstoren erweitern.

Daran grenzt eine lauschige Schattenecke, eine Art Senkgarten, mit kleiner 'Miniwald'-Lounge aus Pflanzgefäßen und einer Holzsitzbank. Auch der schmale Korridor wird belebt und mit Bodenbeeten sowie Pflanztöpfen diagonal zueinander versehen. So ergibt sich eine neue Wegführung und der Korridor wirkt weniger schmal.
Wesentlich für die Umsetzbarkeit all dieser Gestaltungsideen ist und bleibt die Tragkraft des Daches, daher wird das Gewicht aller Elemente so gering wie möglich gehalten. Gleichzeitig benötigen gerade Gehölze höhere Pflanztröge mit ausreichend gutem Substrat für ihr Gedeihen. „Pflanztröge und Pflanzen mussten gemeinsam mit dem Gebäudestatiker eruiert werden. Es wurden Rahmen hergestellt, die als Druckverteilung der Tröge funktionieren", berichtet Jan Schelling. So steht der Bepflanzung mit mehrstämmigen Kupfer-Felsenbirnen *(Amelanchier lamarckii)* und einem Fächer-Ahorn 'Koto-no-ito' *(Acer palmatum)*, die Einblicke von oberhalb verhindern, nichts mehr im Wege. Die Staudenbeete werden von Arten belebt, die den exponierten Bedingungen standhalten: Blauschwingel *(Festuca glauca)* kontrastiert mit seiner markanten Farbe die warmen Töne der Gefäße und des Holzdecks. Elfenblumen *(Epimedium)* und Frauenmantel *(Alchemilla)* schmücken mit ihren dekorativen Blättern bodennahe Bereiche. Die Vertikale betonen Reitgräser 'Karl Foerster' *(Calamagrostis acutiflora)* und erinnern an die raren Schilfgürtel am See. Einzelne Blütenaspekte streuen Stauden wie Blutweiderich *(Lythrum salicaria)* oder Fetthenne *(Sedum)* mit langer Blühdauer ein. Beerensträucher sind unter die Pflanzung gemischt, um beim Vorbeigehen den Geschmack des Gartens zu spüren.
So wirkt die großzügige Dachterrasse mit ihrer stimmungsvollen Bepflanzung und den detailreichen Räumen tatsächlich eher wie ein kleiner Garten, der sich eben einfach mehrere Stockwerke über dem Boden befindet. Das Mikroklima hat sich ebenfalls durch die Bepflanzung erheblich verbessert, sodass es sich auch im Sommer hier oben bestens aushalten lässt.

JAN SCHELLING (LI.) UND ROBIN LUSTENBERGER

„Abgestufte Terrassen, Höhensprünge, schattige Rückzugsorte und ein erhöhter Essplatz schaffen Tiefe, Ausblick und Atmosphäre – ergänzt durch üppiges Grün in Beeten und Solitärgefäßen."

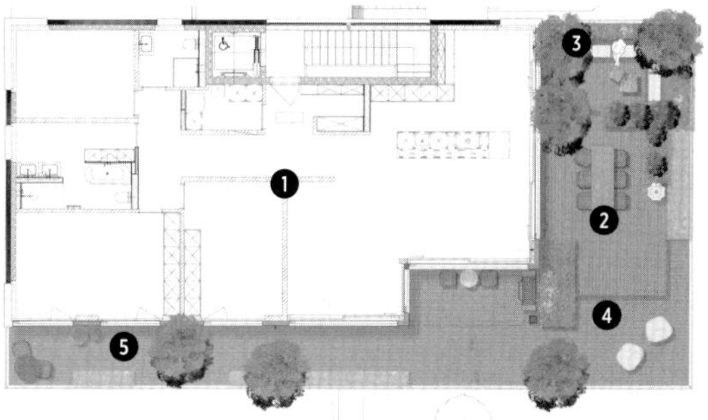

Details

LAGE
REGION ZÜRICHSEE, SCHWEIZ

GRÖSSE
123 M²

PLANUNGSBÜRO
LSLA GMBH

AUSFÜHRUNG
ZEHNDER-GARTEN GMBH

FOTOGRAFIE
TERRY FRAUENFELDER

PLAN
1 ATTIKAWOHNUNG
2 ÜBERDACHTER ESSBEREICH
3 LOUNGE IM SCHATTEN
4 HOLZDECK
5 BEETE UND PFLANZTRÖGE

Reminiszenz an die kalifornische Eichen-Savanne

Dieser Garten ist in mehrfacher Hinsicht besonders: Er befindet sich im Großraum der San Francisco Bay Area und ist eine Hommage an die ursprüngliche Landschaft Nordkaliforniens, die Eichen-Savanne. Vom *genius loci* mit seinem Hain aus alten endemischen Eichen inspiriert, gestaltet ein Team aus Landschaftsarchitekten des renommierten Planungsbüros Surfacedesign diesen außergewöhnlichen Garten zu einem ebensolchen Wohnhaus im Stile der kalifornischen Moderne (Aidlin Darling Design).

OBEN
Skulpturale Eiche in einer wiesenartigen Bepflanzung aus *Rudbeckia hirta* und Gräsern.

—

LINKS
Ein Koi-Becken mit Seerosen (*Nymphaea* 'Moon Dance') durchquert das Haus unter einem Glassteg.
Im Vordergrund: *Myriophyllum* 'Red Stem' und *Aponogeton distachyos*.

Waldgarten-Zimmer mit vielfältiger Bepflanzung aus u. a. *Woodwardia fimbriata*, *Polystichum munitum* und *Heuchera maxima*.

RODERICK WYLLIE UND SEIN PLANERTEAM

„Der Oaks Garden verbindet intime Gartenbereiche und integriert Landschaft und Architektur, um einen Hain historischer Eichen zu schützen – eine Reminiszenz an die Eichen-Savannen Nordkaliforniens in häuslichem Kontext."

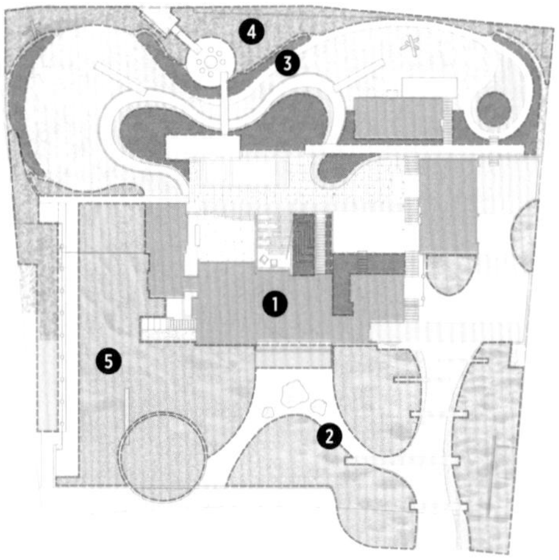

Details

LAGE
ATHERTON, KALIFORNIEN, USA

GRÖSSE
3.800 M²

PLANUNGSBÜRO
SURFACEDESIGN, INC

FOTOGRAFIE
MARION BRENNER

PLAN
1 WOHNHAUS
2 VORGARTEN
3 RÜCKWÄRTIGER GARTEN
4 HEIMISCHER WALD
5 HEIMISCHES GRASLAND

Im Mittelpunkt stehen dabei klar die markanten Baumgestalten mit ihrer durchfurchten Borke und den knorrigen Ästen, die wie mächtige Skulpturen aus den wiesenartigen Flächen aufragen. Daher bezeichnet das Planerteam den Garten auch schlicht als Oaks Garden (Eichen-Garten).

Architektur und Landschaftsarchitektur arbeiten während des gesamten Entwurfsprozesses eng zusammen und so kann eine gemeinsame Designsprache gefunden werden, die Innen- und Außenbereich zu einer Einheit verschmelzen lässt. Bögen und Kreise prägen das subtile Design des Wohndomizils einer jungen Familie, die sich mancherorts in den Garten ziehen und von der Gartenarchitektur in Form geschwungener Wege und Pflanzbeete aufgegriffen werden. In diesem gelungenen Ensemble gibt es keine Trennung zwischen Architektur und Garten, ihre nahtlose Verbindung schafft vielmehr ein neues sinnliches Naturerlebnis. Dieses Ineinanderfließen von Gebautem und Natur lässt sich im Garten an vielen Stellen hautnah erleben: So kragt ein Stahlträgerelement von einer niedrigen Betonmauer aus und umschließt eine alte Eiche wie ein Rahmen das Kunstwerk. Die Betonfassade des Gebäudes dient als Projektionsfläche für die zarten Schatten, welche die Blätter der Eichen werfen. Ein Koi-Becken durchquert das Haus unter einem Glassteg und führt hinaus in den stillen Hof. Auch der Farngarten nimmt seinen Anfang im Innenbereich und erstreckt sich bis zur Terrasse.

Zur Herausforderung für das Planerteam wird dabei, den alten Hain zu erhalten, den Charakter der Eichen durch saisonale Akzente zu stärken und gleichzeitig für Abwechslung im Garten zu sorgen.

Dies gelingt mit mehrjährigen Wiesenpflanzungen, fruchttragenden und blühenden Gehölzen sowie weiteren strukturgebenden Elementen. Bodenmodellierungen lassen Hügelwiesen und Bio-Retentionsflächen entstehen, die gleichzeitig der Entwässerung des Geländes dienen. Heimische und trockenverträgliche Pflanzen breiten sich zwischen den Retentionsbereichen und auf den Wiesen aus. Intime Gartenzimmer beleben das in sich geschlossene Grundstück, bewahren den Hain aus Kalifornischer Stein- bzw. Weiß-Eiche *(Quercus agrifolia; Quercus lobata)* und erinnern an die uralte Landschaftsform der Eichen-Savanne. „Dabei werden Bilder von sanften Hügeln, majestätischen kalifornischen Eichen und Graslandschaften geweckt. Die Eichen-Savanne ist im Sommer trocken und goldfarben, im Winter feucht und grün. Diese Landschaft existiert noch, allerdings wurde im letzten Jahrhundert über eine Million Morgen Eichenwald und Savanne gerodet", heißt es aus dem Planerteam.

Wiesen- und Gartenräume wollen die Planer als eine Interpretation dieser ursprünglichen Landschaft verstanden wissen, welche ebenso durch krautigen Unterwuchs und das umgebende Grasland geprägt ist. Daher besteht der Vorgarten aus Driftpflanzungen regionaltypischer Arten, darunter Unterbrochenährige Segge *(Carex divulsa)*, Schafgarbe *(Achillea millefolium)* und Rauer Sonnenhut *(Rudbeckia hirta)* – alles Pflanzen mit geringem Wasserbedarf. Im rückwärtigen Bereich führen geschwungene Wege zu diskreten Gartenräumen mit einer vielfältigen Waldbepflanzung aus u. a. Fransen-Kettenfarn *(Woodwardia fimbriata)*, Westamerikanischem Schwertfarn *(Polystichum munitum)* sowie Blattschmuckstauden des Halbschattens mit ungewöhnlich violettem und rotem Blattwerk – darunter u. a. Prachtspiere 'Chocolate Shogun' *(Astilbe)*, Zwerg-Purpurglöckchen 'Twilight' *(Heucherella)* und Lenzrose 'New York Night' *(Helleborus)*.

Mit ihrer naturnahen Gestaltung würdigt das Planerteam die Savannenlandschaft Nordkaliforniens und deren Ökologie. Die Familie, die hier ihr Refugium gefunden hat, erlebt den Garten als spannenden abwechslungsreichen Ort, der mit allen Sinnen erfasst werden kann und der sie ganz selbstverständlich mit der Natur als Teil ihres täglichen Lebens verbindet.

OBEN
Geschwungene Wege führen an *Quercus agrifolia*, *Echium wildpretii* und *Cercidiphyllum japonicum* vorbei.

UNTEN LINKS
Reminiszenz an die kalifornische Eichen-Savanne.

—

UNTEN RECHTS
Wiesenpflanzung aus *Eriogonum fasciculatum*, *Achillea millefolium*, *Rudbeckia hirta* ' Black Eyed Susan'.

Natürlich – mit Schatten!

Diese stimmungsvolle Anlage ist ein Plädoyer für mehr Gehölze im Garten – und für natürlichen Baumschatten! Sie liegt mitten in der von Hitze-Inseln besonders betroffenen Metropolregion Rhein-Neckar, die sich aufgrund ihrer Lage und der Art des Städtebaus im Sommer stark aufheizt.

OBEN
Dank des Schwimmteichs und der unterschiedlichen Gehölze herrscht ein angenehmes Mikroklima.
—
RECHTS
Wirkungsvolle Spiegelungen: Der Teich bildet den Mittelpunkt des Gartens.

Bäume prägen mit ihren vielfältigen Blatttexturen und Grüntönen die Atmosphäre.

OBEN LINKS
Die Mischung aus Form- und Großgehölzen sowie immergrünen Sträuchern strahlt ganzjährig Ruhe aus.

—

OBEN RECHTS
Die individuell gefertigte Außendusche aus Porphyr-Krustenplatten ist nicht direkt einsehbar.

UNTEN
Bei der Bepflanzung der Schattenbereiche wurden texturgebende Stauden, Gräser und Farne gewählt.

Zwar gab es bereits einige stattliche Solitäre, wie die für die Gegend typischen Kiefern, die erhalten blieben, doch der 40 Jahre alte Garten war in die Jahre gekommen. Hohe Fichten, einst als Sichtschutz gepflanzt, ließen das Grün dunkel und klein erscheinen. Die notwendige Sanierung des Schwimm- und Koi-Teichs in der Mitte des Gartens gab schließlich den Anlass für die Umgestaltung.
Gewünscht war ein natürlicher, durch und durch grüner Garten mit angenehmem Mikroklima – aber mit Struktur und Ordnung. „Wir haben bewusst auf natürlichen Schatten gesetzt, denn die Aufenthaltsqualität im Schatten von Bäumen ist viel größer als unter Sonnensegeln oder -schirmen“, betont Garten- und Landschaftsarchitektin Carola Dittrich. Doch große Bäume können noch viel mehr. Dank ihrer exakten Positionierung sind angrenzende Gebäude sowie störende Blickbeziehungen zu Gartenhäusern, Mülltonnen und Parkplätzen ausgeblendet. Einige der Großgehölze, wie eine 6 m hohe Eibe *(Taxus baccata)* oder ein 9 m hoher Eisenholzbaum *(Parrotia persica)*, werden dafür eigens auf einem erhöhten Beet gepflanzt. „Wir haben jedes einzelne Gehölz in der Baumschule ausgesucht, damit die Pflanzen sich in Habitus und Form in den Bestandsgarten einfügen. Dabei spielt auch Trockenheitsverträglichkeit eine Rolle“, berichtet die Gartenarchitektin. Die Bäume prägen mit ihren vielfältigen Blatttexturen und Grüntönen die Atmosphäre, rahmen Sitzplätze und spenden ihnen Schatten, spiegeln sich wirkungsvoll im Teichwasser und sorgen für faszinierende Licht- und Schattenspiele. Immergrüne Sträucher wie Frühlingsduftblüte *(Osmanthus burkwoodii)* oder Lorbeer-Schneeball 'Eve Price' *(Viburnum tinus)* erweitern das Spektrum der Texturen.

Sogar Kamelien (*Camellia japonica* 'Hagoromo') wachsen in dem angenehm kühlen Mikroklima, zu dem auch der große Teich beiträgt.
Rund um den zentralen Teich entstehen neue Pflanzbereiche, um das Stillgewässer besser in den Garten einzubinden. Dafür werden Rasenflächen in Schattenbeete umgewandelt, die von Christrosen *(Helleborus)*, Lilientrauben *(Liriope muscari)*, Hirschzungenfarn *(Phyllitis scolopendrium)* oder Eichblatt-Hortensien 'Snowflake' *(Hydrangea quercifolia)* belebt werden. Selbst unter den alten Kiefern regt sich dank einer Schicht aus luftdurchlässigem Dachgartensubstrat reiches Pflanzenleben aus Korsischer Nieswurz *(Helleborus argutifolius)*, Balkanwolfsmilch *(Euphorbia amygdaloides ssp. robbiae)* sowie trockenheitsverträglichen *Carex*-Arten.
Nun vermittelt der Garten das Gefühl, mitten in der Natur zu sein – kaum lässt sich erahnen, dass dieser Ort in einem Wohngebiet liegt. Ein individuell angefertigtes Holzlagerregal mit Fenstern verdeckt die Garagenwand des Nachbarn. Das Gartenhaus findet seinen Platz hinter einem erhöhten Beet mit immergrünen Gehölzen; eine Natursteinmauer begrenzt dieses Beet und bildet gleichzeitig das Rückgrat eines neuen Sitzplatzes. Auf dem Filterkeller für den Teich entsteht ein weiterer Sitzplatz, der mit seiner verputzten Mauer zum einladenden Rückzugsort avanciert. Das Vorhandene aufgreifen und weiterentwickeln, das ist ein Leitmotiv der Planung und gilt auch für die Materialwahl. Daher ist der bereits vorhandene Porphyr stilgebend für neue Wege, die Natursteinmauer sowie die Gartendusche.
Alles wirkt natürlich und über Jahre gewachsen, dennoch sind Struktur und Ordnung deutlich ablesbar. „Dank der immergrünen Pflanzen ist ganzjähriger Sichtschutz sowie eine die Jahreszeiten überdauernde Struktur garantiert. Die Mischung aus Form- und Großgehölzen strahlt wohltuende Ruhe aus“, resümiert Carola Dittrich. Und das Schönste daran ist, dass die großen Bäume und der Teich Eisvögel, Libellen, Schmetterlinge und Eichhörnchen anlocken, welche die Gartenbesitzer von ihren Schattenplätzen aus beobachten können.

CAROLA DITTRICH

„Nichts außer Natur, und das mitten in der Stadt. So viel Grün wie es geht; so viel Ruhe wie es geht und so viel natürlichen Schatten wie es geht: Der Garten ist eine Liebeserklärung an Gehölze!“

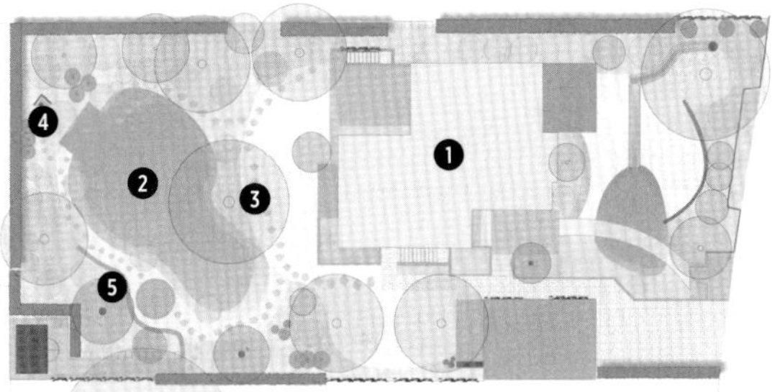

Details

LAGE
RHEINEBENE, BADEN-WÜRTTEMBERG

GRÖSSE
1100 M²

PLANUNGSBÜRO
KEPOS – GARTENARCHITEKTUR

AUSFÜHRUNG
SEITZ GARTEN- UND LANDSCHAFTSBAU GMBH & CO. KG

FOTOGRAFIE
FIRMA SEITZ, FRAU VERBRAEKEN, JÜRGEN BEYER

PLAN
1 WOHNHAUS
2 SCHWIMMTEICH
3 TROMPETENBAUM
4 SCHATTENBEETE MIT GARTENDUSCHE
5 ERHÖHTES BEET MIT *PARROTIA*

Ein Garten zwischen Rebland und Bergen

Was sofort ins Auge fällt, ist die gelungene Verschmelzung des Gartens mit der Landschaft und der lässige Pflanzstil, der die geraden Linien von Haus und Schwimmteich auflöst. Es ist ein Garten, der sich vollkommen in das vom Weinbau geprägte Kulturland am Fuße der Bündner Alpen (Zentralalpen) einfügt. Typische Elemente der Weinbauregion werden in der Gestaltung aufgegriffen und in ihrer Wirkung betont.

OBEN
Mediterraner Kiesgarten mit wärmeliebenden Arten.
—
LINKS
Biodiverser Garten mit naturnahem Schwimmteich, Trockenmauer, extensiver Blumenwiese, Dachbegrünung sowie unversiegelten Natursteinpflasterflächen.

Elementar für die Neugestaltung sind die regionaltypischen Wingertmauern.

ANJA UND MICHAEL GUT

„Ein moderner Naturgarten, welcher Innen- und Außenraum verschmelzen lässt, in der Gestaltung und Materialisierung eine Hommage an die unvergleichliche Berglandschaft und das Weinbauklima."

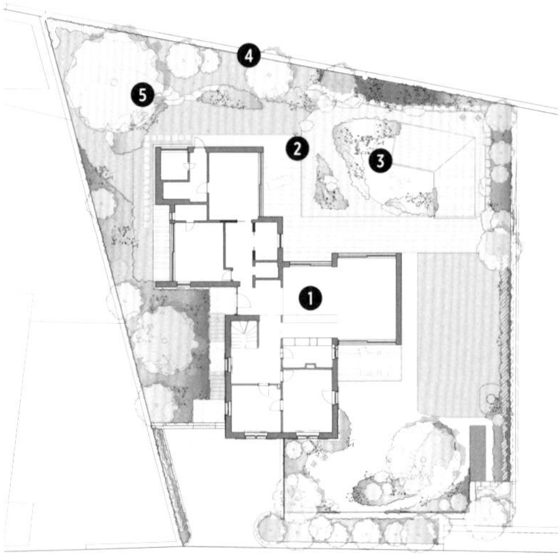

Details

LAGE
KANTON GRAUBÜNDEN – BÜNDNER HERRSCHAFT

GRÖSSE
1.175 M²

PLANUNGSBÜRO
HARIYO FREIRAUM-GESTALTUNG GMBH

AUSFÜHRUNG
SALAMANDER NATUR-GARTEN AG

FOTOGRAFIE
BENEDIKT DITTLI FOTOGRAFIE

PLAN
1 WOHNHAUS MIT ANBAU
2 HOLZDECK
3 SCHWIMMTEICH MIT REGENERATIONSZONE
4 WINGERTMAUERN
5 BRUCHSTEINMAUERN AUS FINDLINGEN

Sorgfältig gesetzte Felsbrocken widerspiegeln die raue Schönheit der Berge und die geologische Vielfalt der Region. So wird der Garten Teil der Landschaft, gleichzeitig inszeniert die Gestaltung gekonnt den Ausblick auf das faszinierende Bergpanorama.
Und all das spielt sich weitestgehend auf einer neu erstellten Tiefgarage ab, deren Bau die Auflösung des alten Gartens forderte. Zeitgleich entsteht ein Holzanbau inklusive bodentiefer Verglasung als Ergänzung zum frisch renovierten Einfamilienhaus. „Ein elementarer Teil der Neugestaltung war ortstypische Gegebenheiten wie die Wingertmauern im Garten aufleben zu lassen, die den Bezug zur Weinbauregion schaffen. Als Wingerte werden Weinbauflächen bezeichnet, die von typischen Steinmauern zur Abgrenzung der Bewirtschaftungs- und Besitzgrenzen umgeben sind. Entsprechend haben wir die vorhandenen Mauern ergänzt, ohne die fantastische Aussicht zu verstellen", berichtet Gartenplanerin Anja Gut, die gemeinsam mit ihrem Mann Michael die Gartenidee entwickelt. So ergibt sich ein in sich geschlossener, intimer Gartenraum, der auch von der Straße nicht einsehbar ist. Eine handwerklich hochwertige Trockenmauer bildet eine Zwischenebene, die ein Raumgefühl und gleichzeitig Lebensraum für kleine Lebewesen wie Eidechsen schafft. Aufenthaltsbereiche funktionieren als in sich geschlossene Gartenzimmer, ohne dem Garten die Großzügigkeit zu nehmen. Im Zentrum des Gartens steht ein Schwimmteich (Salamander Naturgarten AG), der ganzjährig einen Blickfang bietet und auch aus dem Innenraum erlebbar ist. „Der gläserne Anbau am Haus lässt den Garten vom Wohnraum in verschiedenen Perspektiven erleben und wirkt als Bindeglied zwischen Innen- und Außenraum. Großzügige Holzbeläge und das Holzbecken im Schwimmteich schaffen über die Materialisierung eine Verbindung zum modernen Anbau mit Holzfassade", erklärt Anja Gut.

Der regionale Naturstein (San Bernardino Gneis), der für das Wildpflaster an der Einfahrt, die Treppen und die Einfassung des Schwimmteichs verwendet wird, knüpft eine Verbindung zur umliegenden Bergwelt. So erreichen die beiden Gartenplaner über die gelungene Materialisierung eine Verbindung zwischen Bergwelt, Kulturlandschaft und Architektur.
Besondere Freude macht dem Planerpaar, dass sie dank des milden Klimas seltene botanische Schätze verwenden können. So beherbergt der mediterrane Kiesgarten typische Vertreter dieser trockenwarmen, mageren Pflanzengesellschaften, wie z. B. Weiße Zistrose *(Cistus x oblongifolius)*, Weißer Affodill *(Asphodelus albus)*, Mittelmeer-Wolfsmilch *(Euphorbia characias ssp. wulfenii)* oder Büschel-Federgras *(Stipa capillata)*. Die Bepflanzung um den Schwimmteich spielt mit dem Tiefrot der ornamentalen Blätter von Schwarzem Holunder 'Black Lace' *(Sambucus nigra)* und Rotem Perückenstrauch 'Royal Purple' *(Cotinus coggygria)*, welches sich in Stauden wie dem Fingerhutförmigen Bartfaden 'Husker's Red' *(Penstemon digitalis)* oder in Gräsern wie der rötlich-braunen Rutenhirse 'Heiliger Hain' *(Panicum virgatum)* rhythmisch wiederholt.
Für natürlichen Schatten und besondere Blickpunkte sorgen selten verwendete Solitäre, die im milden Weinbauklima bestens gedeihen, etwa ein Schmalblättriger Trompetenbaum *(Chitalpa tashkentensis)* im mediterranen Kiesgarten oder ein Sassafras *(Sassafras albidum)* im Eingangsbereich. Ergänzt werden sie mit heimischen Solitärgehölzen wie einer Mispel *(Mespilus germanica)* oder einem Feldahorn *(Acer campestre)*. „Der Garten ist intim und bietet zugleich fantastische Ausblicke, er ist großzügig und lässt Innen- und Außenraum verschmelzen, der mediterrane Charme verleiht ihm eine Verspieltheit und Leichtigkeit. Und trotzdem erlebt man die Natur hautnah", bringt es Anja Gut auf den Punkt. Außerdem schafft er mit naturnahem Schwimmteich, Trockenmauer, extensiver Blumenwiese, Dachbegrünung auf dem Anbau, Regenwassersammlung sowie unversiegelten Natursteinpflasterflächen eine biodiverse Umgebung. Über 60 % der gewählten Bepflanzung ist heimisch – auch das ein wertvoller Beitrag zur Biodiversität.

OBEN
Fließender Übergang zwischen Architektur und Natur.

UNTEN LINKS
Einfahrt mit Wildpflaster aus San Bernardino Gneis.

—

UNTEN RECHTS
Hängematte in extensiver Blumenwiese.

Der Urlaub beginnt an der Terrassentür

Wie schafft man einerseits Privatsphäre auf einem Hanggrundstück mit einem Höhenunterschied von 12 m in dicht bebauter Umgebung und garantiert andererseits den freien Blick zum See? Was sich auf den ersten Blick wie ein unvereinbarer Gegensatz anhört, ist in diesem Beispiel gelungener Gartenarchitektur hervorragend gelöst.

OBEN
Die natürliche Höhenabwicklung des Hangs ist gestalterisch aufgenommen und in funktionale Ebenen übersetzt.
—
RECHTS
Die Nachbarbebauung ist dank gezielt gesetzter, großer Solitärgehölze ausgeblendet.

OBEN
Gehölze und Pflanzgefäße schaffen zusammen Privatsphäre und bereichern den Garten mit abwechslungsreichen Blickpunkten.

UNTEN LINKS
Lichtblick im Tiefhof: Kupfer-Felsenbirnen mit Eibenkugeln und den hübschen Elfenblumen als Bodendecker.

—

UNTEN RECHTS
Der klar gestaltete Pool schafft eine gestalterische Verbindung zum See und spiegelt dessen ruhige Atmosphäre wider.

„Wir haben bewusst mit dem Gelände gearbeitet und nicht gegen die vorhandene Topografie geplant. Die natürliche Höhenabwicklung des Hangs ist gestalterisch aufgenommen und in funktionale Ebenen übersetzt", erklärt Gartenplaner Frank Gutbrod, der das Konzept in Zusammenarbeit mit den Gartenbesitzern entwickelte. So entsteht ein klar strukturierter Garten, der sich organisch in das Gelände einfügt und dank Pool, Feuerstelle und hochwertigen Materialien zum Wohlfühlort im Freien avanciert.
Benachbarte Hausdächer sind von allen Etagen aus durch gezielt gesetzte, große Solitärgehölze ausgeblendet. Dabei bleibt der Blick aus den oberen Stockwerken auf den Ammersee frei, den drittgrößten der bayerischen Voralpenseen. Vorhandene Gehölze wie eine Eibenhecke *(Taxus baccata)* an der Grundstücksgrenze, eine Rot-Buche *(Fagus sylvatica)* und eine Blutpflaume *(Prunus cerasifera)* werden in das Konzept einbezogen, sodass der Garten wie über Jahre gewachsen wirkt. „Große Solitärgehölze sorgen für Sichtschutz zum Haus, bieten schattige Plätze an heißen Tagen und machen den Garten auch langfristig klimaresilient", erklärt der Gartenplaner. Besondere Blickpunkte setzen der auf Wunsch gepflanzte Taschentuchbaum *(Davidia involucrata var. vilmoriniana)* mit auffälliger Blüte (taschentuchähnliche Hochblätter) sowie ein malerischer Lebkuchenbaum *(Cercidiphyllum japonicum)*, der im Herbst seinem Namen olfaktorisch alle Ehre macht. Für kräftige Farbtupfer sind vor allem die zahlreichen Blütensträucher wie Rhododendren zuständig.

Am Hauseingang wird die Bepflanzung mit Pflanztrögen aus Cortenstahl ergänzt, deren Rost-Patina mit dem warmen Naturstein für Beläge und Trockenmauern harmoniert. So garantieren die Gehölze und Pflanzgefäße Privatsphäre und bereichern den Garten gleichzeitig mit abwechslungsreichen Blickpunkten.
Zentraler Blickfang ist jedoch der Pool im unteren Teil des Gartens, an den sich eine geschützte Terrasse mit Feuerstelle anschließt. Dieser Sitzbereich liegt komplett im Grünen, in völligem Frieden – trotz dichter Nachbarbebauung. „Ein besonderes Highlight ist der nachträglich im Hang integrierte Pool, dessen Einbau unter anspruchsvollen Bedingungen gelungen ist. Die Gegenstromanlage ermöglicht sogar sportliches Schwimmen auf kleinem Raum und wird viel genutzt", so Frank Gutbrod. Mit seiner klaren Form fügt sich der Pool unaufdringlich in den Garten ein und unterstreicht dessen zeitgemäßen Charakter. Ebenso schafft das Gewässer eine gestalterische Verbindung zum See und spiegelt dessen ruhige Atmosphäre wider.
Eine Stufenanlage verbindet den Vorgarten mit dem hinteren Bereich und stellt mit ihren von großformatigen Trockenmauern eingefassten Beeten einen weichen Übergang zwischen Architektur und Gartenraum her. Die Mauern bestehen aus Jura-Kalk und greifen in Farbe und Materialität den türkischen Travertin des Terrassenbelags auf. So wird eine harmonische Verbindung zwischen den Ebenen erzeugt. Dezente Stahleinfassungen definieren Wege und Beete und betonen ebenfalls die klaren Linien. „Das Konzept mit den Ebenen ist aufgegangen. Abgeschirmt von fremden Blicken lässt sich entspannt am Pool liegen, während das leise Knistern der Feuerstelle eine ruhige Atmosphäre schafft", beschreibt Frank Gutbrod das Flair des Gartens. Es ist ein Rückzugsraum unter freiem Himmel, wohnlich, einladend und mit hoher Aufenthaltsqualitärt!

JOHANNES NEUNER (LI) UND FRANK GUTBROD

„Zwölf Meter Höhenunterschied und ein nachträglich einzubauender Pool haben dieses Projekt besonders spannend gemacht."

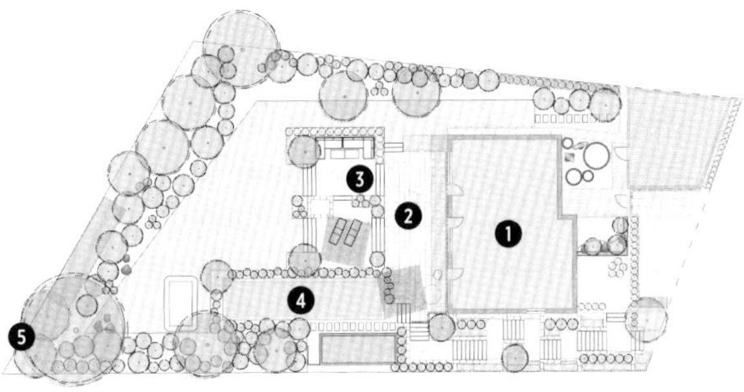

Details

LAGE
HERRSCHING, BAYERN

GRÖSSE
932 M²

PLANUNGSBÜRO
DIE GARTENWIESEL GMBH – GÄRTNER VON EDEN

AUSFÜHRUNG
DIE GARTENWIESEL GMBH – GÄRTNER VON EDEN

FOTOGRAFIE
FERDINAND GRAF LUCKNER

PLAN
1 WOHNHAUS
2 TERRASSE
3 SITZPLATZ MIT FEUERSTELLE
4 POOL
5 BLUTPFLAUME BESTAND

Ein waldartiger Wunschgarten

„Endlich mal Auftraggeber, die Bäume zu schätzen wissen. Sechs Bäume auf ca. 350 m², davon drei Großbäume mit mächtigen Stämmen! Dazu ist einiges an Pflanzen und Steinen bereits vorhanden, die wir integrieren können", freut sich Frank Schroeder. Die Ausgangslage ist ganz im Sinne des Gartengestalters, der zusammen mit seiner Partnerin Nici Frank für naturnahe Gärten mit hochwertigen Steinarbeiten bekannt ist.

OBEN
Teich inmitten der waldartigen Bepflanzung – der imposante Hohe Wald-Geißbart setzt Lichtpunkte.
—
LINKS
Gefülltblühende Rosskastanie – eine der drei Großbäume in diesem Wunschgarten.

NICI FRANK UND FRANK SCHROEDER

„Die Krustenplattenmauer mit aufliegendem Eichenstamm und die freistehende Scheibenmauer mit integrierten Stämmen sind detailreiche steinern organische Elemente, die ein Gegengewicht zur üppigen Bepflanzung bieten."

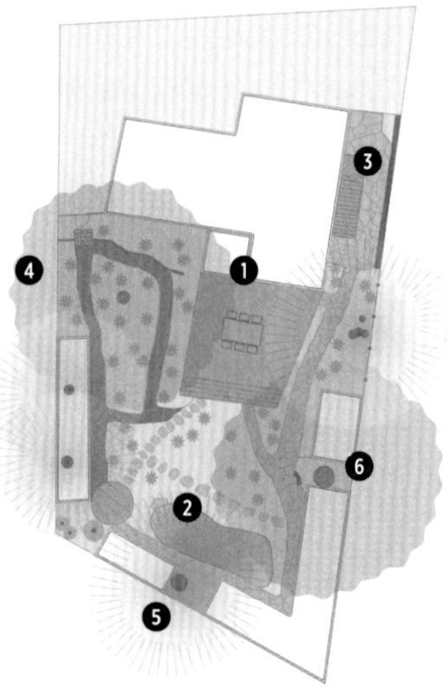

Details

LAGE
LINDLAR, NORD-RHEIN-WESTFALEN

GRÖSSE
350 M²

PLANUNGSBÜRO
FRANK SCHROEDER GARTENMANUFAKTUR

AUSFÜHRUNG
FRANK SCHROEDER GARTENMANUFAKTUR

FOTOGRAFIE
MARTIN RAU

PLAN
1 WOHNHAUS MIT TERRASSE
2 TEICH MIT WASSERFALL
3 SCHEIBENMAUER
4 *AESCULUS HIPPOCASTANUM* 'BAUMANNII'
5 *CEDRUS ATLANTICA* 'GLAUCA'
6 *METASEQUOIA GLYPTOSTROBOIDES*

Bei ihnen steht das Thema Nachhaltigkeit nicht nur auf dem Papier, sondern ist Teil des Grundkonzeptes. Gleichzeitig hat sich das Paar auf die Fahnen geschrieben, Gärten ökologisch aufzuwerten und besser an den Klimawandel anzupassen. Auch dieser Anspruch ist in dem außergewöhnlichen Garten verwirklicht, der zu einem Wohnhaus in dörflicher Umgebung gehört. Früher ließ sich das Grün mit einem Blick erfassen: Eine Rasenfläche, einige ältere Gehölze mit teils beeindruckenden Ausmaßen, dazu jede Menge Dekoration in Form von Figuren, die ebenso wie die vorhandenen Pflanzen integriert werden müssen.
Das Auflösen der Rasenfläche zugunsten einer artenreichen Schattenbepflanzung mit Farnen, Blattschmuckstauden und heimischen Pflanzen im Wurzelbereich der Großgehölze verändert den Garten völlig. Damit keinerlei Wurzelschaden oder unnötige Bodenverdichtung durch Maschinen entsteht, tragen die beiden Gartengestalter die Grasnarbe händisch ab und verarbeiten sie zu einer Stumpery (Totholzgarten mit Baumstümpfen, -wurzeln und -stämmen als Gestaltungselemente). Anschließend wird die Fläche mit 10 cm Grünkompost abgedeckt. Es entsteht eine Welt aus Licht und Schatten, welche den Reichtum an Pflanzen (ca. 200 Arten und Sorten) kunstvoll zu einem verwunschenen Wandelgarten vereint. „Die größte Herausforderung war, auf relativ kleiner Fläche, teils im Vollschatten mit Wurzeldruck, einen artenreichen, spannenden Garten zu schaffen, der eine Fülle von verschiedenen Blicken bietet", so Frank Schroeder.

Frei wachsende Gehölze, wie eine über 40 Jahre alte Gefülltblühende Kastanie 'Baumannii' *(Aesculus hippocastanum)*, übrigens eine sehr gute Bienenweide, bilden einen schützenden Baldachin aus Blättern über dem kleinen Garten. Im Bereich ihrer Kronentraufe findet die Stumpery und eine idealisierte artenreiche Waldgartenbepflanzung Platz, die sich liest wie das Who's who der Stauden schattiger und halbschattiger Standorte, darunter Kleiner Geißbart 'Horatio' *(Aruncus aethusifolius)*, besonders große Exemplare der Funkiensorten 'Elegans' und 'Big Daddy' *(Hosta sieboldiana)*, aber auch Preziosen wie die selten angebotene nordamerikanische Waldlilie *(Trillium chloropetalum)*. Nicht zu vergessen die robusten Wildstauden wie den duftenden Nesselkönig (*Lamium orvala*), der mit Wurzeldruck klar kommt und eine tolle Insektenweide ist. Für Struktur im Winter sorgen immergrüne Gehölze wie Schmuckblatt-Mahonie *(Mahonia bealei)* sowie Schmale Säulen-Eiben 'Fastigiata Robusta' *(Taxus baccata)*.
Pfade aus Rindenmulch, mit Totholz eingefasst, und Schrittplattenwege aus Naturstein führen durch den artenreichen Waldgarten. Mauern in hoher handwerklicher Qualität aus regionalem Naturstein, Zäune sowie Wege bieten Struktur und Details, die immer wieder zur genaueren Betrachtung einladen. Den Hang zum Haus fängt z. B. eine aufwendig gestaltete Krustenplattenmauer aus Grauwacke ab. Ihre Mauerkrone besteht aus Totholz (Eichenstämme aus der Umgebung), welches die Form des Bauwerks vorgibt. „Hier spiegelt sich das Konzept der Wegeinfassung mit Eichentotholz wider. Totholz und regionale Grauwacke sind neben der Bepflanzung die verbindenden Elemente, die sich gestalterisch durch den Garten ziehen und die Struktur maßgeblich bestimmen", erklärt Frank Schroeder.
Unter einer alten Atlas-Zeder 'Glauca' *(Cedrus atlantica)* ruht ein kleiner Teich, in dem sich die Baumkronen wirkungsvoll spiegeln. Diesem haben die beiden Gartengestalter einen kleinen Bachlauf hinzugefügt, der nun für dezente Wassermusik sorgt. So ist mit dem Gewässer ein weiteres wertvolles Element wiederbelebt, das Trockenmauern und Totholz als wichtige Lebensräume für die heimische Tierwelt ergänzt. Überdies trägt das Wasser mit seiner Verdunstungskälte zum angenehmen Mikroklima bei, das die großen Bäume in diesem kleinen Waldgarten maßgeblich beeinflussen.

)BEN LINKS
Der Polygonalweg führt an der
Scheibenmauer vorbei.

—

)BEN RECHTS
Blick durch ein „Gartenfenster"
n die Kulturlandschaft.

UNTEN LINKS
Handwerkskunst vom
Feinsten: Scheibenmauer
mit Mauerkrone aus
Totholz belebt durch vielfältiges Pflanzenleben.

—

UNTEN RECHTS
Ungewöhnlicher Eingang zu
einem ungewöhnlichen Garten:
ein gotisches Tor.

Bodenbelag

Die Highlights 2026 empfohlen
von unseren Planerinnen & Planern

1

Die frostbeständige Bodenplatte „Deepstone" aus Feinsteinzeug von NovaBell, hier im warmen Sandton mit strukturierter Natursteinoptik und Rutschhemmung, ist in der Ausführung Outwalk ideal für anspruchsvolle Außenräume. Mit „Deepstone" kann man zudem auch Schwimmbäder, Stiegen und dank der großformatigen Platten (120 x 278 cm) sogar Hausfassaden verkleiden.

2

Die Platte „Pheos®" von KANN mit dezentem Glimmereffekt ist frost- und tausalzwiderstandsfähig und weist eine Rutschhemmung von R13 auf.

1| NOVABELL SPA CERAMICHE ITALIANE
Produktname: Deepstone
Markteinführung: 2024
Format: unterschiedliche Formate und Stärken
Preis: auf Anfrage
Fotocredit: NovaBell
www.novabell.it

—

2| KANN GMBH BAUSTOFFWERKE
Produktname: Pheos®-Platte
Markteinführung: 2026
Format: 60 x 40 x 5 cm
Preis: 28,50 Euro/m² (inkl. MwSt.)
Fotocredit: KANN GmbH Baustoffwerke
Fotograf: Berlin & Cramer Bildkollektiv
www.kann.de

—

3| SCHELLEVIS®
Produktname: Grasbetonplatten Matrix
Markteinführung: 2025
Format: 200 x 100 x 10 cm
Preis: auf Anfrage
www.schellevis.nl/de

—

4| OBJECT CARPET GMBH
Produktname: CORFU und MALTA
Markteinführung: 2025
Format/Preis: z. B. 2 x 2 m für 2.300 Euro UVP (inkl. MwSt.)
Fotocredit: OBJECT CARPET
www.object-carpet.com

3

Eine wasserableitende Fliese für nachhaltige, klimaresistente Außenräume – ästhetisch, funktional und zukunftsweisend.

4

Der strapazierfähige Bodenbelag für den Innen- und Außenbereich ist leicht zu reinigen, trocknet schnell und ist wasser- und UV-beständig. Das Webmuster „Corfu" (Bild oben) fängt die wilde Schönheit der Insel ein. Das Webmuster „Malta" (Bild rechts) ist eine Reminiszenz an das traditionelle Tartan-Design.

TALK MIT

TOBIAS BEUNING
VERTRIEBSLEITER SCHELLEVIS

Ob Wege, Terrassen oder Poolumrandungen: Die niederländische Firma Schellevis steht für markante, langlebige Betonprodukte mit unverwechselbarer Oberfläche – und für ein zukunftsweisendes Verständnis von nachhaltiger Freiraumgestaltung.

Ihre Platten und Stufen gelten als Designklassiker unter Planern. Was macht ihre Oberfläche und Materialität so besonders? Unsere Produkte erkennt man sofort an ihrer offenen Struktur und der charakteristischen, leicht porösen Oberfläche. Diese entsteht durch die Kombination traditioneller Herstellung mit moderner Technik. Das Ergebnis ist ein Beton mit lebendiger Haptik, der robust und zugleich zeitlos elegant wirkt. Dank über 70 Formaten lassen sich harmonische Konzepte realisieren – vom kleinsten Trittstein bis zur großzügigen Terrasse.

Durchlässige Oberflächen gewinnen in der Planung zunehmend an Bedeutung. Welche Vorteile bieten sie für Planung und Gestaltung? Versickerungsfähige Beläge sind heute ein zentrales Thema – ökologisch wie ästhetisch. Sie helfen, Regenwasser natürlich in den Boden zurückzuführen und leisten damit einen wichtigen Beitrag zu einem nachhaltigen Wassermanagement. Gleichzeitig eröffnen sie gestalterisch neue Möglichkeiten: Wege, Terrassen und Plätze wirken offener und natürlicher.
Unsere Produkte bieten hier die perfekte Balance aus Funktionalität und Design – langlebig, belastbar und zugleich mit einer warmen, handwerklichen Ausstrahlung.

Nachhaltigkeit ist heute mehr als ein Schlagwort. Wie setzt Schellevis Nachhaltigkeit in der Produktion um? Nachhaltigkeit begleitet bei Schellevis jeden Produktionsschritt. Wir verwenden ausschließlich hochwertige Rohstoffe aus der Region, reduzieren Transportwege und optimieren kontinuierlich unseren Energieeinsatz. Über 98 % aller Produktionsabfälle werden recycelt und als wertvolle Rohstoffe wiederverwendet – jedes neue Produkt enthält bis zu 40 % Recyclingmaterial. Unsere Platten sind extrem langlebig und am Ende ihres Lebenszyklus vollständig recycelbar. So schaffen wir Produkte, die in Material, Qualität und Lebensdauer nachhaltig überzeugen.

Kostbares Grün auf dem Dach

Nur über eine Luke mit ausziehbarer Bodenleiter lässt sich diese gerade einmal 55 m² große Dachterrasse aus der darunterliegenden Wohnung erreichen. Wie in einem Nest fühlt man sich hier oben geborgen, kann sich nach einem hektischen Tag über den Straßen der Stadt im eigenen Grün entspannen.

OBEN
Durch die Dachluke gelangt man von der Wohnung auf die Dachterrasse.

—

LINKS
Übergang von der ersten auf die zweite Terrassenebene.

OBEN
Idealer Schattenplatz für heiße Tage: Sitzbank unter einem Amberbaum *(Liquidambar styraciflua)*.

UNTEN LINKS
Biodiversität auf dem Dach: Stauden wie Storchschnabel sind unkompliziert und wahre Insektenmagneten.

—

UNTEN RECHTS
Vertikale Begrünung sorgt für einen natürlichen Sichtschutz auf dem exponierten Dach.

SOMANDIN GMBH

Es ist eine kleine, verborgene Welt inmitten von Stauden und Gehölzen, die der Schweizer Gartenplaner Marcel Somandin gestaltet hat: „Die Idee war, ein grünes Freiluftzimmer zu schaffen, reduziert auf das Wesentliche und üppig begrünt."

Die Ausgangslage dafür war alles andere als romantisch – außer einer kleinen, kahlen Betonfläche gab es nichts. Zudem war die Fläche exponiert, umgeben von dichter Wohnbebauung und für jedermann einsehbar. Kein Wunder, dass die Besitzer sich dort nicht aufhielten. Diesen bis dato ungenutzten Raum verwandelt der Gartenplaner mit Hochbeeten und eleganten Tongefäßen nebst üppiger Bepflanzung in einen Ort der Geborgenheit und Ruhe, wobei die Lage hilfreich ist: „Die Dachterrasse befindet sich in einem ruhigen Wohnquartier neben einem öffentlichen Park. Die Baumkronen sind kostbares Grün und sorgen für spürbare Kühlung und Schatten auf der kleinen Fläche."

Zentrales Gestaltungselement und Stimmungsträger sind die Pflanzen – sie werten den Aufenthaltsbereich auf, verwandeln ihn in einen angenehm schattigen und abwechslungsreichen Rückzugsort. Lohnende Blickpunkte – etwa auf die alten Bäume des nahen Parks – werden mit der Bepflanzung betont, die umgebende Bebauung, soweit möglich, ausgeblendet. Mit maßgefertigten Aluminiumgefäßen wird eine Raumstruktur erstellt und zugleich eine großzügige Pflanzfläche geschaffen. Daraus ergibt sich eine Zweiteilung: Auf der oberen Ebene befindet sich der Loungebereich, eingefasst mit einer Metallpergola (lokale Produktion), an deren Drahtseilen sich Kletterpflanzen in die Vertikale schwingen. Sie tragen zur Raumbildung bei und bieten gleichzeitig Sichtschutz und Schatten. Die untere Ebene ist intensiv begrünt: Neben Gräsern, Kräutern und essbaren Früchten finden sich auch heimische Stauden, wahre Insektenmagneten. So kann Biodiversität auf einem Dach aussehen! Wichtiges Kriterium für die Pflanzenauswahl: die Trockenverträglichkeit, denn die Pflanzen müssen sich an dem vollsonnigen und windexponierten Standort behaupten. Auch die beiden Solitärgehölze, ein Eisenholzbaum *(Parrotia persica)* und ein Amberbaum *(Liquidambar styraciflua)*, gelten als klimaverträgliche, robuste Gehölze. Der Amberbaum an der selbst entworfenen Sitzbank *(Accoyaholz)* ist ganzjährig ein Blickfang und Schattenspender an heißen Tagen. Der Eisenholzbaum im edlen Tongefäß, nicht minder malerisch, markiert einen weiteren möglichen Sitzplatz. „Gleichzeitig ließen wir den Raum offen und damit frei für eine flexible Nutzung, etwa für zusätzliche Sitzgelegenheiten", erklärt Marcel Somandin. Damit die Bäume in ihren mit Leichtsubstrat gefüllten Gefäßen optimal mit Nährstoffen versorgt werden, bekommen sie regelmäßig organischen Dünger. Für ihr Gedeihen spielen außerdem Mikroorganismen und Bodenpilze eine große Rolle, die mit natürlichen Mitteln gefördert werden.

Ebenso wichtig wie die regelmäßige Pflege der Pflanzen ist dem Gartenplaner ein verantwortlicher Umgang mit Materialien. „Wir verzichten aus ethischen Gründen auf die Verarbeitung von Tropenholz und setzen bei Bodenbelägen und Holzarbeiten auf die langlebige Alternative Accoya (Kiefernholz)", so Marcel Somandin. Das Holzdeck aus Accoya verbindet die beiden Terrassenebenen optisch und bietet viele Vorteile: Es heizt sich nicht auf und ist ideal zum Barfuß gehen, da es nicht splittert. Nicht zuletzt wirkt es mit seiner grau-silbernen Patina natürlich und wohnlich. Die sorgfältig gewählte Bepflanzung verbreitet dazu eine angenehme, warme Atmosphäre und lässt die Jahreszeiten lebendig werden. So hat sich eine kleine Betonfläche in einen wildromantischen Dachgarten inmitten der Großstadt verwandelt, den die Auftraggeber viel und gerne nutzen – ein Plus an Wohnfläche und Lebensqualität!

MARCEL SOMANDIN

„Diese vorher unbenutzte Dachterrasse ist ein Beispiel dafür, dass ein biodiverser Erholungsraum auch im urbanen Raum auf kleiner Fläche gelingen kann."

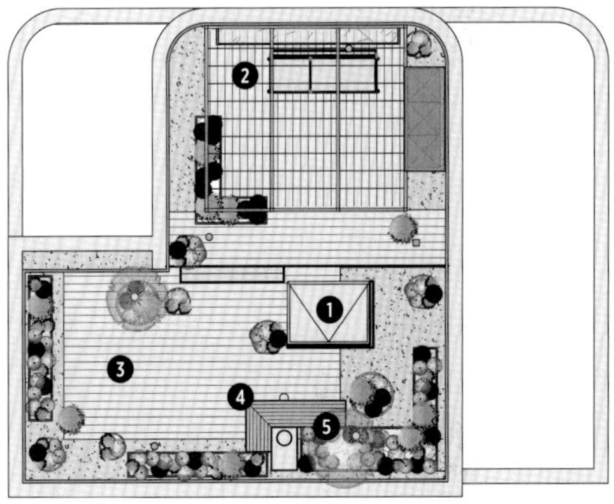

Details

LAGE
ZÜRICH, SCHWEIZ

GRÖSSE
55 M²

PLANUNGSBÜRO
SOMANDIN GMBH

AUSFÜHRUNG
SOMANDIN GMBH

FOTOGRAFIE
B&F FOTOGRAFIERT

PLAN
1 DACHLUKE
2 PERGOLA
3 HOLZDECK
4 SITZBANK AUS HOLZ
5 AMBERBAUM

Zwischen Lichtung und Weite

Im besten Sinne klassisch, jedoch zeitgemäß und natürlich interpretiert – so könnte man die stimmige Gestaltung dieses weitläufigen Gartens in Waldrandlage charakterisieren. Klassisch wegen der typischen Elemente, derer sich Claudia Schaaf bedient: ein Teich, besondere Gehölze als Blickpunkte, Sichtachsen und eine sanfte Geländemodellierung, die dem Garten seine reizvolle Form verleiht. „Diese klassischen Elemente schaffen Ruhe, Naturerleben und Struktur, ohne den Charakter des Ortes zu stören", erklärt die Landschaftsarchitektin.

OBEN
Geschütztes Plätzchen in Waldrandlage, eingefasst von Bergischen Grauwacke-Brocken.
—
LINKS
Das Baumhaus im Übergang zum Wald ist der richtige Ort für Naturbeobachtungen.
(Baumhaus: Bollerott Baumbauten)

Spielerischer Übergang in die Natur: Trittsteine laden dazu ein, über das Wasser hinweg den Garten zu erkunden.

CLAUDIA SCHAAF

„Ein Garten, der den Übergang zwischen Zuhause und Wald fließend gestaltet. Raum für Rückzug, Naturbeobachtung und Gemeinschaft – ein Ort, der zum Innehalten und zum Aufatmen einlädt."

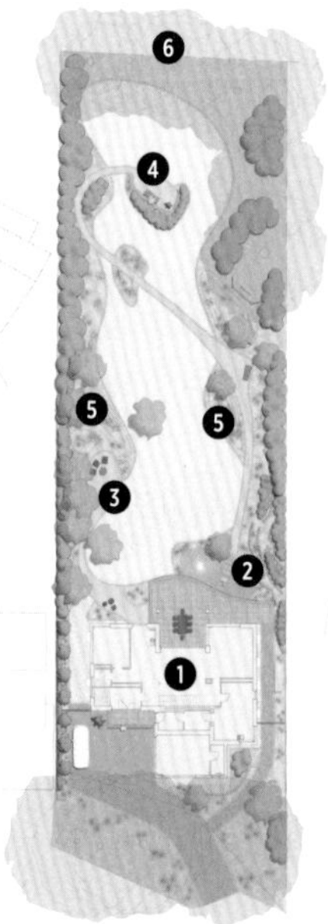

Details

LAGE
STADE, NIEDERSACHSEN

GRÖSSE
2.400 M²

PLANUNGSBÜRO, AUSFÜHRUNG
BERAN GÄRTEN GMBH & CO. KG, GÄRTNER VON EDEN

FOTOGRAFIE
FERDINAND GRAF LUCKNER

PLAN
1 WOHNHAUS MIT TERRASSE
2 TEICH MIT TRITTSTEINEN
3 SITZPLATZ
4 FREISITZ MIT NATURSTEINMAUER
5 HÜGEL MIT GRÄSERPFLANZUNG
6 WALD

Direkt an der Terrasse liegt der Teich, ein kleiner Bachlauf ergießt sich darin, unterhält mit angenehmer Tafelwassermusik am Sitzplatz. Trittsteine laden dazu ein, das Wasser spielerisch zu überqueren, um das Grün auf einem geschwungenen Weg zu erkunden, spannende Räume mit intimen Sitzplätzen zu entdecken, die Natur zu betrachten und dabei zu entspannen. Ein besonders lohnendes Ziel lockt bis zur Grundstücksgrenze im Übergang zum Wald: ein Baumhaus, von dem man den Gartenraum aus einer neuen Perspektive im Schutze alter Bäume erleben und der Natur nahe sein kann. „Die Auftraggeber wünschten sich einen Garten, der eine harmonische Verbindung zum angrenzenden Wald herstellt. Gleichzeitig sollte die Anlage nicht zu viel Zeit für die Pflege beanspruchen, da die Familie oft im Ausland ist und genügend Raum bieten, damit die Kinder sich frei bewegen können", so Claudia Schaaf.
Kreative Ideen sind von der Landschaftsarchitektin und ihrem Team gefragt, um die lang gestreckte, schmale Form des Grundstücks in eine stimmige innere Struktur zu übersetzen, den Übergang vom Garten in den Wald fließend zu gestalten und die Balance zwischen pflegearm und lebendiger Pflanzenvielfalt zu wahren. Aus der Grundstücksform ergibt sich eine lange Sichtachse, die durch den Garten läuft und im Wald ihren Endpunkt findet. Damit der Garten nicht ausschließlich dadurch bestimmt wird, übersetzt die Landschaftsarchitektin die Achse in eine fließende Abfolge von Gartenräumen, die das Haus mit dem angrenzenden Wald verbinden. „So wird der Garten nicht von der äußeren Form dominiert, sondern entfaltet eine ganz eigene Dynamik. Die Form ist als besondere Qualität erlebbar – mit einem Garten, der still und selbstverständlich in den Wald übergeht, Natur intensiv erfahrbar macht und zugleich Raum für das Familienleben bietet", erklärt Claudia Schaaf. Den weichen Übergang zwischen gestaltetem Raum und angrenzendem Wald schafft der vorhandene alte Baumbestand zusammen mit der ergänzenden Bepflanzung.
Besondere Gehölze stehen dabei klar im Mittelpunkt – sie kreieren eine ruhige naturnahe Atmosphäre, machen den Garten zu einem lebendigen Rückzugsort. Edle Bäume, wie ein Tupelobaum *(Nyssa sylvatica)* und Fächer-Ahorne *(Acer palmatum)* eröffnen Blickpunkte, erzeugen natürlichen Schatten und bezaubern mit ihrer intensiven Herbstfärbung. Lampenputzergräser *(Pennisetum)*, Rutenhirsen *(Panicum)* und Pfeifengräser *(Molinia)* leuchten entlang des Weges in Goldgelb bis Gelbbraun und zeichnen die Gartenlandschaft weich. Nicht minder reizvoll das Frühlingsbild mit Japanischem Blumen-Hartriegel *(Cornus kousa)*, Rhododendron, Scharlach-Kirsche *(Prunus sargentii)*, Kornelkirsche *(Cornus mas)* und Schneeball *(Viburnum opulus)*. Den winterlichen Garten schmücken Gehölze mit starken Strukturen und Beerenschmuck im Verein mit standfesten Ziergräsern und texturreichen Stauden. Immergrüne Akzente setzen dazu Sträucher wie Tintenbeere *(Ilex glabra)* und Japanische Hülse *(Ilex crenata)*.
Es ist ein Garten, der zu den naturverbundenen Auftraggebern passt, die jede Pflanze bewusst wahrnehmen. „Hier fühlt sich die Familie zuhause, kann sich als Teil der Natur wahrnehmen – ein Garten, der ihre Werte widerspiegelt und ihnen Platz für Rückzug ebenso wie für gemeinsames Familienleben bietet", resümiert Claudia Schaaf.

OBEN LINKS
Hier kann man der Natur ganz nah sein.

—

OBEN RECHTS
Der Garten im Übergang zum Wald ist Abenteuerspielplatz und Rückzugsort zugleich.

UNTEN LINKS
Die Bepflanzung des Gartens ist so gewählt, dass sie eine fließende Verbindung zwischen dem gestalteten Gartenraum und dem angrenzenden Wald schafft.

—

UNTEN RECHTS
Sonnenterrasse: Gräser sorgen für Bewegung, Textur und jahreszeitliche Aspekte.

Waldgarten en miniature

Dieser intime Stadtgarten mit Innenhofcharakter bietet ein schönes Beispiel dafür, wie man kleine Räume zeitgemäß und dennoch natürlich gestalten kann. Zwar ist er klar strukturiert, dennoch erinnert seine Atmosphäre dank der alten Rot-Buchen *(Fagus sylvatica)* an eine Waldlichtung. Eingerahmt von Farnen, Stauden und kleinen Gehölzen sind verschiedene Sitzplätze nebeneinander angeordnet, ohne sich gegenseitig zu stören. Versteckte Pfade führen durch die vielfältige Bepflanzung, machen Lust auf Entdeckungen. Die besondere Stimmung lässt sich auch vom Haus aus erleben, das sich zum Garten hin mit bodentiefer Verglasung weit öffnet.

OBEN
Das außergewöhnliche Haus mit vielen verschiedenen Facetten spiegelt sich im Garten wider.

—

RECHTS
Dichte, auf wenige Sorten reduzierte, schattenverträgliche Bepflanzung statt Rasen unter alten Bäumen.

OBEN
Die verblendete, im stumpfen Winkel angeordnete Mauer stammt aus dem Bestand und bildet heute eine attraktive, schützende Einfassung für den Loungebereich

UNTEN LINKS
Trockenmauer aus Grauwacke, die mit ihrem warmen Farbspektrum die heimelige Wirkung dieses kleinen, geschlossenen Gartens unterstreicht.

—

UNTEN RECHTS
Der Metallpavillon unter den alten Rot-Buchen hat rein dekorative Funktion und unterstreicht den Vintage-Aspekt des Gartens.

Vor der Umgestaltung wirkte der kleine Garten durch die vielen Spielereien, die der Vorbesitzer eingebaut hatte, unruhig und wahllos zusammengewürfelt. Dazu kam der Bruch zwischen dem hausnahen Bereich und der Böschung mit den alten Buchen im hinteren Teil des Gartens. Das passte nicht zu einer architektonisch geradlinigen Anlage, die sich die neuen Besitzerinnen wünschten. „Behutsames Aussortieren und Strukturieren war besonders wichtig, um aus dem Bestand und den Wünschen nach Modernisierung ein harmonisches Ganzes zu formen. Der natürliche Charakter und einige alte Elemente sollten erhalten bleiben. Der alte Baumbestand lieferte das zweite Leitmotiv", erklärt Thomas Grütters, der zusammen mit Betty Verstegen die Umgestaltung übernimmt. Schöne Stücke aus dem Bestand - wie ein filigraner Pavillon unter den mächtigen Buchen oder eine Klinkermauer, die heute eine schützende Einfassung für den Lounge-Bereich bildet - beziehen die beiden Gartengestalter gerne in ihr Konzept ein. Sie werden, neu inszeniert, zum Blickfang im kleinen Stadtgrün.

Die geradlinige zentrale Terrasse wird deutlich vergrößert und wirkt mit ihrem Bodenbelag aus Blaustein zeitgemäß. „Der Wechsel zwischen kleineren Formaten für den Lounge- und einem Großformat für den Essbereich sorgt für eine subtile Strukturierung, den die Lavendelinsel *(Lavandula angustifolia)* unterstreicht", erklärt Thomas Grütters. Durch die Verwendung von Blaustein als einheitlichem Bodenbelag wird optische Großzügigkeit auf kleinem Raum erzeugt. Grob behauene Sitzquader aus regionaler Grauwacke rahmen die Terrasse, markieren den Übergang in den wilderen Gartenteil. Sie sind Element der Gestaltung und bieten gleichzeitig lauschige Sitzplätze. Aus Grauwacke besteht auch die Trockenmauer, welche die Böschung im Anschluss abfängt, sodass die unterschiedlichen Höhen begradigt werden, ohne dass es steril wirkt. Das passt zum Waldcharakter und dem natürlichen Flair des Gartens. So gelingt es, den vorhandenen Baumbestand und die damit verbundenen Höhenvorgaben sensibel zu integrieren. „Im Wurzelbereich der Buchen war höchste Vorsicht geboten, denn sie vertragen keine Aufschüttung. Wir mussten den Verlauf der Trockenmauer während der Bauarbeiten spontan von der Ausbreitung des Wurzelwerks abhängig machen", berichtet Thomas Grütters. Nun vermittelt die einfassende Mauer aus Grauwacke, wo vorher ein deutlicher Bruch den Garten in zwei Teile zerriss. Zur Hinterfüllung der Mauer arbeiten die beiden Gartenexperten mit Lavagestein, da das Material sehr leicht und luftdurchlässig ist, sodass die Wurzeln darunter nicht ersticken.

Um die alten Rot-Buchen herum entwickeln Thomas Grütters und Betty Verstegen ihr Pflanzkonzept. Auf Rasen wird komplett verzichtet. Stattdessen belebt eine dichte, auf wenige Arten und Sorten reduzierte schattenverträgliche Bepflanzung den Bereich, darunter Rispenhortensien 'Limelight' *(Hydrangea paniculata)*, Japan-Berggras *(Hakonechloa macra)*, Herbst-Anemonen 'Honorine Jobert' (*Anemone japonica*-Hybride), Teppich-Glockenblumen 'Birch' *(Campanula portenschlagiana)*, Goldschuppenfarne *(Dryopteris affinis)* und Funkien *(Hosta)*. Natürlich funktioniert die Bepflanzung unter alten Buchen nur mit einer Bewässerungsanlage und neuem Erdsubstrat, wobei nährstoffreiche Lava perfekte Bedingungen für die Stauden schafft. Mitten in all dem Grün bieten verschiedene Sitzplätze Gelegenheit zur Entspannung - separiert durch die Bepflanzung, jedoch durch gleiche Materialität miteinander verbunden. „Dieses Einrahmen, dieses Umarmen mit Pflanzen ist wichtig, auch die Hauptterrasse muss von Grün umgeben sein. Pflanzen gehören immer an die Stelle, an der man sitzt", betont Thomas Grütters. Letztlich geht die Wirkung eines Gartens, seine Atmosphäre, immer von den Pflanzen aus - und das ist auch gut so!

V.L.N.R.: ERIK PETERS, BETTY VERSTEGEN, THOMAS GRÜTTERS

„Klare Formen und natürliche Elemente wurden auf kleinstem Raum mit viel Flair vereint – ein charakterstarker Garten, geprägt von alten Bäumen und einer mediterranen, harmonischen Atmosphäre."

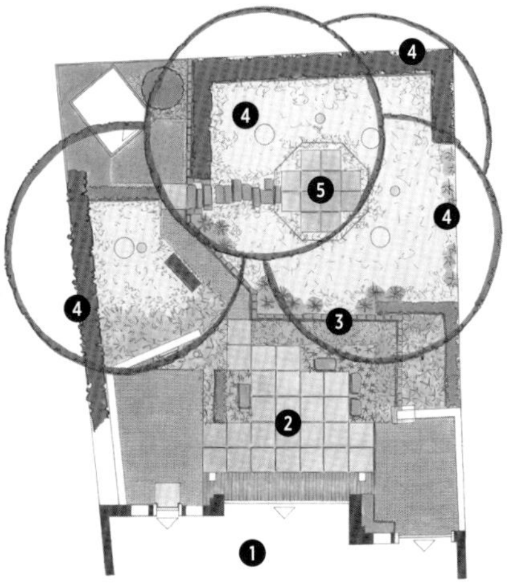

Details

LAGE
XANTEN, NORDRHEIN-WESTFALEN

GRÖSSE
260 M²

PLANUNGSBÜRO
GRÜTTERS GÄRTNER VON EDEN

AUSFÜHRUNG
GRÜTTERS GÄRTNER VON EDEN

FOTOGRAFIE
THORSTEN SCHERZ FOTOGRAFIE

PLAN
1 WOHNHAUS
2 TERRASSE MIT BLAUSTEIN
3 TROCKENMAUER
4 ROT-BUCHE BESTAND
5 PAVILLON

In Pflanzen schwimmen

Manchmal ist Zurückhaltung gefragt und nicht die große Geste, um eine gute Gartenanlage zu vollenden. Wie in diesem an sich bereits stimmigen Hausgarten in der Hallertau, der um einen Pool (Biotop Living Pool) ergänzt werden sollte. „Die Gartenbesitzer wünschten sich explizit 'in Pflanzen zu schwimmen'. Der Pflanzenbestand sollte in den Badegarten integriert und so ergänzt werden, dass die Beete bis unmittelbar an den Pool reichen“, berichtet Stefan Arndt.

OBEN
Die vorhandene Terrasse am Haus und das neue Holzdeck sorgen maßgeblich für den optischen Zusammenhalt des Gartens.

—

LINKS
Ziel war es, Pool und Pflanzungen so zu verschränken, dass sie eine rundum stimmige Einheit bilden.

STEFAN ARNDT

„Auf einen Sprung in das natürliche, glasklare Wasser, um mitten in blühenden Pflanzen zu schwimmen."

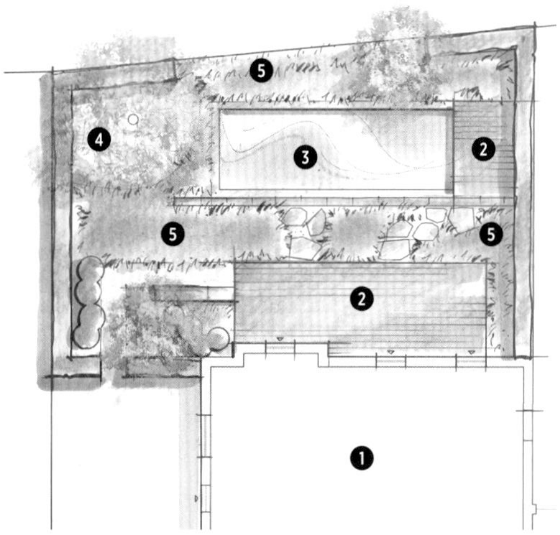

Details

LAGE	PLAN
WOLNZACH, BAYERN	1 WOHNHAUS
GRÖSSE	2 HOLZDECK
500 M²	3 POOL
PLANUNGSBÜRO	4 *CATALPA*
ARNDT GMBH & CO. KG	5 GRÄSER
AUSFÜHRUNG	
ARNDT GMBH & CO. KG	
FOTOGRAFIE	
FERDINAND GRAF LUCKNER	

Viel Fingerspitzengefühl ist dabei von dem Gartenbautechniker gefragt, um den gewachsenen Garten nicht aus dem Gleichgewicht zu bringen. Das mag aus Planer- und Gärtnersicht zunächst unspektakulär wirken, doch hier geht es um etwas ganz anderes: Einen bestehenden Garten so zu ergänzen, dass es danach aussieht wie aus einem Guss. „Gerade wenn, wie hier zu Recht, der Bestand bewahrt und lediglich ein Element hinzugefügt werden soll, ist die Gefahr groß, dass dieses wie ein Fremdkörper wirkt. Das zu vermeiden, war unsere Aufgabe", so Stefan Arndt. Und das ist ihm und seinem Team bestens gelungen. Die Gestaltung ist in ihrer Gesamtheit in sich stimmig, schlicht und unaufdringlich, Pool und Pflanzung sind harmonisch aufeinander abgestimmt.

Eine Besonderheit ergibt sich aus der Lage des neuen Pools – er befindet sich im Vorgarten. Bereits vor der Umgestaltung wurde der Vorgarten als Wohngarten genutzt, da er deutlich sonniger und heller als der Bereich hinter dem Haus ist und so großzügig, dass er ausreichend Platz für das Badevergnügen bietet. Zudem garantieren die ländliche Umgebung und eine umlaufende, bereits vorhandene Ligusterhecke *(Ligustrum vulgare)* ausreichend Privatsphäre, trotz der Lage zur Straße hin.

Pflanzen spielen in der Umgestaltung, oder vielleicht spricht man besser von behutsamer Ergänzung, eine wesentliche Rolle.

Die vorhandene Bepflanzung wird um mediterrane Stauden und Gräser ergänzt, sodass sie bis an den Pool heranreicht: Luftig-leichte Stauden wie Skabiosen (u. a. *Scabiosa caucasica* 'Perfecta Alba'), Prachtkerzen *(Oenothera lindheimeri)*, Kugellauch *(Allium sphaerocephalon)*, dazu Gräser wie Zartes Federgras *(Stipa tenuissima)*, Bläuliche Rutenhirse (*Panicum virgatum* 'Heavy Metal') bzw. Riesen-Rutenhirse (*Panicum virgatum* 'Northwind') für das Spiel mit dem Wind. Für den Duft die wunderbare Bergminze *(Clinopodium nepeta)* und Fenchel *(Foeniculum vulgare)*. Der bereits vorhandene größere Trompetenbaum *(Catalpa bignonioides)* mit seinen attraktiven, vielblütigen Rispen wird um einen Artverwandten ergänzt. Auf der Terrasse unterstreichen Olivenbäume *(Olea europaea)* in Kübeln das mediterrane Flair. Pflanzen sind eindeutig die Stimmungsträger des Gartens, erzeugen zusammen mit dem Wasser eine mediterran-entspannte Atmosphäre. „Pool und Pflanzungen sind so miteinander verschränkt, dass sie eine rundum stimmige Einheit bilden, so als seien Planung und Bau in einem Zuge erfolgt", so Stefan Arndt. Großzügigkeit wird dadurch erreicht, dass der Seitenstreifen neben der Straße im gleichen Stil überwiegend mit dem Klassiker mediterraner Regionen, dem Lavendel *(Lavandula angustifolia)*, bepflanzt wird. Dank des durchlässigen Holzzauns zur Grundstücksgrenze gehen privater und öffentlicher Bereich optisch ineinander über.

Verschiedene Sitz- und Liegeplätze rund um den Pool laden zum süßen Nichtstun ein, etwa das Holzdeck, das die vorhandene Terrasse am Haus um einen weiteren Sitzplatz ergänzt. „Das neue Deck seitlich vom Pool und die bereits vor der Umgestaltung vorhandene Terrasse am Haus sorgen maßgeblich für den optischen Zusammenhalt des Gartens und sind ein schöner Beleg dafür, dass wir das selbst gesteckte Ziel erreicht haben, alte und neue Gartenelemente zu einer stimmigen Einheit zu verbinden", erklärt Stefan Arndt. Die Idee der Gartenbesitzer, wie in einem Meer aus Pflanzen zu baden, ist aufgegangen.

OBEN
Ungewöhnlicher Vorgarten mit Bio-Pool, Sitzblöcken und einem prächtigen Trompetenbaum *(Catalpa bignonioides).*

UNTEN LINKS
Augenweide und Klimabaum: Ein Trompetenbaum mit seinen attraktiven, vielblütigen Rispen.

—

UNTEN RECHTS
Größere Gehölze werden mit Pflanzungen aus Stauden und Gräsern ergänzt, darunter Rutenhirse 'Northwind' und 'Heavy Metal' *(Panicum)*, Buschmalve *(Lavatera)* und Kugellauch *(Allium sphaerocephalon).*

Staudengarten über dem Maintal

„Wir lieben Stauden! Wir wollen richtig reiche Staudenbeete und Gehölze" – so lautete der Wunsch der Auftraggeber, dem Landschaftsarchitekt Ralph Schäffner nur allzu gerne nachkommt. So kann er in diesem weitläufigen Hanggarten, mit seinen unterschiedlichen Standorten von schattig und halbschattig bis licht und sonnig, doch eine große Bandbreite an Arten und Sorten verwenden.

OBEN
Aufgrund der erheblichen Hangneigung wurden Ebenen geschaffen und diese durch Staudenpflanzungen miteinander verbunden.

—

LINKS
Die unterschiedlichen Gartenräume sind auf verschiedenen Wegen erreichbar. Hier der Weg zum Aussichtsplatz.

OBEN
Die Synthese aus Bestand und Neupflanzung vermittelt den Eindruck eines gereiften Gartens.

UNTEN LINKS
Veronicastrum virginicum 'Lavendelturm' mit *Panicum virgatum* 'Shenandoah' und *Pennisetum alopecuroides var. viridescens.*

—

UNTEN RECHTS
Die oberste Ebene bildet eine Aussichtsplattform, von der man den schönsten Blick auf die Stadt hat.

M

„Meist soll der Garten ja möglichst pflegearm, die Pflanzung robust sein, doch hier ist das Vegetationsthema elaboriert. Durch die Hanglage, die Gehölze und die Stellung des Gebäudes auf dem Grundstück ergeben sich unterschiedliche Standorte für eine facettenreiche Staudenbepflanzung auf 700 m²", so Ralph Schäffner.
Doch es sind nicht nur die stimmungsvollen Staudenbeete; es ist die Gesamtheit der Pflanzungen, die den Garten so besonders macht. Wertvolle vorhandene Gehölze wie einen Nussbaum *(Juglans regia)*, schirmförmige Kupfer-Felsenbirnen *(Amelanchier lamarckii)*, Rhododendren und eine Eibenhecke übernimmt der Planer in sein Pflanzkonzept, sodass die Synthese aus Bestand und Neupflanzung den Eindruck eines gereiften Gartens vermittelt. Gleich im Eingangsbereich wartet ein besonders schöner Solitär auf, ein Fächer-Ahorn 'Seiryu' *(Acer palmatum)*. Auch im rückwärtigen Bereich bieten Gehölze besondere Blickpunkte, wie Tulpen-Magnolien *(Magnolia soulangeana)*, Zaubernuss *(Hamamelis)* und verschiedene Rhododendren. Da die Gartenbesitzer Hortensien besonders lieben, finden sich allein zehn verschiedene Arten und Sorten (u. a. *Hydrangea quercifolia, Hydrangea macrophylla, Hydrangea paniculata*) dieses traditionsreichen Zierstrauches im Garten. Eine Tröpfchenbewässerung und das passende Substrat machen es möglich, dass sich die Pflanzen in der trockenen Region des Maintals wohl fühlen.
Vorgefunden hatte Ralph Schäffner eine architektonisch angelegte Anlage mit einer artifiziellen Wasserachse à la Barockgarten, die aus den 1990er Jahren stammte. Das passte weder zum modernisierten Wohngebäude, noch zu den neuen Besitzern. Diese wollten ihren Garten natürlicher, organischer, aber dennoch gestaltet - ein geschützter blühender Rückzugsort auf verschiedenen Ebenen mit vielen Blickbeziehungen innerhalb und nach außen, besonders über die Innenstadt von Würzburg.

„Wir haben eine komplett neue Etage in den Hanggarten inklusive Hangabstützungen integriert", berichtet Ralph Schäffner. Dafür wird zunächst ein Großteil der vorhandenen Betonstützmauern abgebrochen, ebenso die funktionslose Wasserachse. An ihrer Stelle fangen nun filigrane, in Höhe und Lage geknickte Stahlstützwände die Höhenstufen im Gelände ab, die sich organisch in den Hang integrieren. So ergeben sich unterschiedliche Gartenräume mit Aufenthaltsflächen, die auf verschiedenen Wegen erreichbar sind. Die Verbindung zwischen den einzelnen Ebenen schafft die struktur- und blütenreiche Staudenbepflanzung.
Für den gewünschten Pool (bauseits) entsteht eine eigene Terrasse mit langem Wasserbecken, dessen Lage und Größe gemeinsam mit den Architekten Ruhl + Albert GmbH bestimmt wird. Darüber schließt sich mit einer Rasenterrasse die nächsthöhere Ebene an. Die oberste Ebene bildet eine Aussichtsplattform mit Stahlstützwand, von der man den schönsten Blick auf die Stadt hat. Den optischen Abschluss zum bewaldeten Hang dahinter formt eine Natursteinmauer mit einer Besonderheit: Sie lässt ein „Landschaftsfenster" offen, um einer mehrstämmigen Zierkirsche im Verein mit Hortensien einen wirkungsvollen Auftritt zu verschaffen.
Für Mauern, Treppen und Bodenbeläge verwendet Ralph Schäffner edlen Fränkischen Muschelkalkstein, der mit seinen Einschlüssen und den warmen Tönen natürlich wirkt und zur lebendigen Pflanzung passt. Das Sedimentgestein ist an den Hängen des Maintals zu finden und altert in Würde, wird vielmehr mit den Jahren dank Patina markanter. Auch die gekrümmte Auffahrtsrampe zum Wohngebäude besteht aus diesem robusten Naturstein - für den Planer übrigens eine besondere Herausforderung, die Rampe mit radial geschnittenen Natursteinen zu befestigen und dort zusätzlich eine Treppenanlage zu integrieren.
So ist aus einem unpassenden Hanggarten ohne Höhepunkte ein wertvoller Erholungsraum mit Gartenzimmern auf verschiedenen Etagen entstanden, die jeweils eigene Blickbeziehungen und Atmosphären bieten - und dennoch wird der Garten dank Bepflanzung und einheitlicher Materialwahl als Gesamtkomposition wahrgenommen.

RALPH SCHÄFFNER

„Im Zusammenspiel von Architektur und Landschaftsarchitektur entstand eine Gartenoase mit Blick über die Stadt am Main."

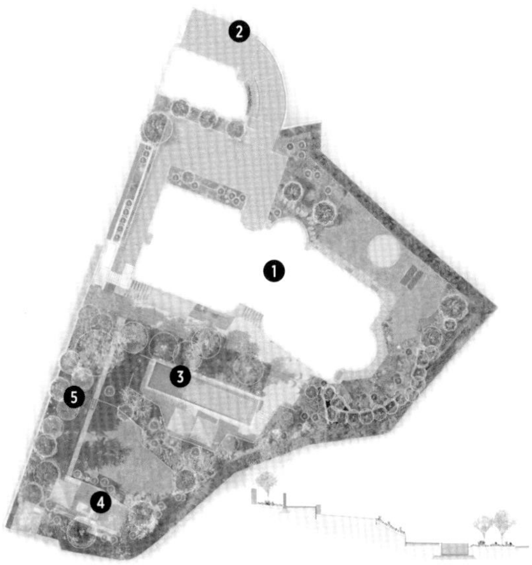

Details

LAGE
WÜRZBURG, BAYERN

GRÖSSE
1.875 M²

PLANUNGSBÜRO
ARC.GRÜN LANDSCHAFTSARCHITEKTEN. STADTPLANER GMBH

AUSFÜHRUNG
RÜGER GARTEN-LANDSCHAFTSBAU

FOTOGRAFIE
EHLERS MEDIA

PLAN
1 WOHNHAUS
2 AUFFAHRTSRAMPE
3 POOLEBENE
4 AUSSICHTSPLATTFORM
5 WASSERGEBUNDENE WEGEDECKE MIT BLOCKSTUFEN

Regionalität ist Trumpf!

Ästhetische Gestaltung und ökologische Verantwortung gehen „tipptopp" zusammen – das beweist dieser stimmige Stadtgarten einer vierköpfigen Familie in Hanglage. Der Garten lebt vom Spiel mit verschiedenen Ebenen, die spannende Räume schaffen und gleichzeitig Biodiversität fördern, etwa mit extensiven Wiesen aus überwiegend heimischen Pflanzen. Handwerklich hochwertige Trockenmauern aus warmtonigem Muschelkalk terrassieren den Hang und verschmelzen mit der artenreichen Bepflanzung.

OBEN
Kräutergarten auf der ersten Ebene, kombiniert mit ausgewählten Blütenstauden und Gräsern.

—

LINKS
Die Trockenmauer wurde auch in der Vertikalen und an der Mauerkrone begrünt, z. B. *mit Petrorhagia saxifraga und Saponaria ocymoides*. Überhängend: *Artemisia ludoviciana var. albula* 'Valerie Finnis'.

ANJA UND MICHAEL GUT

„Ein Stadt-Familiengarten, der durch eine geschickte Terrassierung mit handwerklich meisterhaft umgesetzten Trockenmauern neue Dimensionen und Aufenthaltsqualitäten gewonnen hat."

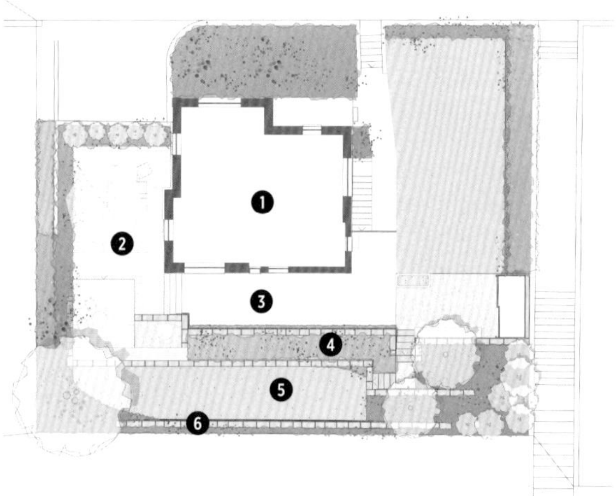

Details

LAGE
KANTON AARGAU, SCHWEIZ

GRÖSSE
510 M²

PLANUNGSBÜRO
HARIYO FREIRAUM-GESTALTUNG GMBH

AUSFÜHRUNG
SALAMANDER NATURGARTEN AG

FOTOGRAFIE
BENEDIKT DITTLI FOTOGRAFIE

PLAN
1 WOHNHAUS
2 HOLZTERRASSE
3 EINGANGSBEREICH ORTBETON
4 KRÄUTERGARTEN
5 EXTENSIVE BLUMENWIESE
6 TROCKENMAUERN AUS MUSCHELKALK

S

So avanciert die Böschungssicherung zum zentralen Element der Gestaltung. Ein Kräutergarten auf der ersten Ebene, kombiniert mit ausgewählten Blütenstauden und Gräsern, erweitert das Artenspektrum, bietet Sinnenfreude und Insektennahrung. Selbst in der Vertikalen und an der Mauerkrone beleben typische Arten des Steingartens, wie Felsennelke *(Petrorhagia saxifraga)*, Mauer-Zimbelkraut *(Cymbalaria muralis)* oder Polster-Seifenkraut *(Saponaria ocymoides)* die steinerne Handwerkskunst.

Davor war das Grundstück trotz massiven Hangsicherungen nur bedingt nutzbar. „Es war klar, dass der Umgang mit der Böschungssituation Kern der gestalterischen Aufgabe ist. Eine bessere Nutzung des Hangs implizierte einen größeren Eingriff mit Stützmauern. Es galt, eine Lösung zu finden, die nicht zu wuchtig wirkt und gleichzeitig ästhetisch überzeugt", so Michael Gut. Daher sind die einzelnen Stützmauern nicht zu hoch gesetzt, damit der Gartenplaner auf eine zusätzliche Absturzsicherung verzichten kann. Das filigrane Trockenmauerwerk aus regionalem Mägenwiler Muschelkalk mit feiner Textur und Farbnuancen wirkt lebendig und bewirkt, dass die Böschung nicht mehr als erdrückend empfunden wird. Dafür werden zunächst die bestehenden Betonbeläge und Hangsicherungen aus betonierten Natursteinmauern abgebrochen und gleich als Hintermauerungsmaterial für die Trockenmauern verwendet. So muss kein Abbruchmaterial abgeführt und weniger neues Material zugeführt werden. Einen Kontrast zum verspielten Trockenmauerwerk schafft eine homogene Belagsfläche aus fugenlosem Ortbeton, der sich mit seiner sichtbaren Mineralkornstruktur farblich den Natursteinmauern anpasst. „Anspruch der Auftraggeber war ein möglichst pflegeleichter Belag für den Eingangsbereich. Aus gartengestalterischer Sicht wollten wir eine ruhige Fläche zwischen der detailreichen Hausfassade und der strukturreichen Trockenmauer-Terrassierung schaffen. So wirkt der Garten nicht zu überladen", erklärt Michael Gut. Dazu setzt eine großzügige Holzterrasse wohnliche Akzente mit ihrer warmen Ausstrahlung. Eine breite, in die Trockenmauer integrierte Natursteintreppe führt auf die einzelnen Ebenen, macht die artenreiche Bepflanzung erlebbar und bietet gleichzeitig einladende Aufenthaltsmöglichkeiten mitten im Grün. So wird aus einer wuchtigen Böschung ein vielfältiger Gartenraum. Ebenso punktet dieser Garten, wenn es um den verantwortlichen Umgang mit Ressourcen geht: Die Verwendung regionaler Materialien minimiert den ökologischen Fußabdruck und unterstützt gleichzeitig die lokale Baukultur. Über 90 % der eingesetzten Materialien stammen aus regionaler Quelle, die nicht weiter als 30 km Luftlinie vom Einbauort entfernt liegt, etwa der Mägenwiler Muschelkalk für die Trockenmauer, ein Sedimentgestein, das im Kanton Aargau in einem Steinbruch über Tage abgebaut wird. Auch das Holz für die Terrasse und die in der Mauer integrierte Bank stammt aus regionaler Quelle. „Das Bergholz (Bündner Berglärche) wird als Mondholz geschlagen, verfügt über sehr enge, feine Jahrringe und wenig Splintanteil. Dadurch verformt sich das der Witterung ausgesetzte Holz deutlich weniger und ist langlebiger. Eine wunderbare heimische Alternative zu den Hölzern aus Übersee", so Michael Gut. Dazu passt der nachhaltige Umgang mit Wasser: Das Dachwasser wird in einem unterirdischen 5.000 l Regenwassertank gesammelt und für die Bewässerung der großzügigen Staudenflächen genutzt.

OBEN RECHTS
Das Spiel mit verschiedenen Ebenen schafft spannende Gartenräume und fördert gleichzeitig Biodiversität.
—
UNTEN RECHTS
Auch das Holz für die Terrasse stammt aus der Region – so wird der „ökologische Fußabdruck" minimiert und gleichzeitig die lokale Baukultur unterstützt.

Ein Garten für Pflanzenliebhaber

Was für ein reizvoller Kontrast! Von der erhöhten Terrasse am Haus hat man einen weiten Blick auf umliegende Streuobstwiesen und den nahen Wald. Steigt man jedoch die Treppen hinab in den Garten, taucht man ein in eine artenreiche Welt aus Stauden, Gräsern und besonderen Gehölzen.

OBEN
Klare zeitgemäße Architektur kombiniert mit einer vielfältigen farbenfrohen Bepflanzung, die dem stetigen Wandel unterliegt.

—

RECHTS
Wie aus dem Lehrbuch: Mahagoni-Kirsche *(Prunus serrula)* mit u. a. Taglilien 'Dancing in the Rain' (*Hemerocallis* Hybride), dahinter Bleibusch *(Amorpha canescens)* und Anemone 'Wild Swan'.

Blick auf die ökologisch wertvollen Streuobstwiesen und artenreichen Inselbeete aus u. a. Fackellilie 'Alcazar' (*Kniphofia* Hybride), Duftnessel 'Blue Fortune' (*Agastache* Hybride) sowie Quirlblättrigem Mädchenauge 'Moonbeam' (*Coreopsis verticillata*).

OBEN
Senkgartenbereich als Rückzugsort in der artenreichen Staudenpflanzung.

—

UNTEN LINKS
Die Kompasspflanze *(Silphium integrifolium)* ist ein robuster Dauerblüher und bei Insekten beliebt.

UNTEN RECHTS
Traumhafter Vorgarten im Frühling mit Orangenblume 'White Dazzler' (*Choisya x dewitteana*), mehrstämmiger Kupfer-Felsenbirne *(Amelanchier lamarckii)* und Sternmagnolie *(Magnolia stellata)*.

D

„Die Gartenbesitzer wünschten sich für ihren bis dato reduzierten, gräserbetonten Hanggarten mehr Vielfalt. Sie wollten den Garten nicht nur von oben wie ein Gemälde betrachten, sondern unmittelbarer und intensiver erleben", berichtet Gartengestalterin Anne Repnow. Der Abgang eines riesigen, alten Birnbaums gibt schließlich den Anlass für die Umgestaltung. Dort, wo einst der Baum stand, wird das abschüssige Gelände nun an einer Treppenanlage abgefangen, die hinab in den Garten führt.

Die Besitzer lieben Pflanzen, und so kann Anne Repnow hunderte verschiedener Stauden und Gehölze inklusive einer großen Anzahl von Geophyten pflanzen. Neben dem passenden Standort steht dabei die Wiederholung von Farben und Formen und die Attraktivität für Insekten im Vordergrund. Dank der hervorragenden Pflanzenkenntnisse der Gartengestalterin und des milden Klimas wirkt die Bepflanzung zu allen Jahreszeiten attraktiv. „Schon in den Wintermonaten schmücken viele Schneeglöckchen-Sorten aus der Sammlung der Gartenbesitzerin die ruhenden Beete. Bis Anfang Mai dominieren Geophyten den Garten und bedecken wie ein bunter Teppich die Beete, gefolgt von den frischen Farben der Amsonien, Päonien und Rosen. Im Hochsommer bis in den Herbst hinein berauschen Präriestauden mit ihrer Farbenpracht", zählt die Planerin auf. Auch die Auswahl an Gehölzen bietet rund um das Jahr immer wieder Glanzpunkte, etwa der mehrstämmige malerische Fächer-Ahorn 'Sangokaku' *(Acer palmatum)* mit dunkelrosa Austrieb und orangeroter Herbstfärbung oder die Schwefelgelbe Zaubernuss 'Arnold Promise' *(Hamamelis* x *intermedia)* mit duftenden Blüten von Januar bis März und einem gelbroten Herbstkleid.

All diese Vielfalt lässt sich auf geschwungenen Wegen erkunden. Organisch geformte Trittplatten führen durch die Pflanzungen, machen diese unmittelbar erlebbar. „Der Überschaubarkeit des Gartens von der Hausterrasse aus wird das Erlebnis von Pfaden entgegengesetzt, die in der Bepflanzung verborgen sind. Bei jedem Schritt ergibt sich ein neues Bild, und andere Pflanzen können unmittelbar wahrgenommen werden", erklärt Anne Repnow die Idee. Über zwei Stufen erreicht man vom Rasen aus den Senkgarten. Für diesen Rückzugsraum wurde am tiefsten Punkt des Grundstücks der Boden weiter abgegraben und das Gelände durch eine U-förmige Kalksteinmauer abgefangen, in die ein maßgefertigter Wassertisch eingebaut ist. „Unter Bäumen und in Pflanzen eingebettet, vermittelt der Platz Ruhe und Geborgenheit und bietet eine völlig andere Perspektive als die erhöhte Terrasse. Der weite Blick über die Wiesen weicht einem größtmöglichen Panorama der Pflanzungen auf Augenhöhe", erklärt Anne Repnow

Die verwendeten Steine wie Basalt für die Trittplatten und Kalkstein für die neuen Mauern greifen die vorhandene Materialität auf, fügen sich unauffällig in das Reich der Pflanzen ein. Keine Bauten wie Pool oder Gartenküche lenken von den Hauptakteuren des Gartens, den Pflanzen, ab. Schmetterlinge, (Wild-)Bienen, Hummeln und Schwebfliegen erfüllen die Beete mit Leben. Fast das ganze Jahr über finden sich Vögel ein, die hier ein üppiges Nahrungsangebot finden, selbst im Winter, z. B. in der ungewöhnlichen Hecke aus Zieräpfeln 'Evereste' *(Malus)*.

Ausgelöst durch den Abgang eines alten Birnbaumes, hat sich der Garten nun über drei Jahre gewandelt, und er wird sich weiter verändern, soviel ist sicher. „Man sollte sich im Garten nicht auf einen Status quo versteifen, sondern Veränderungen mit offenen Armen aufnehmen und sich daran freuen", so das Credo der Gartenplanerin.

ANNE REPNOW

„Den klaren, modernen Strukturen der Architektur steht eine vielfältige, farbenfrohe Bepflanzung gegenüber, die sich im Wandel der Jahreszeiten stetig verändert. Der Ruhepol liegt im neuen Senkgarten."

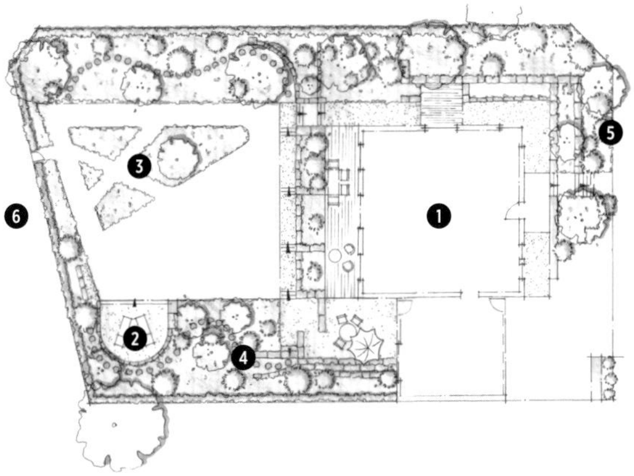

Details

LAGE
SÜDLICH VON HEIDELBERG, BADEN-WÜRTTEMBERG

GRÖSSE
1020 M²

PLANUNGSBÜRO
ANNE REPNOW GARTENGESTALTUNG

AUSFÜHRUNG
LÖBEL GARTEN- UND LANDSCHAFTSBAU

FOTOGRAFIE
SYLVIA KNITTEL

PLAN
1 WOHNHAUS MIT ERHÖHTER TERRASSE
2 SENKGARTEN
3 INSELBEETE
4 HALBSCHATTENBEET MIT PFAD
5 VORGARTEN
6 STREUOBSTWIESE

Gartenmöbel

Die Highlights 2026 empfohlen
von unseren Planerinnen & Planern

1 Der „Fontenay Deck Chair" von Garpa kombiniert Teakholz und pulverbeschichteten Stahl zu einer verstellbaren, langlebigen Liege für den Außenbereich.

Der „Nana Outdoor Love Seat" von freifrau verbindet weiche, wolkenhafte Polsterung mit klarer Designsprache – konzipiert von Hanne Willmann für den Außenbereich, mit wetterfestem Bezug.

Die Sitzmöbel „Meridies" von Expormim – entworfen von Roberto Lazzeroni – verbinden Skulpturalität und Komfort: FSC®-zertifiziertes Sapelliholz trifft auf großzügige Polsterung, inspiriert von Rattan und einem mediterranen Lebensgefühl.

4

Der „Forest Limited Edition" Armlehnstuhl von FAST verbindet sein neues Kupfer-Metallic-Finish mit der von Ästen und Baumstämmen inspirierten Rück- und Sitzfläche.

1| GARPA
Produktname: Fontenay Deck Chair
Preis: 1.750 Euro (Auflage Fontenay: 345 Euro)
www.garpa.de

—

2| FREIFRAU MANUFAKTUR GMBH
Produktname: Nana Outdoor Love Seat
Markteinführung: 2025
Preis: 3.018 Euro
Fotocredit: Freifrau Manufaktur GmbH
www.freifrau.com/de

—

3| EXPORMIM
Produktname: Meridies
Markteinführung: 2025
Preis: auf Anfrage
Fotocredit: ©Maria Mira
www.expormim.com/de

—

4| FAST
Produktname: Forest Limited Edition
Markteinführung: 2025
Preis: auf Anfrage
Fotocredit: Mattia Toselli
www.fastspa.com

5 „Sway" von Molteni&C ist ein modulares, hochwertiges Sofasystem für den Außenbereich mit Teakholzsockel, geflochtenem Rückenelement und wetterbeständiger Polsterung.

Sofa-Collection „Unduetre" (Bild unten) und „Naca Coffee Tables" (Bild links). „Unduetre" ist ein modulares Outdoor-Sofasystem mit verstellbaren Rücken- und Armlehnen, das linear arrangiert oder auch zu einer Insel erweitert werden kann. Die „Naca Coffee Tables" von FAST präsentieren sich mit klarer Aluminiumstruktur und unterschiedlich großen runden Tischplatten – eine elegante Outdoor-Lösung in hochwertiger Ausführung.

6

5| MOLTENI &C
Produktname: Sofa Sway
Markteinführung: 2024
Preis: in dieser Ausführung 23.176 Euro inkl. MwSt.
Fotocredit: Max Zambelli
www.molteni.it/de

—

6| FAST
Produktname: Outdoorsofa Unduetre, Naca Coffee-Table
Markteinführung: 2025
Preis: auf Anfrage
Fotocredit: Alberto Strada, Mattia Toselli
www.fastspa.com

HELEN NEUMANN
MANAGING DIRECTOR NEUE WERKSTÄTTEN

Outdoor-Living ist heute Ausdruck eines Lebensstils, der Design und Natur verbindet. Molteni überträgt italienische Eleganz und klare Formensprache in den Außenraum – mit Möbeln, die Ästhetik, Komfort und Langlebigkeit vereinen.

Molteni ist bekannt für seine klare Formensprache und zeitlose Eleganz. Wie übersetzen Sie diese Design-DNA in den Außenraum? Die Philosophie von Molteni&C folgt dem Anspruch, zeitloses und zugleich anspruchsvolles Design mit einer hochwertigen Materialvielfalt zu verbinden – im Innenraum ebenso wie im Outdoor-Bereich. Die Grenzen zwischen drinnen und draußen werden zunehmend fließend, und auch im Außenraum entsteht der Wunsch nach wohnlicher Atmosphäre. In enger Zusammenarbeit mit verschiedenen Architektinnen und Designern entstehen so Konzepte, die vielfältige Linienführungen und individuelle Designansprüche harmonisch miteinander verbinden.

Welche Rolle spielt Materialität bei der Entwicklung Ihrer Outdoor-Kollektionen – gerade im Hinblick auf Langlebigkeit und klimatische Herausforderungen? Im Mittelpunkt steht stets unser Anspruch, Möbel zu entwickeln, die dank ihrer hochwertigen Materialien außerordentlich langlebig sind und mit ihrem zeitlosen Design auch nach vielen Jahren nichts von ihrer Ausstrahlung einbüßen.

Immer mehr Menschen gestalten ihren Garten als erweitertes Wohnzimmer. Welche ästhetischen und funktionalen Anforderungen ergeben sich daraus für Ihre Entwürfe? Da Innen- und Außenräume zunehmend verschmelzen, sollte der Outdoorbereich gestalterisch dieselbe Sprache sprechen wie der Wohnbereich im Haus. Farbwelten, Texturen und Formen greifen das Interieur auf und führen es harmonisch nach draußen weiter. Gleichzeitig müssen Komfort und Wetterbeständigkeit höchsten Ansprüchen genügen – mit dem Ziel, Möbel zu schaffen, die sich genauso wohnlich anfühlen wie drinnen, nur eben wetterfest. So entsteht ein Außenraum, der das Wohnzimmer nach außen spiegelt und ebenso einladend wie komfortabel wirkt.

Freie Ästhetik trifft auf formale Architektur

Hanglagen sind für das Voralpenland nichts Ungewöhnliches, doch diese hier ist extrem. Eine alte Rot-Buche *(Fagus sylvatica)* und eine riesige Ulme *(Ulmus glabra)*, eine wahre Rarität, halten das Hangstück mit ihrem weit verzweigten Wurzelwerk fest, schaffen eine waldartige Atmosphäre. Ein moderner Baukörper mit vier Etagen, einem Flachdach und zahlreichen Terrassenflächen auf verschiedenen Stockwerken schiebt sich in den Steilhang. Doch von einem dazugehörigen Garten zunächst keine Spur.

OBEN
Nachträglich wurde ein formaler Schwimmteich in Poolform eingefügt, der in die naturnah anmutende Bepflanzung integriert ist.
—
LINKS
Der natürliche Charakter des Gartens bettet die formale Architektur ein und vermittelt zur voralpinen Landschaft.

PETER BERG

„Die Natur ist in allen Lebenslagen unser Lehrmeister, und ohne Naturverständnis gibt es keine Ästhetik.“

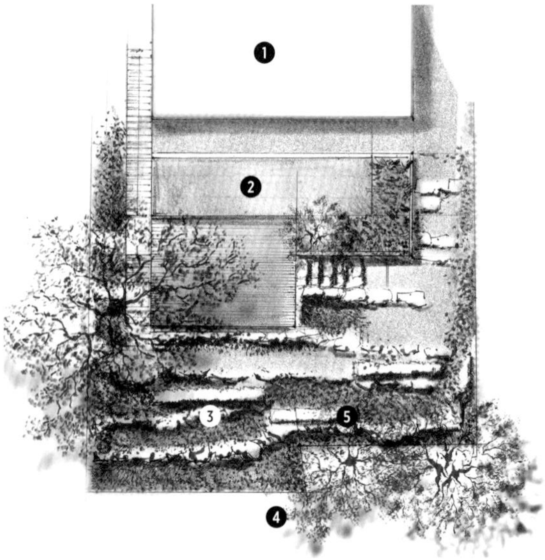

Details

LAGE
MIESBACH, BAYERN

GRÖSSE
450 M²

PLANUNGSBÜRO
GARTENLANDSCHAFT PETER BERG

AUSFÜHRUNG
GARTENLANDSCHAFT BERG & CO GMBH

FOTOGRAFIE
ULRIKE ROMEIS FOTOGRAFIE

PLAN
1 WOHNHAUS
2 POOL
3 TERRASSIERUNG MIT KALKSTEIN
4 ALTER BAUMBESTAND
5 MISCHPFLANZUNG AUS GEHÖLZEN, STAUDEN UND GRÄSERN

Einige der angefragten Gartenbauer hatten bereits abgewunken – „zu steil“, so die Begründung. Schließlich findet die Familie in Peter Berg einen Spezialisten für Hanggestaltung und vertraut ihm die Anlage ihres Gartens an. „Was die Zugänglichkeit angeht, arbeiteten wir immer am Limit. Alle Felsblöcke brachten wir über eine schmale steile Rampe vom Vorgarten in den hinteren Teil. Dabei musste der Wurzelbereich der alten Bäume geschützt werden, daher vermieden wir eine Druckbelastung durch Bagger oder Material, was die Arbeit nochmals erschwerte“, berichtet der Gartendesigner aus dem Ahrtal. Auch mit Blickachsen kann er hier nicht arbeiten, erst wenn das Laub der mächtigen Bäume fällt, wird der Blick auf Fockenstein und Gindelalm frei.
Aus einem bis dato nicht nutzbaren Steilhang gestaltet Peter Berg einen naturnahen Garten, der in wohltuendem Kontrast zur Strenge der formalen Gebäudearchitektur steht und einen weichen Übergang in die Landschaft herstellt. Zentrale Rolle spielt dabei die Strukturierung des Hangs in Ebenen, um ihn mit dem Geländeverlauf in kleinen Schritten zu erschließen und begehbar zu machen – aber nicht mit Beton, der mit dem raumgreifenden Wohnhaus schon reichlich vorhanden ist, sondern mit großformatigen Natursteinen, die so gesetzt werden, als hätte die Natur selbst die Blöcke und Felsstücke über einen langen Zeitraum aus dem Hang herausgearbeitet. Peter Berg entscheidet sich für regionalen Kalkstein, der aus einem nahen Steinbruch stammt. „Ein Problem bei Kalkstein ist die Frosthärte, man muss ein Auge dafür entwickeln, welche Steine wirklich frosthart sind“, erklärt der Gartendesigner.
Die durchgängige Terrassierung erlaubt es den Gartenbesitzern nun, sich über die Steine von einer Sitz- bzw. Aussichtsgelegenheit zur nächsten zu bewegen und den Gartenraum zu erleben. Zusätzliche Terrassenflächen oder Wegeführungen sind überflüssig, denn die verschiedenen Felsformationen ergeben Wege, Trittsteine und Sitzmöglichkeiten. „Die Steinstruktur musste so erarbeitet werden, dass die alte Buche keinen Schaden nimmt. Doch die großen Steine sind für die Bäume kein Problem. Im Gegenteil, wenn man es schafft, das Wasser durch die Steinlegung am Hang zu halten, hat man den Bäumen sogar etwas Gutes getan“, ist sich Peter Berg sicher.
Zwischen den Baumveteranen und dem Wohngebäude vermittelt eine natürlich anmutende Mischpflanzung aus Gehölzen, Stauden und Gräsern, die einen Kontrast zum alpinen Gestein setzen. Damit die neuen Gehölze nicht zwischen Gebäude und Großbäumen optisch „verloren“ gehen, werden gleich große Exemplare gepflanzt, die wegen der Wurzelkonkurrenz mit besonderem Substrat versorgt werden müssen. Mehrstämmige Hainbuchen *(Carpinus betulus)*, Eiben *(Taxus baccata)* und ein Feldahorn *(Acer campestre)* sorgen für seitlichen Sichtschutz zum nahen Nachbargrundstück. Eine genügsame Föhre *(Pinus sylvestris)*, eingerahmt von alpinem Kalkstein, erinnert an die nahen Alpen und wirkt, als hätte sie sich bereits über Jahrzehnte gegen Wind, Wetter und Geröll behaupten müssen. Farne, Gräser und Stauden mit Blüten in den Farben des Himmels beleben die Felslandschaft und schaffen eine fließende Verbindung zwischen den einzelnen Ebenen. Robuste Berg-Seggen *(Carex montana)*, Goldschuppenfarne *(Dryopteris affinis)*, Zierliche Frauenmäntel *(Alchemilla epipsila)* und verschiedene Arten des Storchschnabels (u. a. *Geranium wlassovianum, Geranium renardii*) schmiegen sich an die Felsen, jetzt im Spätsommer leuchten noch vereinzelt die weißen Blüten der Phloxe auf.
Aus einem Extremhang mit schwieriger Zugänglichkeit ist ein Garten geworden, der einen vollkommenen Gegenpol zur Hausarchitektur bildet. „Der natürliche Charakter des Gartens bettet die formale Architektur ein und schafft eine Überleitung zur freien Ästhetik der voralpinen Landschaft. Damit steht der intensiven Wahrnehmung der Natur nichts mehr im Wege“, so Peter Berg.

OBEN
Erst die Terrassierung des steilen Hangs in Ebenen macht den Garten erlebbar.

UNTEN LINKS
Alpiner Kalkstein rahmt eine genügsame Föhre *(Pinus sylvestris)*.

—

UNTEN RECHTS
Der Pfad hinab in den Garten erinnert an einen Gebirgsfluss.

Jeder Quadratmeter pure Lebensqualität

„Viele Menschen glauben, dass man mit einem kleinen Garten nicht viel anfangen kann. Doch kleine Gärten haben ein großes Potenzial. Es geht so viel mehr als nur Rasen und Sichtschutz", ist Cynthia Nebel überzeugt. Aus Sicht der Gartengestalterin sind kleine Grundstücke planerisch eine größere Herausforderung als große Anlagen, denn hier gibt es meist keine Möglichkeit, mit „geborgten Blicken" zu arbeiten.

OBEN
Um den Garten in verschiedene Gartenräume aufteilen zu können, wurde in der Mitte ein großformatiges Hochbeet platziert.

—

RECHTS
Blick von der Frühstücksterrasse auf die Beete mit trockenheitsverträglichen, insektenfreundlichen Stauden und Gräsern, darunter *Salvia nemorosa, Sedum, Nepeta* und *Alchemilla.*

OBEN
Trotz der geringen Grundfläche ist es gelungen, den Garten in verschiedene Räume zu gliedern.

UNTEN LINKS
Um der Bepflanzung mehr räumliche Tiefe zu geben, werden Pflanzen in verschiedenen Höhen verwendet. Hier: Blick auf den Garteneingang.

—

UNTEN RECHTS
Der Lounge-Bereich bildet einen eigenen Gartenraum mit neuer Perspektive.

D

Doch kleine Gärten entsprechen eher der Lebensrealität vieler Menschen, besonders in Ballungsräumen. Grund und Boden sind ein knappes Gut, und allenthalben wird nachverdichtet. Der Stellenwert des Gartens ist dabei leider gering und wird bei der Planung neuer Wohngebiete gerne vernachlässigt.
In diesem Fall kamen gleich fünf Reihenhäuser mit je zwei Stellplätzen auf das Grundstück eines ehemaligen Einfamilienhauses. Für den Garten blieben nur 90 m² übrig, und dies mit zerklüftetem Grundriss. „An einer Stelle ist sogar der Parkplatz der Nachbarn samt Zufahrt eingeschoben, an anderer Stelle befindet sich der Fußweg zum Nachbargarten", berichtet Cynthia Nebel. Doch mit durchdachter Planung und kreativen Ideen wandelt die Gartenplanerin diese „Restfläche" in den erklärten Lieblingsplatz einer jungen Familie um. Denn gutes Gartendesign ist keine Frage der Größe – so das Credo der Gartenplanerin: „Schlüssel sind dabei der Verzicht auf Rasen und einfach groß zu denken."
Da der eingeschobene Parkplatz der Nachbarn die 90 m² in zwei Bereiche trennt, ergibt sich eine Aufteilung in zwei Nutzungsbereiche: einen Obstgarten und einen Bereich mit Innenhof-Atmosphäre inklusive Sitzplätzen, Sichtschutz, kindersicheren Wasserelementen und einem Naschgarten. Ein mittig platziertes Hochbeet teilt die Fläche in verschiedene Gartenzimmer und schafft gleichzeitig eine Verbindung zwischen beiden Bereichen. Durch die Position des Hochbeetes ergibt sich sogar ein kleiner Rundweg. „Das Konzept verliert sich nicht im Klein-Klein, sondern arbeitet mit großen Dimensionen und Höhen, als gäbe es keine räumliche Begrenzung", so Cynthia Nebel.

Direkt am Parkplatz der Nachbarn garantiert ein blickdichter Sichtschutz aus Bambus Privatsphäre am Loungebereich. Der bestehende Höhenunterschied wird mit Gabionen abgefangen, die mit einer Bambus-Auflage zur langen Sitzbank avancieren. An der Terrasse sorgen drei quadratische Wasserspiele für akustische Untermalung; die drei Sitzblöcke dahinter bieten einen Perspektivenwechsel auf kleiner Fläche. Trittplatten nehmen das Spiel mit den Quadraten auf und führen von der Terrasse zur Lounge. Ein großes Beet grenzt an beide Sitzbereiche, sodass man gefühlt im Grünen sitzt und die Pflanzen aus nächster Nähe erleben kann. Der eigene, ebenfalls eingeschobene Parkplatz vor dem Ausgang der Küche wird zur kleinen Frühstücksterrasse und optisch nicht mehr als Parkfläche wahrgenommen. Das schafft zusätzlich Großzügigkeit. „Der geradlinige Entwurf mit großzügigen Maßen sorgt für Ruhe, ebenso wie die Verwendung von nur zwei Grundfarben Anthrazit und Cognac für die baulichen Materialien. Gleichzeitig lässt die bewusste Reduzierung den Pflanzen den Vortritt, um aus der kleinen Fläche wirklich einen Garten werden zu lassen", erklärt Cynthia Nebel. Räumliche Tiefe erzielt die Planerin mit der Bepflanzung in verschiedenen Höhen. Gehölze wie die zwei Säulen-Zierkirschen und den Apfelbaum setzt sie mitten ins Beet. Sie werden später einmal das Nachbarhaus verdecken. Dazu beleben je nach Jahreszeit trockenheitsverträgliche und insektenfreundliche Stauden wie Steppen-Salbei *(Salvia nemorosa)*, Zierlauch *(Allium)*, Katzenminze *(Nepeta)*, Fetthenne *(Sedum)* sowie Gräser das Beet mit wechselndem Farbspiel.
Aus einer um zwei Parkplätze angeordneten kleinen Freifläche ist ein grünes Refugium geworden, das allen Familienmitgliedern gerecht wird. „Das Konzept beweist, dass sich eine Familie mit Kindern nicht auf eine langweilige Rasenfläche beschränken muss. In diesem Garten wird mit Hingabe gepflanzt, geerntet und am Wasser geplanscht, ohne dass Eltern Angst haben müssten", freut sich die Gartenplanerin.

CYNTHIA NEBEL

„Sehr kleine Gärten bleiben zu oft unter ihren Möglichkeiten. Dieser Garten zeigt, dass gutes Design keine Frage der Größe ist. Schlüssel sind dabei der Verzicht auf Rasen und einfach groß zu denken."

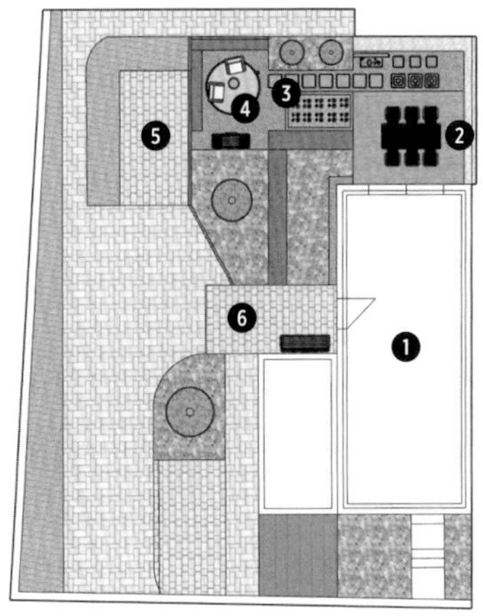

Details

LAGE
RHEIN-MAIN-GEBIET, HESSEN

GRÖSSE
90 M²

PLANUNGSBÜRO
WOHN(T)RÄUME CYNTHIA NEBEL

AUSFÜHRUNG
GARTEN NEBEL

FOTOGRAFIE
ROUND THE GARDEN – SUE PFLEGER

PLAN
1 WOHNHAUS
2 TERRASSE
3 HOCHBEET
4 LOUNGE
5 PARKFLÄCHE NACHBARN
6 PARKFLÄCHE ALS FRÜHSTÜCKSTERRASSE

Große Bühne für eine ehemalige Schauspielschule

OBEN
Anleihen an die Gartenarchitektur um 1900: Ein Laubengang fasst den Terrassenbereich und macht ihn zu einem intimen Ort.
—
LINKS
Die Bepflanzung rückt nahe ans Haus, sodass die historische Villa mitten im Grünen liegt.

Diese Villa aus dem Jahre 1908 hat eine bewegte Geschichte: Über Jahrzehnte war hier Ruth von Zerbonis private Schauspielschule untergebracht, aus der bekannte Schauspieler wie Hans Clarin hervorgingen. Nach dem Umzug der Schauspielschule nach München kümmerte sich niemand mehr um die Villa, bis sie den Besitzer wechselte und in enger Abstimmung mit dem Denkmalschutz (Einzeldenkmal) saniert wurde.

CHRISTOPH RABL

„Ein frisch angelegter Garten, der wirkt als wäre er nur renoviert, herausgeputzt und behutsam um einzelne neue Komponenten ergänzt worden."

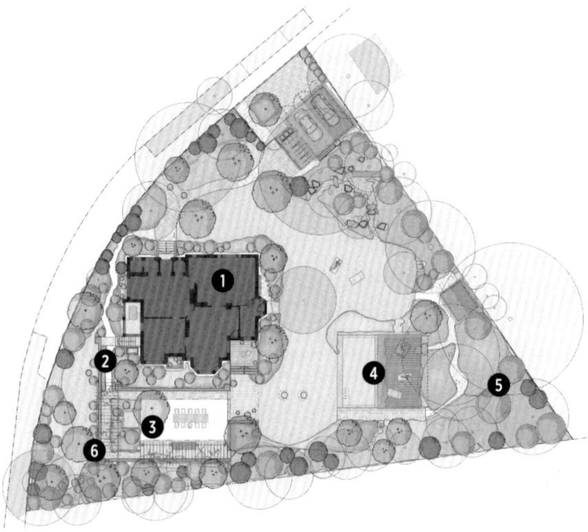

Details

LAGE
GAUTING, BAYERN

GRÖSSE
2.035 M²

PLANUNGSBÜRO, AUSFÜHRUNG
MAJUNTKE GMBH
GÄRTNER VON EDEN

FOTOGRAFIE
FERDINAND
GRAF LUCKNER

PLAN
1 WOHNHAUS
2 ROSENGARTEN
3 DACH-PLATANEN
4 SENKGARTEN MIT WASSERBECKEN
5 WALD
6 PERGOLA

Vom ursprünglichen Garten war außer Resten eines kleinen Alpinums und dem alten Baumbestand nichts erhalten. Die mächtigen Rot-Buchen, Eichen und Ahornbäume sind Überbleibsel eines Mischwäldchens, in den Anfang des 20. Jahrhunderts Villen hineingebaut wurden. Von dieser ruhigen Atmosphäre einer Waldsiedlung ist der Ort auch heute noch geprägt.

Doch was für ein Garten passt zu einem solch historischen Haus? Für Christoph Rabl ist der Fall klar: Der Garten muss auf die Villa und ihre Entstehungszeit eingehen, damit er nicht als Fremdkörper wahrgenommen wird. „Der Garten soll wie „renoviert" wirken, als ob einzelne Details schon da waren", so der Gartenplaner. Ebenso klar die Entscheidung, möglichst viel vom alten Baumbestand zu erhalten, der die Villa in ihre Umgebung einbindet. Also greift der Planer Elemente der Gartenarchitektur um die Jahrhundertwende auf, versucht diese aber zeitgemäß zu interpretieren: „Es war die Zeit der Gartenstadt- und Volksparkbewegung. Damals ging es darum, einen funktional strukturierten Garten zu entwerfen, in dem es dezidierte Bereiche gab, die durch gerade Wege miteinander verbunden waren. Pergola-artige Konstruktionen zwischen einzelnen Gartenräumen waren beliebt, um sie voneinander abzugrenzen."

Zunächst wird das Wäldchen behutsam ausgelichtet und der Bereich anschließend mit einer schattenverträglichen Bepflanzung aus Farnen, Nieswurz *(Helleborus)*, Elfenblumen *(Epimedium)* und Schnee-Hainsimsen *(Luzula nivea)* gestaltet, sodass er extensiv nutzbar ist. Den bereits vorhandenen Pool am „Waldrand" mit beweglichem Holzdeck als Abdeckung integriert der Planer nahtlos in die Szenerie, indem er dafür das Gelände im Verschiebebereich des Holzdecks absenkt und in eine waldartige Pflanzengesellschaft einbettet. So wirkt es, als würde das Holzdeck auf einer Waldlichtung liegen.

Klassische Rosen-Staudenbeete ziehen sich um das historische Wohngebäude, sodass es mitten im Grünen liegt. Selbst Kellerlichtschächte werden von Pflanzen wie Farnen besiedelt. Weg und Terrasse sind deutlich vom Haus abgerückt, den Terrassenbereich in Form eines Senkgartens umgibt ein Laubengang (Lärchenholz, Anfertigung Majuntke), der den Raum klar fasst. Mit *Clematis* und *Wisteria* geschmückt, sorgt die Konstruktion gleich für Sichtschutz zur Straße und zum Nachbargrundstück. So avanciert der abgesenkte Bereich zum intimen Esszimmer im Freien inklusive klassischem Wasserbecken. Christoph Rabl arbeitet dabei mit kleinen Höhensprüngen, auch die Materialwahl sorgt für feine Abstufungen: Viel begangene Wege sind mit klassischem Kleinsteinbelag befestigt, der mit den Platten eine mosaikartige Struktur ergibt; der Sitzplatz im Senkgarten besteht dagegen aus einer wassergebundenen Wegedecke. Beim Material für die Wege und das Sitzmäuerchen am Senkgarten setzt der Gartenplaner auf Fränkischen Muschelkalk: „Es kam nur ein lokaler Naturstein in Frage, wie er auch schon vor hundert Jahren Anwendung gefunden haben könnte. Das Material hat viel Eigenleben und entwickelt eine schöne Patina."

Auch bei der Bepflanzung wird darauf geachtet, dass sie kein Fremdkörper zum Haus darstellt. In der Gartenarchitektur des 20. Jahrhunderts waren Quitten, Wildobst, aber auch klassische Ziergehölze wie Magnolien beliebt. Christoph Rabl ergänzt diese Auswahl mit besonderen Solitären wie einem Schneeglöckchenbaum *(Halesia monticola)* und einem Japanischen Blumen-Hartriegel *(Cornus kousa)*. Eine lockere Bepflanzung aus immergrünen Duftblüten *(Osmanthus heterophyllus, O. burkwoodii)* rahmt im Verein mit Rhododendren das Grundstück und gewährt Sichtschutz zur Straße. „Es ist ein Wohnraum im Freien, respektvoll, unaufdringlich, bürgerlich-elegant, aber verwilderungsfähig. Technische Komponenten der heutigen Zeit sind vorhanden, treten aber dezent in den Hintergrund. Durch die Mitarbeit der Auftraggeber ist es gelungen, einen Garten zu schaffen, der viele Elemente der Gartengestaltung aus der Entstehungszeit des Hauses aufgreift. Dadurch wird eine gestalterische Einheit von Haus und Garten erreicht", so das Fazit von Christoph Rabl. Dieser Eindruck ist auch dem Erhalt des alten Baumbestandes zu verdanken. Selbst die mitten im Baufeld gelegene und stark in Mitleidenschaft gezogene Eiche im Rasen kann durch Geoinjektionen gerettet werden – ein Aufwand, der sich bei solch alten Bäumen immer lohnt.

BEN
erfekte Pool-Einbindung:
ie Abdeckung mutiert
um Holzdeck und wird von
iner waldartigen Bepflan-
ung eingebettet.

UNTEN LINKS
Terrassenbereich in Form
eines Senkgartens mit
klassischem Wasserbecken.
—
UNTEN RECHTS
Auch die alte Eiche wird
integriert und kann dank Geo-
injektion gerettet werden.

Mit Blick auf die Pferdeweiden

Dieser kleine Garten zeichnet sich vor allem durch seine klaren Formen, die großzügige Raumbildung und den sensiblen Umgang mit den vorhandenen Geländehöhen aus.
Als „erweiterten Wohnraum im Freien, der trotz begrenzter Fläche viele Möglichkeiten des Aufenthaltes und der Entspannung schenkt", so beschreibt Bernd Franzen das Ergebnis der Umgestaltung seines Teams aus Landschaftsarchitekten.

OBEN
Reitgräser 'Karl Foerster' *(Calamagrostis* x *acutiflora)* als „transparenter Vorhang" vor der „geborgten Landschaft".
—
RECHTS
Regionale Bergische Grauwacke für die Beläge trägt zur wohnlichen Atmosphäre bei.

OBEN LINKS
Dauerblüher auf vollsonnigem Standort: Das Spanische Gänseblümchen *(Erigeron karvinskianus)*.
—
OBEN RECHTS
Die ungünstige Topografie wird über eine behutsame Abstufung aufgelöst.
—
UNTEN
Die angrenzenden Pferdekoppeln werden als „geborgte Landschaft" in die Gestaltung einbezogen.

Tatsächlich ist hier auf kleinem Raum Großzügigkeit, räumliche Diversität und wohnliche Behaglichkeit entstanden. Und das Beste daran ist, dass dies nahezu in jedem kleinen Garten funktioniert – „mit ein paar einfachen Kniffen“, wie Bernd Franzen sagt. In diesem speziellen Fall war es vor allem der Umgang mit dem Niveauunterschied von 1,5 m zwischen frisch renoviertem traditionellem Klinkerhaus und der hohen Weißdornhecke *(Crataegus monogyna)* an der Grundstücksgrenze. Das führte dazu, dass Haus und Garten als zwei getrennte Räume ohne Beziehung zueinander wahrgenommen wurden – das Haus oben, der Garten unten. „Wir haben die ungünstige Topografie über eine behutsame Abstufung aufgelöst und damit unterschiedliche Ebenen und Nutzungsbereiche geschaffen. Eine durchaus anspruchsvolle Aufgabe, denn die Proportionen müssen stimmen und die Nutzbarkeit muss gewährleistet sein“, erklärt Bernd Franzen.

So entstehen intime kleine Räume, ohne dass der Garten dabei kleinteilig wirkt. Die Materialwahl in warmen Erdtönen trägt zur wohnlichen Atmosphäre bei, etwa der regionale Naturstein (Bergische Grauwacke) für die Beläge oder das nachhaltig produzierte Bambusholz für das großzügige Holzdeck, das sich bestens mit dem Rostrot des Cortenstahls für Hochbeete und Einfassungen kombinieren lässt.

Der Austritt am Haus ist als breites Bankett ebenerdig hergestellt, dann geht es bereits die erste sanfte Stufe hinab auf das Bambus-Holzdeck mit dem „Esszimmer im Freien“.

Zwei Stufen tiefer gelangt man auf eine Ebene mit Rasenfläche und Trittplatten. Die jetzt noch fehlenden knappen 80 cm Niveauunterschied gleichen Winkelsteine aus, entsprechend kann das Grundstück an der Grenze angehoben werden. „Die Höhenanpassung vor der Weißdornhecke ist besonders wertvoll, da deren Ausmaße im hinteren Bereich so optisch reduziert werden. Nach außen bleibt die Hecke mächtige 2 m hoch, nach innen beträgt sie aber nur noch ca. 1,20 m, sodass der Blick in die Landschaft freigestellt ist“, erklärt Bernd Franzen. So gelingt es, die angrenzenden Pferdekoppeln als „geborgte Landschaft“ in den Garten einzubeziehen – das lässt den Gartenraum mit der Umgebung verschmelzen und schafft Großzügigkeit. Übrigens ist eine Weißdornhecke nicht untypisch für die Region und ökologisch wertvoll. Der wehrhafte Strauch bietet ca. 150 Insekten- und 30 Vogelarten eine Lebensgrundlage und gilt mit seinen dornigen Ästen als effektives Vogelschutzgehölz. Nicht zu vergessen, die gelborange Herbstfärbung, die den Garten Mitte Oktober zum Leuchten bringt – ein passender Rahmen im Übergang zum nahen Landschaftsschutzgebiet.

Ergänzt wird die vorhandene Bepflanzung mit schlanken Säulen-Amberbäumen 'Slender Silhouette' *(Liquidambar styraciflua)* als Sichtschutz zur Nachbarbebauung und einer Gleditschie *(Gleditsia triacanthos)* als lichten Schattenspender für den Sitzplatz an der angrenzenden Pferdeweide. Niedrige Stauden wie die lieblichen und genügsamen Spanischen Gänseblümchen *(Erigeron karvinskianus)*, robuster Storchschnabel *(Geranium)* und weiche Gräser (u.a. *Pennisetum alopecuroides* 'Little Bunny') dürfen sich zwischen den Trittplatten ausbreiten und die geraden Linien sanft umspielen. So wirkt der Garten trotz architektonischer Strenge keinesfalls steril. An der Hecke fungieren Reitgräser 'Karl Foerster' *(Calamagrostis* x *acutiflora)* als „transparenter Vorhang“ vor der „geborgten Landschaft“. Es ist ein Garten, der als Bindeglied zwischen Architektur und Landschaft zu verstehen ist.

TEAM GARTENPLUS: V.L.N.R.
ERIK ZIMMERMANN, BERND FRANZEN, CORINNA SCHMALZ, SIMON LEUFFEN, SEBASTIAN SPITTKA, CHRISTIAN SCHMENK, VORNE: PELLE

„Die Pferdeweide als geborgte Landschaft verleiht dem kleinen Gartenraum wohltuende Weite, ohne dass er dabei an Intimität verliert.“

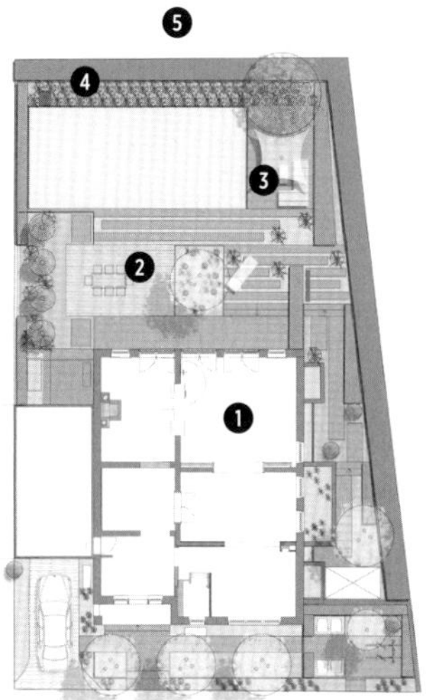

Details

LAGE
DÜSSELDORF, NORDRHEIN-WESTFALEN

GRÖSSE
200 M²

PLANUNGSBÜRO
GARTENPLUS – DIE GARTENARCHITEKTEN

AUSFÜHRUNG
GARTENHOF KÜSTERS GMBH

FOTOGRAFIE
FERDINAND GRAF LUCKNER

PLAN
1 WOHNHAUS
2 HOLZDECK
3 LOUNGE
4 WEISSDORNHECKE
5 PFERDEKOPPEL

Mission Mikroklima

„Brandige Hitze und gell“ – so beschrieben die Auftraggeber die Situation auf ihrer Dachterrasse im Sommer. Von natürlichem Schatten keine Spur, und so heizte sich der Bodenbelag aus Betonsteinen an heißen Tagen derart auf, dass die Familie ihre Terrasse kaum nutzen konnte. Sie befindet sich mitten in der Stadt im obersten Stockwerk eines älteren Mehrfamilienhauses in einem kompakt bebauten Quartier.

OBEN
Gehölze sind die Stimmungsträger und beeinflussen das Mikroklima positiv.

—

LINKS
Die kanalartige Struktur wird durch Pflanztröge und Beete aufgelöst. Mediterrane Halbsträucher fühlen sich dort sichtlich wohl.

JAN SCHELLING (LI.) UND ROBIN LUSTENBERGER

„Wo Wege sich verengen, bereichert nun intensives Grün. Es entsteht ein Erholungsraum, an dem es davor nur brütende Hitze gab – aufatmen, in die Ferne blicken!"

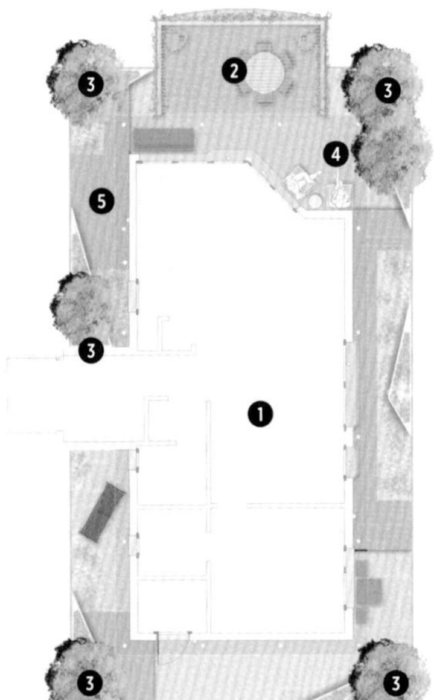

Details

LAGE
KANTON ZUG, SCHWEIZ

GRÖSSE
97 M²

PLANUNGSBÜRO
LSLA GMBH

AUSFÜHRUNG
ZEHNDER-GARTEN GMBH

FOTOGRAFIE
TERRY FRAUENFELDER

PLAN
1 WOHNGEBÄUDE
2 PERGOLA MIT LAMELLENDACH
3 PFLANZTROG MIT KLEINKRONIGEM GEHÖLZ
4 SANDSTEINPLATTEN
5 HOLZDECK

D

Der Wunsch, die Aufenthaltsqualität mit Pflanzen zu verbessern, war schnell formuliert, gleichzeitig sollte der Blick vom Wohn- und Esszimmer auf die Rigi unverstellt bleiben. „Um das Mikroklima auf dem Dach zu verbessern, lautete unsere Mission: Begrünen, wo es geht, und zwar so, dass das räumliche Gefühl nicht beengend ist", sagt Landschaftsarchitekt Jan Schelling, der zusammen mit seinem Büropartner Robin Lustenberger das Konzept für „mehr Lebensqualität auf dem Dach" entwirft.
Gestalterisch und statisch ist die Situation auf dem Dach durchaus kniffelig: Zum einen steht nur wenig Platz zur Verfügung, denn die Dachterrasse besteht aus schmalen Korridoren, welche sich an einer Stelle zum nach Süden ausgerichteten Sitzplatz verbreitern. Zum anderen ist die Tragkraft der Betondecke mit gerade einmal 15 cm gering, das Gewicht von Pflanzen und nassem Substrat aber erheblich. Mithilfe eines Ingenieurs können die Pflanztröge aus rostigem Stahl dank präziser statischer Planung und Auslegung doch auf die dünne Betondecke gesetzt werden. Der Schlüssel dazu liegt in der Verdickung der Stahlwände von 5 auf 8 mm, wodurch die Pflanzgefäße formstabil bleiben und das Gewicht auf die Außenwände verlagert wird.
Gestalterisch konzentriert sich Jan Schelling ebenso auf die Verbindungspunkte zwischen den Räumen: „Die Dreiecksform in den jeweiligen Ecken erlaubt, dass Grünräume mit Hochbeeten aus rostigem Stahl geschaffen werden können – ohne Nutzungseinbuße, aber mit guter Durchgangsbreite".

Das Konzept sieht für die Sitzplätze regionalen Rorschacher Sandstein aus Gründen der Nachhaltigkeit und Holz für die Verbindungswege vor, das den homogenen Plattenbelag unterteilt. Zudem werden zwei Holzdecks um eine Stufe erhöht, damit die Bodenbeete genug Aufbauhöhe erhalten und die Aufenthaltsbereiche unterteilt werden. Der Sandstein passt mit seinen bräunlichen Farbaspekten zum Rostrot der Pflanztröge und wird mit der Zeit Patina annehmen, was lebendig und natürlich wirkt.
In jeder Hausecke findet sich in einem solch hohen Trog ein mehrstämmiges Gehölz inklusive strukturreicher Staudengesellschaften. Erstaunlich, was für eine Artenvielfalt auf kleinem Raum Platz findet: Kupfer-Felsenbirne *(Amelanchier lamarckii)*, Fächer-Ahorn *(Acer palmatum)*, Sieben-Söhne-des-Himmels-Strauch *(Heptacodium miconioides)* und Pfaffenhütchen *(Euonymus europaeus)* sorgen für Atmosphäre und den ersehnten Schatten auf der exponierten Fläche. Kleine Eibenhecken verhindern Einblicke von benachbarten Gebäuden. Hitzeresistente Stauden und Kräuter leisten ihnen in den Trögen oder Bodenbeeten Gesellschaft, darunter Thymian *(Thymus vulgaris)* sowie kriechender Rosmarin *(Salvia rosmarinus)* für den Duft und den Gaumen, robustes wintergrünes Herbst-Kopfgras *(Sesleria autumnalis)* zur Auflockerung der Pflanzung, Steppen-Salbei *(Salvia nemorosa)* für den Blütenaspekt, Woll-Ziest *(Stachys byzantina)* für das mediterrane Flair sowie Brandkraut *(Phlomis russeliana)* als Strukturstaude.
Trotz der kanalartigen Korridore wird so Neugierde geweckt, auf das, was sich hinter jeder Ecke verbirgt. Selbst die Fugen zwischen den Platten sind dicht mit *Sedum* besetzt, das den Sandsteinbelag weichzeichnet. So ordnet sich der Belag dem Wechselspiel der Pflanzen in den erhöhten Trögen, Bodenbeeten und Fugen unter. Dank intensiver Begrünung hat sich das Mikroklima auf der Dachterrasse spürbar verbessert, aus dem „brandigen Ort" ist ein lauschiges Plätzchen geworden, an dem sich die Auftraggeber gerne und häufig aufhalten.

OBEN LINKS
Hohe Tröge für mehrstämmige Gehölze finden sich in jeder Hausecke.
—
OBEN RECHTS
Auflösung der Linearität durch organische Beete.

UNTEN LINKS
Herbst-Kopfgras *(Sesleria autumnalis)* zur Auflockerung der Pflanzung sowie Brandkraut *(Phlomis russeliana)* als Strukturstaude.
—
UNTEN RECHTS
Ein Sieben-Söhne-des-Himmels-Strauch *(Heptacodium miconioides)* bietet zu jeder Jahreszeit einen Blickfang.

Die belebende Harmonie von Gegensätzen

Dieser Vorgarten ist in zweifacher Hinsicht ungewöhnlich: Er bildet die umliegende Landschaft im Kleinen nach und ist zugleich Teil des architektonischen Konzepts, indem sein Grundriss die Gebäudekanten des dreigeschossigen Wohnhauses wiederholt.

OBEN
Eine ganze Landschaft findet im Vorgarten Platz.
—
RECHTS
Vorgarten als Brücke zwischen strenger Gebäudearchitektur und wilder Schönheit der Tiroler Bergwelt.

OBEN LINKS
Schöne Kombi: Pfitscher-Gneis und *Acer palmatum* 'Dissectum Atropurpureum'.

OBEN RECHTS
Rundfenster (Oculus) in der Fassade.

UNTEN
Linde mit ringförmiger Natursteinmauer im selben Durchmesser wie das Oculus.

LUDWIG STANGELMAYER, FIRMA INNGÄRTEN

D

„Die Fassade aus glattem Sichtbeton und spiegelnden Glasflächen bildet einen starken Kontrast zur wildromantischen Berglandschaft des Stubaitals. Dadurch wird die Architektur als Kontrapunkt zur Landschaft wahrgenommen", erklärt Gartengestalter Ludwig Stangelmayer. Ihren Vorgarten wünschten sich die Auftraggeber zum modernen dreigeschossigen Einfamilienhaus dagegen so natürlich wie die umgebende Landschaft.
Ludwig Stangelmayers Gestaltungsidee schafft einen Garten, der die moderne Architektur des Gebäudes in eine natürliche Beziehung zur umgebenden Landschaft setzt – quasi der Vorgarten als Brückenschlag zwischen strenger Gebäudearchitektur und wilder Schönheit der Tiroler Bergwelt. Daher vereint er sowohl Elemente der Gebäudearchitektur als auch der umgebenden Landschaft mit Findlingen und Latschen *(Pinus mugo)*. „Den Eingangsbereich bestimmt ein großes Rundfenster *(Oculus)* in der Fassade unmittelbar vor dem Garten. Indem rund um die vorhandene Linde eine ringförmige Natursteinmauer im gleichen Durchmesser wie das Fenster angelegt wurde, entsteht der Eindruck, als würde das Rundfenster einen Schatten in den Garten werfen. Dies trägt wesentlich zum Erscheinungsbild des Gartens bei und schafft eine harmonische Verbindung mit der Architektur", erklärt Ludwig Stangelmayer.
Der glatten Fassade werden natürliche Elemente wie Pflanze, Stein und Totholz entgegengesetzt, die den kleinen Vorgarten beleben und ihm Struktur verleihen. So entsteht eine eigene, in sich geschlossene Landschaft im Kleinen mit Pflanzen in unterschiedlichen Höhen, die wie eine alpine Felsenlandschaft natürlich gewachsen wirkt.

Felsen verleihen dem Garten Struktur und Tiefe und schaffen zugleich den optimalen Spielraum für die Bepflanzung. „Typisch für die Landschaft kamen große, teilweise bemooste Steine aus Pfitscher-Gneis zum Einsatz. Wir haben uns bewusst für einen nachhaltigen, regionalen Naturstein entschieden. Er unterstützt den naturnahen Charakter des Gartens und verbindet Funktionalität mit ästhetischer Wirkung", so der Gartenplaner.
Charaktervolle Gehölze mit krummem Wuchs und bemoosten Stämmen unterstreichen das naturnahe Bild, etwa eine Schwarzkiefer 'Brepo' *(Pinus nigra)*, ein Eisenhutblättriger Japan-Ahorn 'Aconitifolium' *(Acer japonicum)* und eine Österreichische Schwarzkiefer *(Pinus nigra ssp. nigra)*. Unter diesen Gehölzen sind im schattigen Wurzelbereich Moose angesiedelt. Kleinere immergrüne Gehölze wie Zwerg-Latschen *(Pinus mugo pumilio)* oder Kissen-Eiben 'Repandens' *(Taxus baccata)* setzen immergrüne Akzente in der kalten Jahreszeit. Die Baumscheibe innerhalb der ringförmigen Trockensteinmauer ist mit Waldmeister *(Galium odoratum)* und Salomonssiegel *(Polygonatum odoratum)* waldartig bepflanzt. Kleine Gruppen aus Farnen, darunter Tüpfelfarn *(Polypodium vulgare)*, Hirschzungenfarn *(Asplenium scolopendrium)* und Schwarzbraune Steinfeder *(Asplenium trichomanes)* beleben im Verein mit Sternmoos *(Sagina subulata)*, Prachtspieren *(Astilbe x arendsii)* und Kaukasus-Vergissmeinnicht *(Brunnera macrophylla)* die schattigeren Bereiche.
So setzt der Garten einerseits einen spannungsvollen Kontrapunkt zur modernen Architektur, andererseits bettet er das moderne Gebäude in die umgebende Natur. „Wir sind stolz, dass der Garten nicht nur ein wichtiger neuer Blickfang vor dem Haus geworden ist, sondern durch seine Struktur die moderne Architektur des Hauses sogar bereichert. Damit schafft der Garten eine belebende Harmonie von Gegensätzen", so Ludwig Stangelmayer.

LUDWIG STANGELMAYER

„Der Vorgarten, der als eine kleine Landschaft gestaltet ist, schafft die harmonische Brücke zwischen der Ästhetik der modernen Architektur und der umliegenden wildschönen Tiroler Bergwelt."

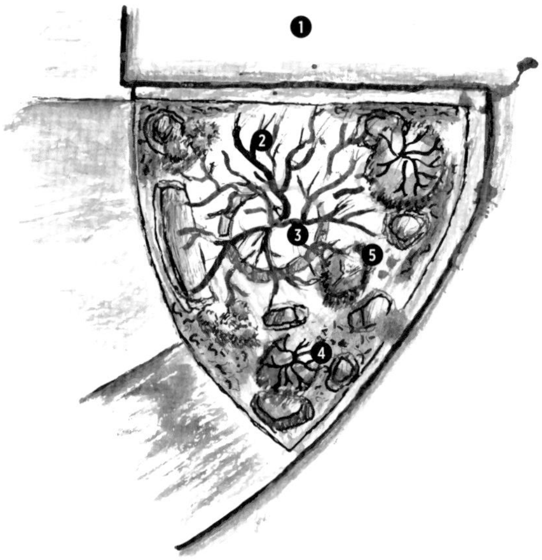

Details

LAGE
INNSBRUCK-LAND, ÖSTERREICH

GRÖSSE
38 M²

PLANUNGSBÜRO
LUDWIG STANGELMAYER, FIRMA INNGÄRTEN

AUSFÜHRUNG
LUDWIG STANGELMAYER, FIRMA INNGÄRTEN

FOTOGRAFIE
LUDWIG STANGELMAYER

PLAN
1 WOHNHAUS
2 LINDE
3 TROCKENSTEINMAUER
4 *ACER PALMATUM* 'DISSECTUM ATROPURPUREUM'
5 *PINUS NIGRA SSP. NIGRA*

Gerade Linie kontra wilde Wiese

Ein kaum genutzter Garten mit großer Rasenfläche und einem umlaufenden Beet entlang der Grundstücksgrenze, ohne Sichtschutz zu den Nachbarn und zur Straße – das war die Ausgangslage, nahezu eine Standardsituation in Neubaugebieten. Ein solcher Garten bietet keine Geborgenheit, keine Atmosphäre – ein Stück Grün, ohne Beziehung zum Haus und seinen Bewohnern.

OBEN
Reizvoller Kontrast zwischen der geradlinigen Architektur und der Natürlichkeit der Staudenpflanzungen.
—
LINKS
Formale Elemente wie das Wasserbecken setzen Akzente in der „wilden Wiese".

JOCHEN THOMANN

„Zeitgemäße, geradlinige Elemente in perfekter Harmonie mit organischen und naturnahen Pflanzbeeten. Ein Garten als Bereicherung für Menschen und Insekten – ein Ort, an dem man sich wohlfühlt!"

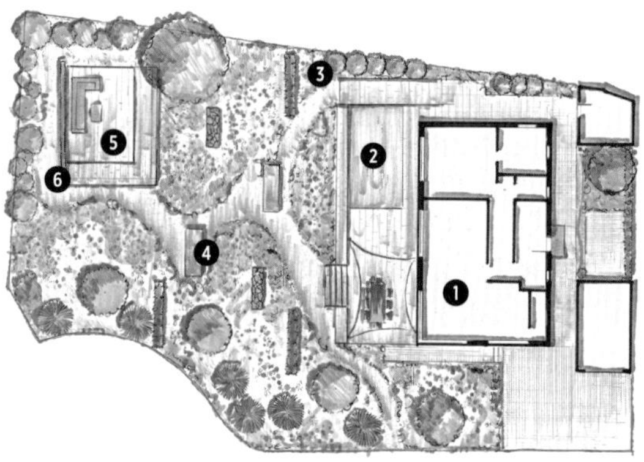

Details

LAGE
STEINENBRONN, BADEN-WÜRTTEMBERG

GRÖSSE
650 M²

PLANUNGSBÜRO
THOMANN GARTEN- UND LANDSCHAFTSBAU GMBH & CO. KG

AUSFÜHRUNG
THOMANN GARTEN- UND LANDSCHAFTSBAU GMBH & CO. KG

FOTOGRAFIE
ARNO FUHRMANN

PLAN
1 WOHNHAUS
2 TERRASSE MIT POOL
3 EIBENBLÖCKE
4 WASSERBECKEN AUS STAHL
5 TERRASSE MIT ÜBERDACHUNG
6 SYSTEMMAUERWERK

D

Damit waren die Auftraggeber alles andere als glücklich; vielmehr wünschten sie sich einen naturnahen Garten als Erholungs- und Rückzugsort, der zu ihrem holzverkleideten Haus passt. Die klaren, rechteckigen Formen des Wohngebäudes mit dem Wunsch nach einem naturnahen Garten in Einklang zu bringen und mit Leben zu erfüllen – das war die reizvolle Aufgabe von Gärtnermeister Jochen Thomann: „Gerade Linie versus organische Form – dieses Gegensatzpaar galt es mit Hilfe der Gestaltung zu einer harmonischen Einheit zusammenzuführen."

Aus einer langweiligen Rasenfläche wird im Zuge der Umgestaltung ein stauden- und gräserreicher Wohngarten mit gezielt gesetzten formalen Akzenten in großzügigen Pflanzbeeten, die einen schönen Kontrast zum modernen Wohnhaus bilden. Formale Elemente findet man im gesamten Garten, etwa der rechteckige Sitzplatz aus Jura-Bodenplatten mit Lamellendach und Gartenküche. Zusammen mit der Sichtschutzwand aus Muschelkalk (Systemmauerwerk) entsteht so ein geschützter Rückzugsort an der Grundstücksgrenze, der eine neue Blickbeziehung zum Haus über artenreiche Staudenbeete bietet. Selbst in den naturalistischen Beeten finden sich geradlinige Elemente, etwa ein rechtwinkliges Wasserbecken aus farbbeschichtetem Stahl sowie freistehende Trockenmauern aus Jura-Mauersteinen mit bepflanzten Mauerkronen. Heckenriegel aus Eiben *(Taxus baccata)* sorgen als Immergrüne auch im Winter für Struktur und wirken raumbildend.

„Der natürliche Aspekt wird durch die organischen Formen der Wege und Pflanzbeete geprägt. Der Weg aus versetzt verlegten Jura-Bodenplatten führt durch die Pflanzbeete und macht die ‚wilde Wiese' erlebbar. Gleichzeitig dient er als Einfassung für die Staudenbeete", erklärt Jochen Thomann. Einzelne Gehölze ‚wie Kupfer-Felsenbirne *(Amelanchier lamarckii)* und Kriech-Kiefer *(Pinus mugo mughus)*, bilden einen lockeren und natürlichen Sichtschutz zur Grundstücksgrenze, unterstützt von einer gemischten Hecke aus Ziersträuchern, die bereits im Garten vorhanden waren.

Überhaupt ist der Umgang mit Pflanzen vorbildlich. Die verwendeten Stauden und Gräser stammen aus dem Bestand; abgesehen von einzelnen Gehölzen müssen keine weiteren Pflanzen dazugekauft werden. „Das war mit einem größeren Aufwand verbunden, da die Stauden zunächst ausgegraben, geteilt, zurückgeschnitten und von vorhandenem Beiwuchs befreit werden mussten. Doch aus ökologischer und gärtnerischer Sicht lohnt sich dieser Aufwand, da die Pflanzen bereits an den vorhandenen Boden und das Klima angepasst sind. So konnten zusätzliche Kosten durch den Zukauf neuer Pflanzen eingespart werden", erklärt der Gärtnermeister. Es sind überwiegend trockenheitsverträgliche, insektenfreundliche Pflanzen in Blau- und Rosatönen, die für entspannte Atmosphäre sorgen. Arrangements aus Gräsern, Scheinsonnenhut *(Echinacea)*, Patagonischem Eisenkraut *(Verbena bonariensis)*, Fetthenne *(Sedum)*, Prachtkerzen *(Oenothera lindheimeri)*, Schlangen-Knöterich *(Bistorta officinalis)* und diversen Blumenzwiebeln sorgen über das Jahr für reichlich Blüte, bieten einen wichtigen Lebensraum sowie Nahrung für Insekten. „Die Seele dieses Gartens besteht in seiner Verbindung zur Natur in Form reizvoller und farbenprächtiger Staudenbeete", bringt es Jochen Thomann auf den Punkt. Diese besondere Atmosphäre kann man an jedem der einladenden Sitzplätze in diesem staudenreichen Hausgarten spüren.

OBEN LINKS
Lebensraum und Gestaltungselement: freistehende Trockenmauer aus Jura-Mauersteinen; Im Vordergrund: *Verbena bonariensis.*

—

OBEN RECHTS
Wasserbecken aus farbbeschichtetem Stahl kontrastiert mit der Weichheit der Staudenpflanzung aus u. a. Schönaster und Rutenhirse.

UNTEN
Trockenheitsverträgliche, insektenfreundliche Stauden in Blau- und Rosatönen sorgen für eine entspannte Atmosphäre.

Außenbeleuchtung & Smart Gardening

Die Highlights 2026 empfohlen
von unseren Planerinnen & Planern

1

2

Die Leuchten von OCCHIO heißen „Sito Palo“ (Bild oben) und „Sito Basso“ (Bild unten). Die gesamte Serie besteht aus Wand-, Decken-, Boden- und Stehleuchten.

3

Filigran wie eine Schilfhalm-Silhouette spendet die Leuchte „Reed“ von Lodes ein sanftes, gerichtetes Licht.

Bild oben:
Pollerleuchte „Pivot B“ passt sich der Umgebung an und betont natürliche Details.

Bild unten:
Der vielseitige Strahler „Ginko“ setzt natürliche und architektonische Details elegant und präzise in Szene.

1| OCCHIO GMBH
Produktname: Sito palo und Sito basso
Markteinführung: Relaunch mit neuen Oberflächen 2024
Preis: Sito Palo: ab 1.098 Euro, Sito Basso: ab 988 Euro
www.occhio.com/de

—

2| L&L LUCE & LIGHT SRL
Produktname: Ginko und Pivot B
Markteinführung: 2024
Preis: auf Anfrage
Fotocredit: Bild groß: L&L LUCE & LIGHT; Bild klein: Santino Fiocco
www.lucelight.it

—

3| LODES SRL
Produktname: Reed
Markteinführung: 2025
Preis: ab 232 Euro (inkl. MwSt.)
www.lodes.com/de

„VOQUE“ und „BIG VOQUE“ sind elegante Außenleuchten mit sanft getöntem Schirm und warm-diffusem Licht – ideal für stilvolle Akzente auf der Terrasse oder im Garten.

5

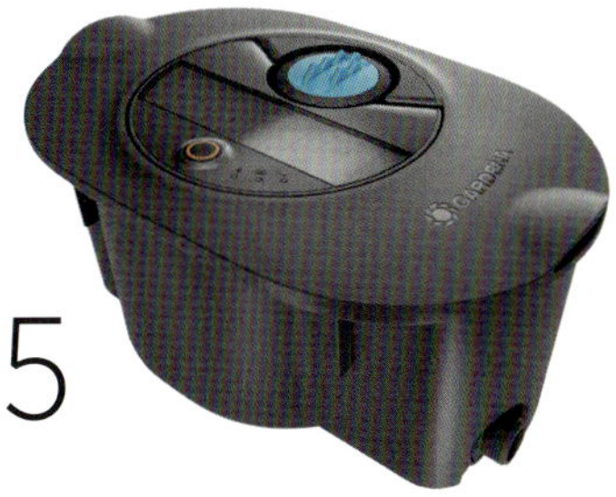

Ein unterirdisch geführtes Bewässerungssystem, das jede Pflanze präzise versorgt und sich dabei komfortabel per Bluetooth-App steuern lässt.

Die Pflanzenreich-App hat ein umfassendes Update mit einem noch breiteren Spektrum für die professionelle Pflanzplanung und neuen Funktionen erhalten.

4| IN-LITE
Produktname: VOQUE und BIG VOQUE
Markteinführung: 2023
Preis: ca. 399 Euro, 699 Euro (inkl. MwSt.)
www.in-lite.com

—

5| GARDENA DEUTSCHLAND GMBH
Produktname: Pipeline Bewässerungssystem AquaPrecise
Markteinführung: 2025
Preis: 449,99 Euro
www.gardena.com

—

6| PFLANZENREICH BY PETRA PELZ
Produktname: Pflanzenreich App
Markteinführung: 2021, Update: 2025
Preis: z. B. im Jahres-Abo für 358,86 Euro (inkl. MwSt.)
www.pflanzenreich-app.de

MARK SIMKENS
IN-LITE

Das niederländische Unternehmen in-lite zählt zu den führenden Marken für Außenbeleuchtung. Mit innovativer Technik, klarem Design und einem feinen Gespür für Atmosphäre zeigt in-lite, wie Licht Gartenräume verwandelt und Architektur sichtbar macht – subtil, wirkungsvoll und emotional.

Licht ist weit mehr als Funktion – es formt Räume und schafft Stimmung. Was bedeutet gutes Licht im Garten für Sie? Gutes Licht steht nicht im Vordergrund, sondern unterstreicht die natürliche Schönheit der Umgebung. Es schafft Orientierung, Tiefe und Atmosphäre – ohne aufdringlich zu sein. Ein gelungenes Konzept führt den Blick und lässt den Garten bei Nacht lebendig werden.

Wie vereint in-lite Design, Langlebigkeit und Energieeffizienz? Unsere Entwicklungsphilosophie basiert auf der engen Verbindung von Design und Technik. Wir setzen auf hochwertige Materialien, intelligente LED-Technologie und modulare Systeme, die eine lange Lebensdauer sowie geringe Wartungskosten gewährleisten. Energieeffizienz ist dabei kein Zusatz, sondern Teil des Designs – jedes Produkt wird so konzipiert, dass es mit minimalem Energieeinsatz maximale Wirkung erzielt.

Welche Bedeutung hat Licht als integraler Bestandteil eines ganzheitlichen Gartenkonzepts? Licht ist das verbindende Element zwischen Architektur, Natur und Nutzung. Wenn es frühzeitig in die Planung integriert wird, kann es die räumliche Wirkung eines Gartens wesentlich mitgestalten. Gemeinsam mit Landschaftsarchitekten entwickeln wir Lichtkonzepte, die den Charakter eines Gartens unterstreichen. Dabei geht es nicht nur um einzelne Leuchten, sondern um das Zusammenspiel von Licht und Schatten, von Material und Struktur. So entsteht ein stimmiges Gesamterlebnis.

Wie lässt sich Licht an die Veränderung von Tages- und Jahreszeiten anpassen? Ein gutes Lichtkonzept reagiert auf Veränderung – sei es durch Tageslicht, Jahreszeiten oder Nutzungssituationen. Mit dimmbaren Systemen, variablen Lichtfarben und smarten Steuerungsmöglichkeiten bleibt der Garten zu jeder Stunde erlebbar – im Sommer leicht und offen, im Winter warm und geborgen.

Mehr als ein Zuhause

„Ich sehe meine Arbeit als das Ausloten zwischen Design und Ökologie. Meine Gärten sollen den Designanspruch erfüllen und trotzdem ressourcenschonend sein," betont Gartengestalterin Elsa Triebaumer. Diesen Anspruch hat sie zusammen mit ihrem Partner im eigenen Garten kompromisslos umgesetzt.

OBEN
Klassischer Gemüsegarten – ein Staketenzaun schützt den Salat vor den Hühnern.

—

RECHTS
Lavendel vor einem Japanischen Blumen-Hartriegel *(Cornus kousa)*.

OBEN
Beet an der Einfahrt mit wärmeliebenden Arten wie einem Pfirsichbaum, Lavendel, Königskerze und *Cynara cardunculus*.

UNTEN LINKS
Der Rambler 'Bobby James' (*Rosa multiflora*-Hybride) hüllt den Birnbaum in seinen feinherben Duft.

—

UNTEN RECHTS
Blick aus dem Glashaus auf Oliven- und Zitrusbäumchen in Töpfen – einer Leidenschaft der Gartengestalterin.

Beide sind passionierte Gärtner, sie Landschaftsarchitektin, er Gemüsebauer - jede Idee, jede Veränderung wird zunächst intensiv diskutiert und erst umgesetzt, wenn es sich für jeden Partner stimmig anfühlt. Denn der eigene Garten dient dem Paar gleichermaßen als Rückzugsort und Experimentierfeld.

Ihr gemeinsames Zuhause liegt im Alpenvorland, eine 300 Jahre alte Hofstelle mit Hanggarten, umliegenden Weiden und einem schönen Blick in die tiefer liegende Auenlandschaft. Ebene Flächen für die Nutzung muss sich das Paar erst durch Terrassierung mit Natursteinmauern auf dem teils steilen Hang schaffen. Dafür können sie sich über einen schönen alten Baumbestand mit über 60 Jahre alten Magnolien, Birnbäumen und Eiben freuen, der ihnen besonders am Herzen liegt und durch gezielte Pflanzungen mit neu entstandenen Flächen verbunden wird. Ebenso gerne lässt das Gärtnerpaar die vorhandenen Streuobstwiesen, diese ökologisch besonders wertvollen Lebensräume, mit mediterranen Gehölzen und alten Obstsorten wieder aufleben. Auch der alte Gemüsegarten wird reaktiviert, von allem Wildwuchs befreit und trägt nun zu einem wesentlichen Teil zur Selbstversorgung bei. Entlang der Auffahrt bilden Staudenbeete im Verein mit ausgesuchten Gehölzen einen Puffer zur nahen Straße und schaffen Privatsphäre für die Arbeit im Gemüsegarten und an den Schnittblumenbeeten. Klare geradlinige Formen geben der Bepflanzung einen Rahmen und schaffen Ordnung in der Vielfalt. In den Beeten dürfen sich Nutzpflanzen mit Zierpflanzen mischen - so ist das Bedürfnis nach Schönheit und das nach Selbstversorgung wie in traditionellen Bauerngärten miteinander verwoben. „Wenn ich in der Früh durch meinen Garten streife, ernte ich gleich im Vorbeigehen immer etwas, das gehört zum Gartenerlebnis dazu", sagt Elsa Triebaumer.

Um das historische Wohngebäude wirkt die Atmosphäre mit Terrassen, Trockenmauern und vielen Zitruspflanzen in Topfkultur mediterran.

Doch der Garten ist nicht nur gestalteter Raum, er ist für Gartenprofis auch immer Ort des Erkenntnisgewinns: „Ich lerne sehr viel an meinen Pflanzen und kann die Erkenntnisse dann bei meinen Projekten einbringen. Wir experimentieren z. B. mit verschiedenem Mulchmaterial, denn frisch angelegte Beete machen ohne Mulch viel mehr Arbeit. Wir verwenden Grasmulch für Schnittblumenbeete und Kiesmulch für frisch angelegte Beete, aktuell laufen Versuche mit regionalem *Miscanthus*-Häcksel", berichtet die Gartenexpertin. Besonders wichtig ist ihr, dass im Garten fast ausschließlich mit Recyclingmaterial gearbeitet wird. Projekte umzusetzen im Sinne eines Kreislaufgedankens ist ihr ein Anliegen, daher beschäftigt sich Elsa Triebaumer auch mit dem Lebenszyklus von Bauprojekten: „Wir sind bekannt dafür, dass wir alle Materialien so nah wie möglich beschaffen. Wir verbauen keine Steine aus Übersee wegen mangelnder Umwelt- und Sozialstandards." Ebenso verzichtet sie auf chemisch-synthetische Pflanzenschutz- und Düngemittel. Zu dieser verantwortlichen Haltung passt der Umgang mit Wasser, das auf dem Grundstück in Zisternen gespeichert wird. „Ich bin in einer regenarmen Region aufgewachsen und kenne die Sorge und manchmal die Angst, wenn es zu lange nicht regnet. Diese Erfahrung hat mich tief geprägt und beeinflusst meine Arbeit sehr stark. Ortswasser zum Rasensprengen zu verwenden, ist für mich nicht zukunftsfähig. Daher suchen wir nach Alternativen mit trockenheitstoleranten Pflanzen und Regenwasserernte", erläutert Elsa Triebaumer. Gleichzeitig ist mit möglichst viel unversiegelter Fläche auch dafür gesorgt, dass Regenwasser auf dem eigenen Grundstück versickern kann.

So ist es dem Paar in seinem Garten gelungen, Ästhetik mit Ökologie und Ökonomie zu vereinen. „Der Garten ist der Ruhepol, von dem aus wir in unsere beruflichen Projekte ausschweifen. Er passt zu unserem geschäftigen Leben und ermöglicht es uns, ohne Erfolgsdruck mutig Neues zu wagen", so Elsa Triebaumer.

ELSA TRIEBAUMER

„Von 8.000 m² Grundstücksfläche inklusive Streuobstwiesen und Weiden sind 710 m² terrassiert und mit zahlreichen Baumpflanzungen trockenheitsverträglicher Arten gestaltet worden. Er ist der Prototyp eines Regengartens."

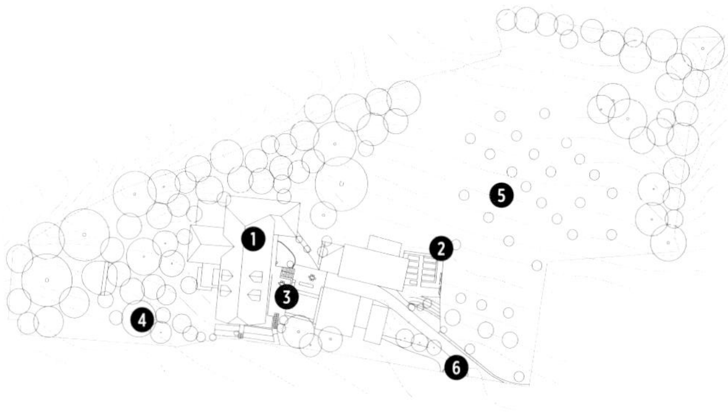

Details

LAGE
TRAUNVIERTEL, OBERÖSTERREICH

GRÖSSE
8.000 M², DAVON 740 M² GESTALTET

PLANUNGSBÜRO
WILDFLORIE OG

AUSFÜHRUNG
WILDFLORIE OG UND EIGENLEISTUNG

FOTOGRAFIE
CHRISTOPH WEIERMAIR

PLAN
1 WOHNHAUS
2 GEMÜSEGARTEN
3 GLASHAUS
4 BIRNBAUM MIT RAMBLER 'BOBBY JAMES'
5 STREUOBST-WIESEN
6 SITZPLATZ FÜR ABENDSONNE

Wellness-Garten mit Weitsicht

Der ursprüngliche Garten bestand aus zwei großen Böschungen, einem Sitzplatz nahe am Haus und viel Rasen – das wirkte langweilig und uninspiriert. Zudem existierte ein Durcheinander an verschiedenen Materialien, sodass alles wie zufällig entstanden schien. Schattenplätze fehlten gar überall. Aus diesem Durchschnittsgrün sollte ein repräsentativer Garten mit ausreichend Platz für Familie und Gäste werden, der Großzügigkeit ausstrahlt und der Erholung und Entspannung dient.

OBEN
Formale Gestaltung mit warmer Atmosphäre.

—

LINKS
Ein mehrstämmiger Blasenbaum *(Koelreuteria paniculata)* als lichter Schattenspender.

SABRINA BÜRGLER UND MICHAEL GUT

„Ein ästhetischer Wohngarten mit warmer Ausstrahlung. Die großzügigen zusammenhängenden Aufenthaltsbereiche und die Wellness-Anlage machen Lust darauf, Familie und Freunde zum Gartenfest einzuladen."

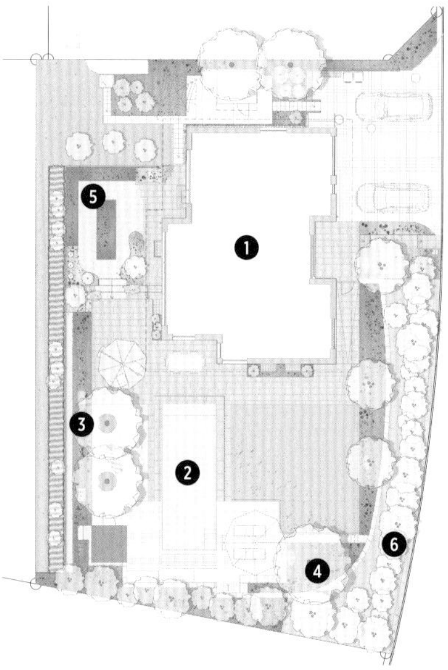

Details

LAGE
REGION ZÜRICH, SCHWEIZ

GRÖSSE
870 M²

PLANUNGSBÜRO
HARIYO FREIRAUM-GESTALTUNG GMBH

AUSFÜHRUNG
SALAMANDER NATUR-GARTEN AG

FOTOGRAFIE
BENEDIKT DITTLI FOTOGRAFIE

PLAN
1 WOHNHAUS
2 BIO-POOL MIT DECK
3 LIQUIDAMBAR IN SCHIRMFORM
4 *KOELREUTERIA PANICULATA*
5 KRÄUTER- UND BEERENGARTEN
6 EXTENSIVE BLUMENWIESE MIT WILDHECKE

Zudem sollte das Regenwasser sinnvoll genutzt werden sowie ein Nutzgarten entstehen. Es ging also nicht nur um ein neues Schwimmbad, gefordert war vielmehr eine komplette Neuinterpretation des Gartens. Doch nicht in organischer Form, die sonst typisch für naturnahe Gärten ist, sondern in architektonischer Strenge. „Uns reizte die Herausforderung, eine repräsentative Gestaltung mit einem Bio-Pool zu realisieren, welche unseren naturnahen Grundsätzen dennoch treu bleibt", sagt Landschaftsarchitektin Sabrina Bürgler, die zusammen mit Gartenplaner Michael Gut die Ideen dazu entwickelt. So zeigen sich die zentralen Aufenthaltsbereiche an Haus und Pool klar gegliedert, zu den Grundstücksgrenzen wird die Gestaltung jedoch mit Hecken aus heimischen Gehölzen und wiesenartigen Pflanzungen naturnaher, wilder und integriert sich so in die Umgebung.
Um für die gewünschten Elemente wie Bio-Pool und Außensauna mehr ebene Fläche zu schaffen, werden die Böschungen an der Ost- und Westseite des Gartens abgefangen. „Eine hohe Stützmauer auf der Westseite in Form von Betonwinkeln sorgt dafür, dass deutlich mehr Platz gewonnen werden konnte. Da diese Stützmauer nicht sichtbar ist, bot sich die Bauweise mit Betonfertigteilen an", so die Planerin. Sichtbare Mauern sind dagegen als ökologisch wertvolles Trockenmauerwerk aus edlem Fränkischem Muschelkalk gefertigt. Sie rahmen den neuen Gartenraum wirkungsvoll ein und verleihen ihm die nötige Tiefe. Das leicht erhöhte Holzdeck am Pool setzt sich vom sonstigen Belag aus Kalkstein deutlich als eigener Gartenraum ab.

Zusammen mit dem Bio-Pool und der Außensauna (Holzverschalung aus Thermoesche) bildet dieser Bereich die „Wellness-Ecke". Der Bio-Pool glänzt mit seinem Boden aus großformatigen Calanca Gneis-Platten und wirkt wie eine Reminiszenz an die Tessiner Badegewässer. Möglich macht dies eine Kombination aus dem Polypropylenbecken mit einem Boden aus großformatigen Natursteinplatten – eine bautechnisch durchaus anspruchsvolle Lösung. So wirkt der Bio-Pool natürlicher und avanciert zusammen mit der integrierten Außensauna sowie verschiedenen schattigen Plätzen zum ersehnten Ort der Entspannung.
Große Solitäre wie zwei Amberbäume *(Liquidambar styraciflua)* in Schirmform spenden den Sitzplätzen dazu natürlichen Schatten. Weitere ausgewählte Solitäre wie Blasenbäume *(Koelreuteria paniculata)* mit auffälligem Fruchtschmuck und Kleinbäume wie Mehlbeeren 'Dodong' *(Sorbus commixta)* rahmen die Gestaltung seitlich ein und verleihen dem Garten eine parkartige Atmosphäre. Letztere sind übrigens besonders wertvolle Futterpflanzen für Insekten sowie Vögel, vertragen Trockenheit und gelten als recht anspruchslos. In Richtung Nordwesten öffnet sich der Garten schließlich zur Landschaft und gibt eine Weitsicht auf die umliegenden Hügel frei, die man von den Hauptsitzplätzen aus genießen kann. Eine solch schöne Aussicht bietet ebenso der Nutzgarten, der mit seinen Hochbeeten aus rohem Stahl dem ureigensten Gartenzweck einen zeitgemäßen Rahmen verleiht. In Sachen Nachhaltigkeit punktet der Garten neben der artenreichen Bepflanzung zudem mit einem durchdachten Regenwasserkonzept.
Entstanden ist ein zeitgemäßer Wohngarten mit viel Platz für Familie und Freunde. Die fein aufeinander abgestimmte Materialisierung vermittelt einen warmen Grundton und lässt einen automatisch an südliche Gefilde denken. So wirkt der Familiengarten zwar geordnet und modern, gleichzeitig aber warm und wohnlich – und er bietet bei genauer Betrachtung weit mehr Naturnähe, als man zunächst vermuten könnte.

OBEN LINKS
Nutzgarten mit Ausblick, die Hochbeete sind aus Stahl gefertigt.

—

OBEN RECHTS
Staudenbeete mit trockenverträglichen Arten wie u. a. *Eryngium*, *Echinacea* und *Phlomis tuberosa*.

UNTEN
Besser als ein Sonnenschirm: Zwei *Liquidambar styraciflua* 'Dachform/Dachspalier' markieren den Sitzplatz am Pool.

Landschaftspark mit starkem Charakter

Nur wenige Minuten von der Innenstadt entfernt – der Dom ist nicht weit – befindet sich diese klassische Anlage im Stile eines Landschaftsparks in einem ruhigen Villenviertel mit altem Baumbestand. „Die Hektik der Stadt erreicht diesen Garten nicht", sagt Brigitte Röde. Dies mag das Verdienst der alten kapitalen Bäume sein, die dem Grundstück eine tiefe Ruhe verleihen, eine Stille, wie man sie sonst nur auf Waldlichtungen findet. Wechselnde Lichtspiele entfalten unter hohen Ahornbäumen ihr faszinierendes Schauspiel.

OBEN
Ein mit der Rasenfläche bündiger Reflecting-Pool spiegelt den Himmel und fängt das Licht ein.

—

LINKS
Gehölzraritäten wie der Surenbaum 'Flamingo' *(Toona sinensis)* setzen Akzente.

OBEN
Mittig im Inselbeet: Eiben-Gruppe mit wolkenförmig geschnittener Krone.

UNTEN LINKS
Klassische Anlage im Stile eines Landschafts-parks mit wertvollem alten Baumbestand.

—

UNTEN RECHTS
Pavillon, eingerahmt von Rhododendren 'Konrad Adenauer'.

BRIGITTE RÖDE – PLANUNGSBÜRO GARTEN UND FREIRAUM

Schattigere Partien folgen auf lichte, sonnige Bereiche. Kontrastierende Blattstrukturen beleben das Grün und zeigen sämtliche Nuancen dieser wohltuenden Farbe, ergänzt um einzelne Blühaspekte zu unterschiedlichen Jahreszeiten.
Der Wert eines solchen Bestandes, es handelt sich um etwa 120 bis 150 Jahre alte Großgehölze, steht außer Zweifel – da waren sich Gartenbesitzer und Landschaftsarchitektin sofort einig. Möglichst viel sollte davon erhalten bleiben. „In solch alte Bestände muss so zurückhaltend wie möglich eingegriffen werden, wenn Neues entstehen soll. Mit Raritäten wie dem Surenbaum 'Flamingo' *(Toona sinensis)* oder einer Schirm-Magnolie *(Magnolia tripetala)* setzen wir gezielt Akzente, gleichzeitig stellen wir sicher, dass viele heimische Wildgehölze erhalten bleiben. So lässt sich mit wenigen Ergänzungen ein ästhetischer und einladender Garten schaffen", bekräftigt die Landschaftsarchitektin.
Doch zunächst überprüft ein Baumsachverständiger die Veteranen auf ihren Zustand mit dem Ergebnis: Alle dürfen bleiben! Also kann Brigitte Röde die über 30 m hohen Bäume und weitere prägende Gehölze in ihre behutsame Umgestaltung einbeziehen. Den klaren Formen des Neubaus setzt sie weich geschwungene Linien im Außenraum entgegen. Blickpunkte vom Haus aus und im Garten werden gesetzt, locken in das Grün, das man auf einem geschwungenen wassergebundenen Rundweg erkundet. Bei jedem Schritt eröffnen sich neue Perspektiven, etwa auf einen Pavillon, eingerahmt von rot blühenden Rhododendren 'Konrad Adenauer', einer Neuzüchtung.

Zu der zurückhaltenden Gestaltung passt die Auswahl der Materialien aus der Region, wie z. B. Grauwacke. Die Polygonalplatten am Pavillon wurden aus dem alten Garten wiederverwendet. Einen reizvollen Kontrast zur waldartigen Bepflanzung bieten die großen hellgrünen Blätter der Schirm-Magnolie. Schattenverträgliche Stauden wie Bergenien *(Bergenia)* und Christrosen *(Helleborus)* sowie flächig gepflanzte Frühlingsgeophyten knüpfen einen dichten Teppich unter den Gehölzen. So wirkt alles ganz natürlich und selbstverständlich, als könne es nicht anders sein. Ein runder, mit der Rasenfläche bündiger Reflecting-Pool spiegelt den Himmel zwischen den Baumkronen und bringt zusätzlich Licht in das waldartige Grundstück.
Im Zentrum des Gartens zieht eine alte, besonders ausdrucksvolle Eiben-Gruppe mit wolkenförmig geschnittenen Kronen die Blicke auf sich. Sie kommt auf dem Inselbeet bestens zur Geltung, eingebettet in das wunderbar weich wirkende Japan-Berggras *(Hakonechloa macra)*. Für den Erhalt der Eiben setzte sich Brigitte Röde besonders ein und konnte die Familie schnell von dem Wert für den Garten begeistern. „Sie sind ein wichtiges Element und haben, weiträumig geschützt, auch die intensiven Bauarbeiten gut überstanden", freut sich Brigitte Röde. Da der Familie der Garten und die Pflanzenauswahl von Anfang an sehr wichtig waren, schenkt ihnen die Gartenplanerin nach der Fertigstellung eine Fibel mit Abbildungen all der Pflanzen, die nun auf dem weitläufigen Grundstück Zuhause sind und dank kleiner Etiketten mit botanischen Namen auch eindeutig benannt werden. „Es ist für mich besonders schön, wenn Gartenbesitzer so mitgehen und sich mit ihrem Garten verbunden fühlen", freut sich die Planerin.
Ebenso wichtig ist der Familie, dass heimische Tiere, die im alten Garten Rückzugsgebiete fanden, nicht durch die Neuerungen vertrieben werden. Denn er ist auch Lebensraum für Vögel, Insekten, Fledermäuse und Glühwürmchen – und das mitten in der Stadt. Große Sträucher werden belassen, da hier ein Haselmausvorkommen (Rote-Liste-Art) vermutet wird. Es versteht sich von selbst, dass keine Pestizide zum Einsatz kommen; ebenso wird auf Schneckenkorn verzichtet. Belohnt werden die Gartenbesitzer dafür mit einem wunderbaren Naturschauspiel: Ein Leuchten am „Waldsaum" ab Einbruch der Dämmerung – die Glühwürmchen sind zurück!

BRIGITTE RÖDE

„Der Garten ist ein idealer Ort, um sich auf die großen Fragen einzulassen."

(CHARLES JENCKS, 1939-2019, ARCHITEKT UND ARCHITEKTUR-THEORETIKER)

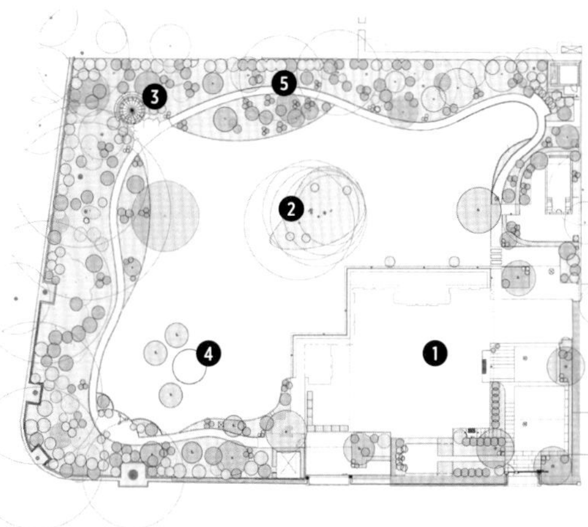

Details

LAGE
KÖLN, NORDRHEIN-WESTFALEN

GRÖSSE
4.150 M²

PLANUNGSBÜRO
BRIGITTE RÖDE – PLANUNGSBÜRO GARTEN UND FREIRAUM

AUSFÜHRUNG
JANSEN UND ARENS GMBH & CO. KG

FOTOGRAFIE
FERDINAND GRAF LUCKNER

PLAN
1 WOHNHAUS
2 INSELBEET MIT EIBEN
3 PAVILLON
4 REFLECTING-POOL
5 WASSERGEBUNDENE WEGEDECKE

Vor den Toren Leipzigs – Natur neu inszeniert

Dies ist kein Garten von der Stange. Es ist ein experimenteller Garten, da Konzepte und Ideen wie Coppicing hier auf einem privaten Grundstück Anwendung finden. Ungewöhnlich ist auch das Material, das verwendet wird: Stampfbeton, das mit seiner schichtartigen Struktur an den Tagebau der Region erinnert. Das Grundstück liegt am Rand einer kleinen Siedlung südlich von Leipzig in unmittelbarer Nähe einer durch den ehemaligen Tagebau entstandenen Folgelandschaft mit mehreren Seen.

OBEN
Vor der vorhandenen Blutpflaume *(Prunus cerasifera)* entsteht ein Senkgarten mit Mauern aus verschiedenfarbigen Stampfbetonschichten.
—
LINKS
Schildkrötenbiotop im Senkgarten mit Stauden wie Brandkraut *(Phlomis russeliana)* und Heiligenkraut *(Santolina chamaecyparissus).*

MAX GEORGI

„Ein Garten, der mit Schichtungen aus Stampfbeton, Coppicing-Pflanzungen und einem eigenen Schildkröten-Habitat neue Wege in Gestaltung und Nachhaltigkeit geht.“

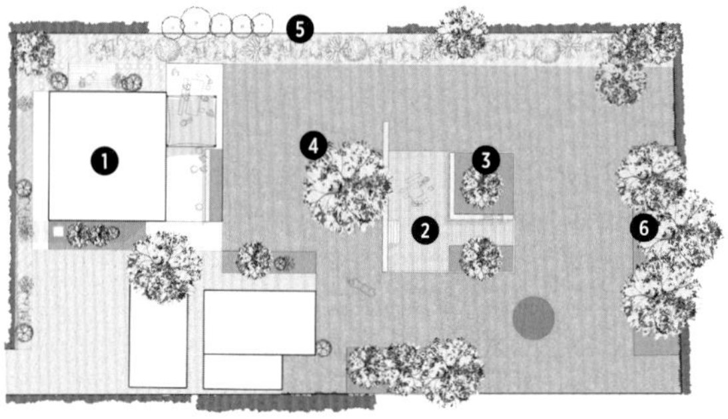

Details

LAGE
SÜDLICH VON LEIPZIG, SACHSEN

GRÖSSE
1870 M²

PLANUNGSBÜRO
360° LANDSCHAFTS-GESTALTUNG GEORGI

AUSFÜHRUNG
RÜBNER GMBH GARTEN- UND LANDSCHAFTSBAU

FOTOGRAFIE
WUNDERWALDPHOTO

PLAN
1 WOHNHAUS
2 ABGESENKTER TERRASSENBEREICH
3 SCHILDKRÖTEN-GEHEGE
4 BLUTPFLAUME
5 COPPICING-SICHT-SCHUTZPFLANZUNG
6 EXTENSIVE GRÄSERPFLANZUNG UNTER GEHÖLZEN

W

„Wegen der guten Erreichbarkeit dieser Naherholungsgebiete wurde bewusst auf den Bau eines Pools verzichtet. Stattdessen interpretiert der Garten die Weite und den Wandel der durch den Tagebau geprägten Landschaft auf eigene Weise neu“, erklärt Max Georgi. Der Landschaftsarchitekt aus Dresden und sein Team stoßen mit ihren ungewöhnlichen Ideen auf Auftraggeber, die für neue Wege in der Gartengestaltung offen sind.
Davor bestand der Garten aus einer wiesenartigen Fläche und einer in die Jahre gekommenen Holzterrasse. Max Georgi und sein Team ordnen das Grundstück neu und schaffen Aufenthaltsbereiche, die viel Abwechslung dank besonderer Details bieten: „Die offene, vom Haus aus fast komplett einsehbare Fläche braucht Abwechslung, um Neugier zu wecken und alle Gartenbereiche nutzbar zu machen. Wir entschieden uns daher dafür, die ebene Topografie zu verändern und vor der vorhandenen Blutpflaume *(Prunus cerasifera)*, dem neuen Zentrum des Gartens, einen Senkgarten anzulegen.“ So wird Vielschichtigkeit geschaffen, die Lust macht, den gesamten Garten zu entdecken. Ein besonderes Highlight sind die Mauern des Senkgartens: Sie bestehen aus verschiedenfarbigen Stampfbetonschichten – eine Reminiszenz an die Sedimentschichten des benachbarten Tagebaus. „Die Stampfbetonmauern, die auf der Veranda zu einem stilvollen Außentresen werden, sind ein markanter Blickfang: robust, modern und mit ihrer schichtartigen Struktur ein gestalterisches Statement“, erklärt Max Georgi.

Der Senkgarten ist jedoch nicht nur Blickfang und Aufenthaltsort, sondern erfüllt gleich noch weitere Funktionen: Für die Schildkröten der Gartenbesitzer entsteht dort ein eigenes artgerechtes Biotop mit tierfreundlichen Stauden wie *Sedum* und strukturgebenden Findlingen. Zudem leitet der Senkgarten Regenwasser in eine Zisterne, die zur Bewässerung der Staudenflächen genutzt wird.
Üppige Pflanzungen heißen Bewohner und Gäste bereits im Hof willkommen. Dennoch soll der Garten ein Ort der Ruhe, statt eine Quelle ständiger Arbeit sein. „Die Lösung für einen geringen Pflegeaufwand heißt Coppicing. Ursprünglich für öffentliche Flächen entwickelt, wird es hier für einen privaten Garten adaptiert. Gehölze, Stauden und Gräser bilden eine so dichte Pflanzung, dass Unkraut kaum eine Chance hat. Im Frühjahr wird alles bodennah zurückgeschnitten und treibt üppig wieder aus – ein faszinierendes Schauspiel mit ungewöhnlichem Habitus“, erklärt Max Georgi. Weitere Flächen sind mit mehrjährigen Gräsern und Geophyten gestaltet als Hommage an die nahe Seenlandschaft. Bleibt abzuwarten, wie die Methode im Garten funktioniert. Bisher macht sich die Coppicing-Pflanzung gut, wobei in Kauf genommen wird, dass sich die Zusammensetzung der Arten verändert, doch einen dynamischen Anteil gibt es in jedem Grün. Im Zentrum steht unbestritten die gerettete Blutpflaume, die nun erst richtig zur Geltung kommt und mit ihrem tiefroten Laub alle Blicke auf sich zieht.

OBEN
Senkgarten als natürlicher Regensammler.

UNTEN LINKS
Bar mit Hochbeet aus Stampfbeton.

—

UNTEN RECHTS
Staudenkomposition aus u. a. Strukturstauden wie Brandkraut und dynamischen Gräsern wie Zartem Federgras *(Nasella tenuissima)*.

Bäume als Bindeglied in die Berglandschaft

„Vor mir lag ein unbrauchbarer Garten, eigentlich nicht mehr als eine steile Böschung, mit Neophyten durchzogen und kaum zugänglich. Die alten Eschen waren Opfer des Triebsterbens geworden und akut bruchgefährdet", erinnert sich Gartenplaner Ben Uhlmann an die Ausgangssituation.

OBEN
Die Föhren schaffen einen fließenden Übergang zu den alpinen Wäldern ringsum.
—
RECHTS
Eingebettet in den Steilhang: Abkühlbecken mit Wasserfall, der die Geräusche der nahen Straße schluckt.

OBEN LINKS
Die Waldföhre wirkt mit ihrem geraden zweifarbigen Stamm und der locker unregelmäßigen Krone wie eine lebende Skulptur.

—

OBEN RECHTS
Auf Natursteinstufen (Jura) geht es hinauf zur Außensauna mit Abkühlbecken.

—

UNTEN
Dank Terrassierung entstehen verschiedenen Gartenräume im steilen Hang.

D

Dieser Zustand passte so gar nicht zu dem puristischen Neubau, der einen ebenso geradlinigen und zeitgemäßen Garten forderte.
Das Grundstück liegt auf einem steilen Hang mit einer Neigung von über 20° (entspricht ca. 40 %) und bietet eine beeindruckende Aussicht über das Tal und auf die umliegende Bergwelt mit den höchsten Gipfeln der Alpen. Gleichzeitig bedeutet eine solch extreme Hangneigung eine große Herausforderung – ohne Terrassierung und Hangabsicherung ist hier kein Garten denkbar. „Das Ursprungsgelände war so steil, dass eine Absturzsicherung der Arbeiter erforderlich war. Nach der Erstellung der „ersten Ebene" wurde es leichter, trotzdem blieb der Bau bis zum Ende logistisch und bautechnisch anspruchsvoll", berichtet Ben Uhlmann. Mit der Terrassierung und Hangabsicherung schafft der Planer nicht nur ebene Flächen für die Gartennutzung, sondern beugt auch Murenabgängen vor, denn bei Starkregen floss das Wasser bis dato wie ein Sturzbach den Hang hinab. Entsprechend wird auf dem gesamten Hang entlang der Längsachse terrassiert und die Höhensprünge mit Krustenplatten aus Kanfanar, Stahlverbauungen, Böschungen und Terramuren abgefangen. Letzteres ist ein Stützsystem mit geringem Platzbedarf, das zur Hangstabilisierung zum Einsatz kommt. Teils werden die Terrassen mit großen Höhendifferenzen angelegt, um die nutzbare Fläche maximal auszuschöpfen. Nun kann Ben Uhlmann Gartenräume mit unterschiedlichen Funktionen kreieren: Der Hausebene ist der Pool und die Bar mit Holzlager und Kanfanarabdeckung zugeordnet, die zugleich das Wasserbecken abschließt und den Übergang zum tiefer gelegenen „Esszimmer unter freiem Himmel" herstellt. Hier befindet sich auch eine Holzlounge mit breiter Sitzbank inklusive Absturzsicherung in Form einer immergrünen Hecke aus Frühlings-Duftblüten *(Osmanthus* x *burkwoodii)*. Ein Holzsteg verbindet die verschiedenen Ebenen und führt entlang der Bepflanzung aus bodendeckenden Kleinsträuchern (*Taxus baccata* 'Repandens', *Juniperus communis* 'Green Carpet'), kugelförmig geschnittenen Schwarzkiefern (*Pinus nigra* 'Marie Brégeon') und luftig leichten Lampenputzergräsern (*Pennisetum alopecuroides* 'Hameln') zur nächsten Gartenebene. Weiter geht es auf Natursteinstufen (Jura) bis hinauf zur Außensauna mit Abkühlbecken und Wasserfall, der die Geräusche der nahen Straße schluckt. Dank warmtoniger Natursteine (Jura und Kanfanar) für Bodenbeläge und Krustenplatten, kombiniert mit typischen Sträuchern des Mittelmeerraumes wie Rosmarin *(Salvia rosmarinus)*, entsteht eine wohnliche, mediterrane Atmosphäre, die den Bezug zu den Weinbergen im Tal herstellt.
Den Übergang zu den alpinen Wäldern ringsum gestaltet Ben Uhlmann mit einem „Wäldchen" aus Föhren *(Pinus sylvestris)* fließend. Gleichzeitig stabilisieren die Bäume langfristig den Hang und schützen vor Einblicken der Nachbarüberbauungen. „Durch die Wiederholung der Föhren entsteht Großzügigkeit, aus der Entfernung kann man den Garten kaum vom nahen Wald unterscheiden. Die Bäume geben einen Ausblick auf die umliegenden Berge frei und spenden den ersehnten Schatten. Das spielt eine große Rolle, da die Region eine spürbare Erwärmung erlebt und mit Hitze zu kämpfen hat", zählt Ben Uhlmann die vielen Vorteile der Gehölze auf. Dank der Neupflanzung von sage und schreibe 31 Bäumen bietet der Hanggarten ausreichend Schatten, und mit den beiden Wasserflächen ist für zusätzliche Abkühlung gesorgt.

TEAM GARTENKULTUR (V.L.N.R.): SAMUEL SCHMID, RAPHAEL BRÄKER, TOBIAS BRÄKER, BEN UHLMANN

„Zwischen Föhren und Felswänden entsteht ein Gefühl von Geborgenheit, Ruhe und landschaftlicher Weite."

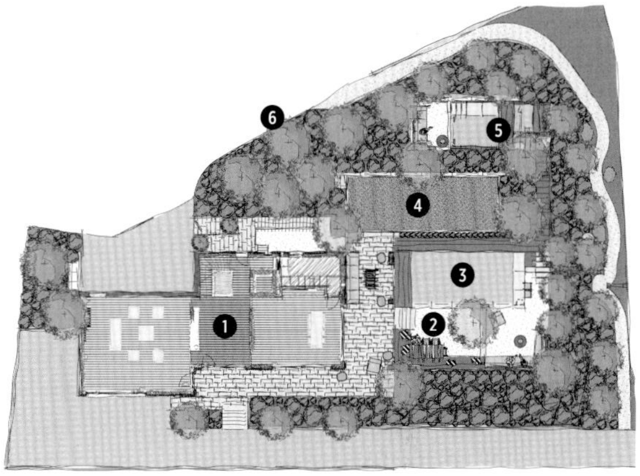

Details

LAGE
VISP, KANTON WALLIS, SCHWEIZ

GRÖSSE
850 M²

PLANUNGSBÜRO
GARTENKULTUR AG

AUSFÜHRUNG
GARTENKULTUR AG

FOTOGRAFIE
DANIEL ILABACA

PLAN
1 WOHNHAUS
2 ESSPLATZ IM FREIEN
3 POOLEBENE
4 RASENFLÄCHE
5 SAUNA MIT ABFRISCHBECKEN
6 "FÖHRENWÄLDCHEN"

Cottage-Garten mit Finesse

Dieser klassische Garten liegt am Rande eines Neubaugebietes und gehört zu einem Wohnhaus mit Anleihen an den klassizistischen Stil englischer Herrenhäuser. Die Gartenbesitzer stellten sich für ihr weitläufiges Grundstück das Flair eines Cottage-Gartens mit duftenden Rosen und üppigen Staudenbeeten wie aus dem Mutterland der Gartenkultur vor. Blumenbeete mit Arten für den Vasenschmuck soll es geben, aber auch ein Gewächshaus im viktorianischen Stil und ein klassischer Gemüsegarten mit gemauerten Hochbeeten.

OBEN
Terrassensitzplatz mit Sommerblumen für die Vase wie *Gerbera*, Dahlien oder *Cosmea*.

—

LINKS
Semi-transparente Hecke aus Eibensäulen.

Harmonisch integriertes
Gewächshaus mit
gemauertem Sockel.

CHRISTOPH RABL

„Wandelt man durch den Garten, erlebt man immer wieder neue Zimmer. Sitzplätze, Rasen, Nutzgärten und Wiesen wechseln sich ab und erlauben jeweils neue Blicke und Erlebnisse."

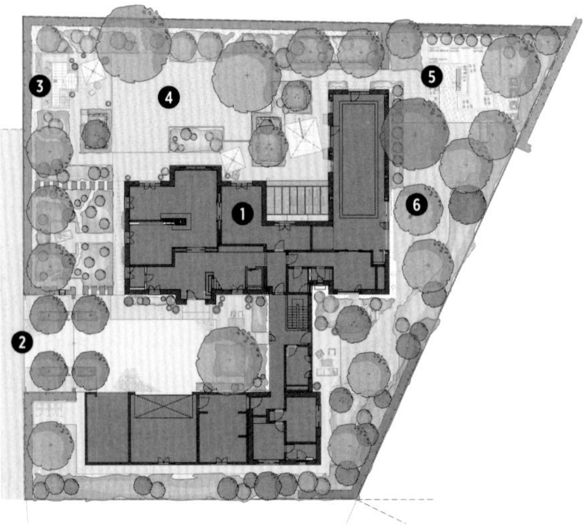

Details

LAGE
UMLAND VON REGENSBURG, BAYERN

GRÖSSE
1.730 M²

PLANUNGSBÜRO, AUSFÜHRUNG
MAJUNTKE GMBH GÄRTNER VON EDEN

FOTOGRAFIE
FERDINAND GRAF LUCKNER

PLAN
1 WOHNHAUS
2 TOR MIT HAINBUCHEN
3 GEWÄCHSHAUS
4 RASEN MIT GROSSBÄUMEN
5 GEMÜSEGARTEN
6 OBSTWIESE

Gleichfalls gewünscht sind intime Sitzplätze am Haus – und all dies bitte so, dass man nicht das Gefühl hat, in einem Neubaugebiet zu leben. Auf dem flachen Grundstück sind dafür vor allem Sichtschutz und Raumbildung nötig, was Gartenplaner Christoph Rabl mit Bäumen, Heckenstrukturen und Höhenstaffelungen erzielt. Die Auftraggeberin ist eine versierte Pflanzenliebhaberin und so muss der Planer weder mit Gehölzen noch mit Stauden sparen – wie es sich für einen Cottage-Garten gehört, soll es arten- und blütenreich sein.
Aus der Gebäudegeometrie ergibt sich in Kombination mit immergrünen Eibenhecken *(Taxus baccata)* eine Abfolge eigenständiger Gartenräume, die voneinander getrennt und dennoch miteinander verbunden sind. Möglich macht dies eine Raumbildung durch eine semi-transparente Abgrenzung. So ist z. B. der Rosengarten nur zur Straße hin von einer durchgehend blickdichten Hecke abgeschirmt; auf den anderen Seiten fasst eine Reihe streng geschnittener Eibensäulen („Quader-Hecke") den Raum und erlaubt immer wieder einen Blick in die dahinterliegenden Gartenzimmer. Der Hauptgarten mit Terrasse und Ruheplätzen präsentiert sich dreigeteilt mit zwei intensiv gestalteten Bereichen und einem ruhigeren landschaftlichen Teil inklusive Rasenparterre und Großbäumen wie Blut-Buche (*Fagus sylvatica* 'Purpurea') und Kaiser-Linde (*Tilia europaea* 'Pallida'). Das Gewächshaus (Alitex Greenhouses) mit gemauertem Sockel aus alten Ziegeln ist für sich genommen bereits lohnender Blickfang – mit der umgebenden Bepflanzung aus Sträuchern und Stauden wie weißem Purpur-Sonnenhut (*Echinacea purpurea* 'Alba'), Perlkörbchen 'Sommerschnee' *(Anaphalis triplinervis)* und Großblütiger Schönaster 'Madiva' *(Kalimeris incisa)* beweist dieser Bereich, wie abwechslungsreich ein Nutzgarten gestaltet sein kann. Dies gilt ebenso für den Gemüsegarten mit gemauerten Beeten, die dem Raum Struktur verleihen. Hinzu kommt eine artenreiche Obstwiese, auf der u. a. Birn-, Apfel- und Kirschbäume, Mispeln sowie Beerenobst zu finden sind. Weiteres Plus in Sachen Biodiversität: Die Obstwiese wird selten gemäht, sodass Kräuter und Wildblumen sich versamen können und Insekten sowie Kleintiere einen Lebensraum finden.
Mit niedrigen gemauerten Beeten arbeitet der Planer übrigens auch am Terrassensitzplatz, der in eine Komposition aus kleineren Solitär-Gehölzen wie Frühlingsduftblüten (*Osmanthus* x *burkwoodii*) und reichem Staudenleben gehüllt ist. „So wird durch die Höhenstufung mehr Räumlichkeit erzeugt und der Garten wirkt heimeliger", erklärt Christoph Rabl.
Der Eingangshof unterscheidet sich mit seiner Bepflanzung vom übrigen Cottage-Garten: Er wird von wintergrünen Stein-Eichen *(Quercus ilex)* und immergrünen Mittelmeer-Schneebällen *(Viburnum tinus)* dominiert, die an südliche Gefilde denken lassen, aber ebenso in wintermilden Regionen wie England oder Irland etabliert sind. Zu ihren Füßen beweist ein „Steppenbeet" aus u. a. zartem Federgras *(Stipa)*, Fackellilien 'Feuerkerze' *(Kniphofia uvaria)* und hängendem Rosmarin die Vielfalt trockener Standorte. Zur Straße hin arbeitet der Gartenplaner mit „architektonischer Transparenz" – ein Bereich überlagert dabei einen anderen: Eine Reihe Hainbuchen entlang der Straßenfront wird von einer „Miniallee" aus vier Kugel-Robinien 'Umbraculifera' *(Robinia pseudoacacia)* am Eingangstor flankiert. So gelingt es, bereits im Eingangsbereich das Neubaugebiet weitgehend auszublenden.
Ruhe in die Gestaltung bringt der Minimalismus bei der Materialwahl: Wachenzeller Dolomit für die Mäuerchen und Plattenbeläge, der ebenso im Haus Verwendung findet, sodass die Übergänge zwischen innen und außen fließend sind. Die Garagenzufahrt besteht aus gelb-grauem Bayerwald-Granit, der farblich zum Dolomit passt. „Beide Materialien sind regional verfügbar. Damit sind eine Produktion unter ordentlichen Bedingungen und kurze Transportwege garantiert", so Christoph Rabl. Kein Wunder, dass die Besitzer bei dieser stimmigen Gestaltung ihren Garten „leben" und lieben. Er wirkt heiter, introvertiert und klassisch, bietet viel Abwechslung und Räumlichkeit und punktet vor allem auch mit einer beeindruckenden Artenvielfalt.

OBEN LINKS
Osmanthus mit reicher Staudenbepflanzung aus Fetthenne, Wolfsmilch und Perlkörbchen.
—
OBEN RECHTS
Gemüsegarten aus gemauerten Hochbeeten.
—
UNTEN
Semi-transparente Hecken fassen Gartenzimmer, ohne zu beengen.

Ein Stadtgarten als Erholungsraum

Dieser Garten war vor kurzem noch eine Zufahrt und Abstellfläche für PKWs, sprich nicht existent. Der kleine Rest, den die Autos ließen, bestand aus einem vermoosten Rasen, ohne räumliche Wirkung und Aufenthaltsqualität. Kaum anders der Zustand des Vorgartens, weder repräsentativ noch einladend.

OBEN
Die Mauer mit Obstspalieren schafft im Verein mit großen Gehölzen einen intimen Gartenraum.

—

RECHTS
Der Terrassensitzplatz unter einer *Gleditsia triacanthos* 'Skyline' setzt sich deutlich in der Höhe ab.

OBEN
Dicht bepflanzter Ahorn-Hain als Sichtschutz.

UNTEN LINKS
Die wiesenartige Staudenmischung mit u. a. robustem *Geranium* betont die differenzierte Bodenmodellierung.

—

UNTEN RECHTS
Vorgarten mit Hecke aus Lebkuchenbäumen.

Die Auftraggeber wünschten sich als Ausgleich zum intensiven Arbeitsleben einen Ort der Erholung und Entspannung in nächster Nähe zu ihrer Wohnung. „Wichtig war, eine ausgeprägte Raumbildung zu schaffen, um den Garten größer wirken zu lassen, als er tatsächlich ist", erklärt Nikolas Schliep. Mit seinen Ideen trifft der Planer auf Auftraggeber, die dem Garten klar den Vorzug vor einer Garage geben. Diese wird bis auf zwei Mauern als Einfriedung und Sichtschutz zum Nachbargrundstück abgebrochen. Heute bilden zwei große Bäume das schützende Dach für die Autos; die Zufahrt ist, weitgehend entsiegelt und durch Bodendecker begrünt, als solche kaum mehr erkennbar.

Der Vorgarten wird dank Umgestaltung zur einladenden Geste, welche die schlichte Schönheit der Stadtvilla unterstreicht. Mehrstämmige Kupfer-Felsenbirnen *(Amelanchier lamarckii)* schaffen einen reizvollen Kontrast zum Heckensockel aus Lebkuchenbäumen *(Cercidiphyllum japonicum)*. Dazu liefert eine Mauer aus Schiefer den architektonisch formalen Abschluss. Die Gehölze bieten jahreszeitlich stimmungsvolle Bilder und sogar olfaktorische Sinneseindrücke, wenn die Hecke im Herbst ihren intensiven Lebkuchenduft verströmt. Eine Vorgartengestaltung, über die sich auch Passanten freuen dürften.

In den rückwärtigen privaten Bereich gelangt man entlang einer immergrünen Eibenhecke, die im Verlauf von Mauern (ehemalige Garage) inklusive Obstspalieren als Einfriedung abgelöst wird. Neben der Zufahrt und den Stellplätzen entstehen Terrassen, die sich in der Höhe deutlich absetzen – eine schließt an die Stadtvilla an, die andere befindet sich am Saunahaus (individuelle Anfertigung, Nordö) an der Grundstücksgrenze. Ein Hain aus verschiedenen Ahorn-Arten (u. a. *Acer triflorum, Acer ginnala, Acer cissifolium)* und eine wiesenartige Staudenmischung knüpfen eine Verbindung zwischen beiden Sitzplätzen. Bewusst werden dabei übliche Pflanzdichten überschritten, um von Beginn an den Eindruck eines Hains zu erzeugen und rasch für Beschattung zu sorgen. Eine Bodenmodellierung im Bereich des Hains verstärkt die Raumbildung zusätzlich. „Durch die Höhensprünge, die Bodenmodellierung sowie die Position und Ausrichtung der Bäume entstehen spannungsvolle Blickbeziehungen auf kleinem Raum. Die wiesenartige Staudenmischung im Zentrum betont in ihrer Wuchshöhe die differenzierte Bodenmodellierung, sodass der Garten größer wirkt", erklärt der Gartenplaner. Hecken, mehrstämmige Stammbüsche *(Liquidambar styraciflua)*, aufgeastete Solitärbäume (*Quercus palustris, Gleditsia triacanthos* 'Skyline'), Beerensträucher und Kletterpflanzen bieten dank unterschiedlicher Wuchsformen Abwechslung. Kräuter und Stauden an den Sitzplätzen verschaffen den Sinnen Genuss und den Insekten Nahrung. Eine Intarsie aus Bodendeckern begrünt die PKW-Zufahrt, und selbst zwischen Natursteinplatten wachsen Stauden *(Sedum, Thymus)*.

Neben hochwertigen Natursteinarbeiten zeichnet sich der Garten vor allem durch die arten- und strukturreiche Bepflanzung auf kleinstem Raum aus, die eine einladende Atmosphäre und ein angenehmes Mikroklima mitten in der Großstadt schafft. Für die Bewohner der Stadtvilla ergeben sich aus jedem Stockwerk attraktive Blicke in den Garten, störende Blickbeziehungen in die Nachbarschaft sind dagegen durch die Vegetation blockiert. So ist ein intimer und abwechslungsreicher Stadtgarten entstanden, der einen hohen Erholungswert garantiert. „Dazu ist es erforderlich, konventionelle Denkweisen zu hinterfragen, Prioritäten neu zu setzen und etwa PKW-Stellplätze anders zu denken. So gelingt es, einen Erholungsort zu schaffen, der vergessen lässt, dass man in einer Großstadt lebt", erklärt Nikolas Schliep.

NIKOLAS SCHLIEP

„Aus einer Garagenzufahrt wurde durch geschickte Raumbildung und reichhaltige Vegetation ein attraktiver Stadtgarten, der mit Sauna und Terrassen alle Ansprüche an einen privaten Erholungsraum erfüllt."

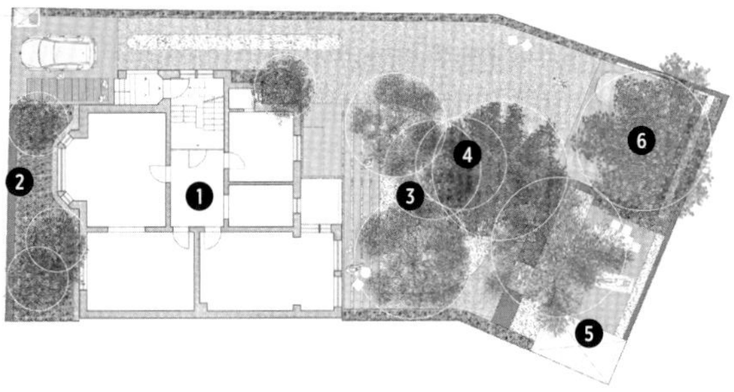

Details

LAGE
SAARBRÜCKEN, SAARLAND

GRÖSSE
400 M²

PLANUNGSBÜRO
NATURSTEINGARTEN NIKOLAS SCHLIEP

AUSFÜHRUNG
NATURSTEINGARTEN NIKOLAS SCHLIEP

FOTOGRAFIE
GUNDA SCHLIEP

PLAN
1 WOHNHAUS
2 FORMALE HECKE AUS *CERCIDIPHYLLUM*
3 NATURSTEINPLATTEN MIT BEGRÜNTER FUGE
4 AHORN-HAIN
5 SAUNA MIT TERRASSEN-SITZPLATZ
6 PKW-STELLPLATZ UNTER SOLITÄR

Outdoor-Küchen & Grillplätze

Die Highlights 2026 empfohlen von unseren Planerinnen & Planern

1

„Axis“ ist ein Klassiker neu interpretiert: Die Outdoor-Küche besteht aus freistehenden Modulen mit Brückenstruktur aus Edelstahl und einer Arbeitsplatte aus dem ökologischen Material Corkcrete.

Die Outdoor-Küche von Tantan vereint Design und Funktionalität auf höchstem Niveau: Das Modul 1 „MUTABIKH“ bietet eine voll ausgestattete Kochstation, Modul 2 „GHASIL“ ergänzt sie um eine elegante Spüleinheit, und das „BARID“-Rack mit integriertem Outdoorkühlschrank sorgt für stilvolle Frische im Freien.

2

1| OPINION CIATTI
Produktname: Küchensystem Axis
Markteinführung: Neuausführung 2025
Format: Gesamtmaß: 74/135/196 x 67 cm, Höhe: 93 cm
Preis: auf Anfrage
www.opinionciatti.com

—

2| TANTAN OUTDOOR-BETONMÖBEL
Produktname: Modul 1: MUTABIKH Küche, Modul 2: GHASIL Spüle und Rack BARID, inkl. Outdoorkühlschrank
Markteinführung: 2020
Preis: auf Anfrage
Fotocredit: Mat Kovacic – Gartenplanung Soulgarden, Alexandra Lehne
www.tan-tan.de

3

Die „Floating Bar“ wird draußen zum zentralenTreffpunkt und vereint Bar und Küche. Jede „Floating Bar“ lässt sich in Material, Ausstattung und Nutzungsszenario individuell anpassen.

Zu Ehren des 50-jährigen Jubiläums kehrt der kultige Gartenkamin in Form einer perfektionierten limitierten Auflage zurück.

4

„Die Cubic Outdoorküchen werden auf Anfrage individuell und nach Maß gefertigt“

BEN UHLMANN,
GARTENKULTUR AG

3| CUBIC OUTDOOR LIVING
Produktname: Floating Bar
Markteinführung: 2025
Format: 3270-4670 x 900 x 964 mm
Preis: ca. 90.000 Euro
Fotocredit: CUBIC OUTDOOR LIVING
www.cubicoutdoorliving.com

—

4| BIG GREEN EGG
Produkt: Gartenkamin Chiminea
Markteinführung: Neuauflage 2024
Preis: 999 Euro
Bildcredit: John Janssen
www.biggreenegg.eu

TALK MIT

CHRISTIAN MÜLLER
CUBIC OUTDOOR LIVING GMBH

Kochen unter freiem Himmel erlebt einen deutlichen Aufschwung. Outdoor-Küchen sind dabei längst zu echten Lebensräumen geworden. CUBIC Outdoor Living gehört zu den prägenden Akteuren dieser Entwicklung – mit maßgefertigten, wetterfesten Küchen, die Design und Funktion souverän verbinden.

Wie hat sich das Draußenkochen verändert – und welche Wünsche bringen Kunden heute mit? Outdoor-Küchen haben sich zu echten architektonischen Gestaltungselementen entwickelt. Kunden wünschen sich heute Lösungen, die sich an ihre Bedürfnisse anpassen und nicht andersrum – klar, reduziert, hochwertig – und gleichzeitig denselben Komfort wie eine Indoor-Küche bieten.

Worauf legen Planer und Gartenbesitzer besonderen Wert bei der Integration? Entscheidend ist die formale Kontinuität zwischen Innen- und Außenraum: gleiche Linien, Materialien und Proportionen. Die Küche soll sich in Terrassen, Fassaden und Gartenstrukturen einfügen, nicht davorstehen. Unsichtbare Technik, präzise Fugenbilder und ruhige Fronten sind dabei zentrale Themen.

Welche Materialien und technischen Lösungen sind derzeit gefragt? Materialien, die optische Ruhe schaffen und langfristig beständig sind. Technisch dominieren minimalistisch integrierte Kochsysteme, verdeckte Stauraumlösungen und Beleuchtungskonzepte, die die Architektur betonen und nicht die Geräte.

Wie setzt CUBIC Nachhaltigkeit um? Unser Ansatz basiert auf Langlebigkeit und Präzision: robuste, recycelbare Materialien, modulare Konstruktionen und regionale Fertigung. Eine Küche, die architektonisch zeitlos ist und jahrzehntelang funktioniert, ist für uns die nachhaltigste Lösung.

Welche Trends prägen das Draußenkochen der Zukunft? Outdoor-Küchen werden noch stärker zu architektonischen Baugruppen: bündig integriert, maßgefertigt, mit reduzierter Technikästhetik. Materialharmonie zwischen Haus, Terrasse und Garten rückt weiter in den Mittelpunkt – ebenso wie smarte, aber visuell zurückhaltende Funktionen.

Großstadt-Idyll am Wasser

Eingebettet zwischen hohen Hecken, dem schmucken historischen Wohnhaus und einem Nebengebäude mit begrüntem Dach fügt sich die Wasseroase so selbstverständlich in den Garten ein, als könne es gar nicht anders sein. Wer denkt bei einer solch entspannten Atmosphäre schon daran, dass sich gleich vor der Haustür ein Supermarkt, drei Kitas und die Hauptstraße mit Straßenbahnlinie befinden.

OBEN
Der Schwimmteich passt mit seinen edlen Natursteinplatten zum historischen Wohnhaus.

—

LINKS
Holzsteg mit Deck über der Filtertechnik.

Großzügige Terrasse
auf dem ehemaligen Kohle-
lager mit Pergola.

MARIA HÄNSCH

„Mitten im Stadtleben liegt diese Wasseroase, so stimmig, und von überall gibt es schöne Aus- und Einblicke. Ich liebe diesen Garten besonders, da der Schwimmteich das Herzstück ist und sich alles so gut einfügt, als sollte es genau so sein."

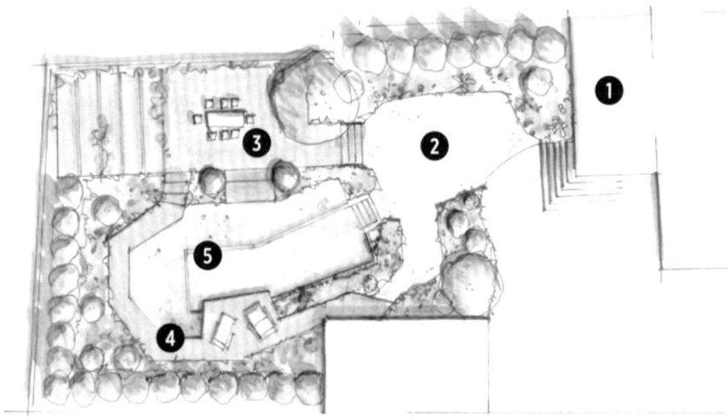

Details

LAGE
BERLIN KÖPENICK

GRÖSSE
480 M²

PLANUNGSBÜRO
MARIA HÄNSCH, PGG POTSDAMER GARTENGESTALTUNG GMBH

AUSFÜHRUNG
PGG POTSDAMER GARTENGESTALTUNG GMBHU

FOTOGRAFIE
ALBRECHT LEHRMANN

PLAN
1 WOHNHAUS MIT WINTERGARTEN
2 RASEN
3 TERRASSE MIT PERGOLA
4 HOLZSTEG UM TEICH MIT DECK
5 SCHWIMMTEICH MIT REGENERATIONSZONE

D

„Dieser Ort erinnert mich an den „Geheimen Garten" von F. H. Burnett. Man geht durch das Gartentor und befindet sich in einer anderen Welt. Man lässt den Lärm der Großstadt hinter sich und ist nur mehr umgeben von Natur", so Gartenplanerin Maria Hänsch.

Zunächst galt es jedoch einige kleinere und größere Herausforderungen zu meistern. Denn wer in Großstädten wie Berlin im Erdreich gräbt, ist vor Überraschungen nicht gefeit. Einst als Landhaus nach einem Entwurf des damaligen Stararchitekten Friedrich Hitzig erbaut (zwischen 1840 und 1869), wurde aus dem Gebäude im Laufe der Zeit ein Holz- und Kohlenhandel inklusive Pferdestall und Lagerhaus. Die heutigen Besitzer hatten das Gebäude bereits mit viel Liebe und Sachverstand renovieren lassen, das Gelände mühevoll entkernt und mit Rasen versehen. Doch bei den Erdarbeiten für den Teich wurden riesige Betonfundamente zutage befördert, die entsorgt werden mussten. Denn hier sollte der zentrale Schwimmteich entstehen, der trotz seiner Länge von 10 m genug Platz für Pflanzen, Rasen, einen umlaufenden Weg und Aufenthaltsplätze am Wasser lässt.

Damit der Schwimmteich auch zur ansprechenden Fassade des historischen Gebäudes passt, bekommt er einen Bodenbelag und eine Umrandung aus anthrazitfarbenen Natursteinplatten (Granit Anthrazit), einem Material, das mit dem Schiefer am Gebäude harmoniert. Ein Holzsteg führt um das Wasserbecken herum, verbindet die verschiedenen Sitzplätze miteinander. So lassen sich Teich und Regenerationszone zu jeder Jahreszeit hautnah erleben. Dank der Linienführung des Stegs, der mit einem Knick versehen ist, entsteht eine schöne Raumbildung.

„Damit wird die lange Schwimmbahn unterbrochen, denn bei einem Schwimmteich denkt man immer an natürliche organische Formen", erklärt die Gartengestalterin. Dadurch wirkt auch die anschließende Regenerationszone gefälliger, die mit Tannenwedel *(Hippuris vulgaris)* und Ährigem Tausendblatt *(Myriophyllum spic.)* im Unterwasserbereich, Schwanenblume *(Butomus umbellatus)*, Froschlöffel *(Alisma)* und Blutweiderich *(Lythrum)* in der Sumpfzone sowie Seerosen an der Wasseroberfläche belebt ist. Gleichzeitig kann Maria Hänsch so die Schwimmbahn noch etwas verlängern: „Letztlich muss ein Schwimmteich auch groß genug sein, um biologisch zu funktionieren; ebenso muss die Technik untergebracht werden."

Verschiedene Aufenthaltsplätze locken in den Garten: Etwa die Terrasse auf dem ehemaligen Kohlelager mit Pergola oder der Holzsteg mit Deck über der Filtertechnik. Sie bieten neue Blickbeziehungen, denn letztlich lebt ein Garten auch von der erzeugten Spannung, die Lust darauf macht, den Teich auf dem Steg zu umrunden und das reiche Pflanzenleben zu erkunden. Ein Grundgerüst an Pflanzen ist bereits vorhanden und wird weitgehend übernommen, etwa die hohe Thujahecke an der Grundstücksgrenze, der kleine Fächer-Ahorn *(Acer palmatum)* an der Terrasse oder die großen Eiben, die nun für Sichtschutz auf der Terrasse und am tiefer liegenden Steg sorgen. Ebenso werden die vor Baubeginn gesicherten Gräser und Stauden eingebunden und je nach Standort entsprechend ergänzt. Die abwechslungsreiche Bepflanzung aus Stauden wie Teppich-Knöterich *(Bistorta affinis)*, Bartfaden *(Penstemon)*, Purpurglöckchen *(Heuchera)* und Funkien *(Hosta)* schafft einen harmonischen Übergang zwischen Schwimmteich und Hecken. So ist das Großstadt-Idyll mit Leben erfüllt, und es gibt immer wieder etwas zu entdecken, jeden Tag aufs Neue.

OBEN
Der Schwimmteich fügt sich dank artenreicher Bepflanzung harmonisch in den Garten ein.

—

UNTEN LINKS
Regenerationszone mit Tannenwedel *(Hippuris vulgaris)* und Ährigem Tausendblatt *(Myriophyllum spic.)* im Unterwasserbereich.

—

UNTEN RECHTS
Dank der Linienführung des Stegs entsteht eine schöne Raumbildung.

Im Einvernehmen mit der gewachsenen Kulturlandschaft

Dies ist eine sehr reduzierte Gestaltung, die zu dem minimalistischen Design des Wohngebäudes passt und Haus und Garten in die Landschaft einbettet. Auch die Idee mit dem schindelverkleideten Baumhaus ist vorbildlich umgesetzt, ohne dass dabei ein Baum zu Schaden käme – genutzt wird dafür einfach die Höhe des Grundstücks.

OBEN
Das Haus fügt sich bestens in die Landschaft ein.
—
LINKS
Schindelverkleidetes Baumhaus, welches die Höhendifferenz nutzt.

TEAM GARTENKULTUR (V.L.N.R.): SAMUEL SCHMID, RAPHAEL BRÄKER, TOBIAS BRÄKER, BEN UHLMANN

„Geborgen in der Weite – ein Garten, der Offenheit zulässt und zugleich Schutz und Rückzug ermöglicht."

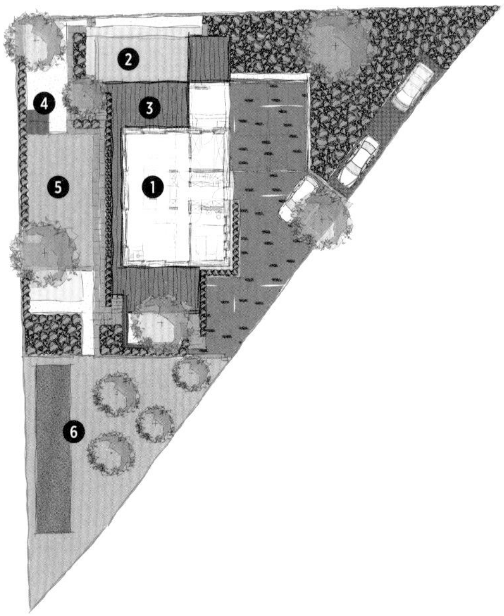

Details

LAGE
KANTON BERN, SCHWEIZ

GRÖSSE
880 M²

PLANUNGSBÜRO
GARTENKULTUR AG

AUSFÜHRUNG
GARTENKULTUR AG

FOTOGRAFIE
SAM BOSSHARD FOTOGRAFIE

PLAN
1 WOHNHAUS
2 POOL MIT ÜBERLAUF
3 HOLZDECK
4 BAUMHAUS
5 RASEN
6 NUTZGARTEN

V

Von dem Ausguck hier oben genießt man ein 180-Grad-Panorama, das vom Jura bis zu den Berner Alpen reicht. Ebenso kann man sich hier oben zurückziehen, spielen oder in der Dämmerung Hasen, Rehe und Füchse beobachten. Und man kann darin sogar übernachten – nahe der Baumkronen der umstehenden Fächer-Ahorne *(Acer palmatum)*.

Das Haus (Geissbühler Architekten AG) mit bodentiefen Fenstern fügt sich in den Hang, erinnert an eine Scheune und wirkt wie ein selbstverständlicher Teil des Landschaftsbildes. Beim Bau wurde das Untergeschoss des bestehenden Gebäudes wiederverwendet und überbaut. Zwar entsteht so keine große Baugrube, dennoch wird das Gelände durch den Bau in Mitleidenschaft gezogen und muss neu modelliert werden.

Eines steht für alle Beteiligten von Anfang an fest: Das Haus soll mitten im Grünen stehen und mit verschiedenen Gartenräumen für Abwechslung sorgen – ja, und auch die Kaninchen sollen ihren Platz bekommen. Größte Herausforderung aus Sicht des Gartenplaners Ben Uhlmann: Im Hanggarten mit möglichst wenigen Stützmauern auszukommen und dennoch den maximal nutzbaren Raum zu schaffen: „Bei einem Diskurs auf Augenhöhe konnten wir gemeinsam mit den Architekten eine ideale Lösung entwickeln und die Anzahl der Mauern deutlich reduzieren." Durch gezielte Modellierungen mit Böschungen und Terrassen gelingt eine funktionale und zugleich natürlich wirkende Lösung, die viel nutzbare Fläche schafft. Jede Ebene eröffnet eine eigene Perspektive auf Architektur und Landschaft und lädt zu Entdeckungen ein.

Ausreichend Platz finden eine Rasenfläche zum Spielen, der Infinitypool (bauseits), Grillplätze sowie ein Obst- und ein traditioneller Gemüsegarten, übrigens ein echter Blickfang. Malerische Fächer-Ahorne trennen die Ebenen voneinander, tragen zur Raumbildung bei und schaffen eine weiche Verbindung zum nahen Wald.

Mit der Geländemodellierung und gezielt gesetzten Sichtachsen wird der Blick vom Wohnzimmer über den Garten bis in den Wald gelenkt. Das Holzdeck am Haus wirkt wie eine Fortführung des Parketts im Wohnzimmer und verbindet den Innen- mit dem Außenraum. „Für diesen Ausblick musste der Garten nah am Gebäude abgesenkt werden. Eine Böschung mit Eibenhecke *(Taxus baccata)* dient dabei als natürliche Absturzsicherung – so bleibt die Topographie erhalten", erklärt Ben Uhlmann.

Oberhalb des Hauses vermittelt eine Blumenwiese in die Landschaft. Sie wird naturnah gepflegt und erhält ihren ersten Schnitt traditionell nicht vor dem 14. Juli, sodass sich Kräuter und Wiesenblumen versamen können und der wertvolle Lebensraum für Insekten und Kleintiere erhalten bleibt.

Der Eingangsbereich lebt vom Kontrast zwischen dunklem Basaltbelag und heller Holzfassade des Hauses und punktet mit Zurückhaltung – ganz im Sinne des zeitgemäßen Planungskonzepts. Für Sichtschutz und Privatsphäre sorgt eine geschnittene Eibenhecke, welche der unaufdringlichen Gestaltung den passenden Rahmen verleiht.

Die Zusammenarbeit zwischen Architektur und Gartengestaltung hat sich ausgezahlt: „So konnte bereits während der Planungsphase der Grundstein für grünes Wohnen geschaffen werden. Die Bepflanzung verbirgt die notwendigen, großen Stützmauern und auch dem Pool sieht man den Beton nicht an – stattdessen schwimmt man gefühlt im Grünen zwischen Bäumen", so das Fazit des Gartenplaners Ben Uhlmann.

OBEN
Nutzen und Schönheit vereint.

—

UNTEN LINKS
Der Pool mit Überlauf
als Himmelsspiegel an der
Hangkante.

—

UNTEN RECHTS
Große Freiheit für Kaninchen.

Kleine blaue Oase

Der Garten liegt auf ca. 860 m über N.N. in einem kleinen Ort, der von der Landwirtschaft geprägt ist. Typisch für die Gegend sind die ökologisch wertvollen Streuobstwiesen in Hausnähe, die es auch auf diesem Grundstück gibt. Vor der Umgestaltung bestand das Grün vor allem aus einem klassischen Bauerngarten mit quadratisch angelegten Beeten und einem Staketenzaun drumherum.

OBEN
Der Garten steht im Einklang mit dem traditionellen Bauernhaus aus dem Jahre 1780.

—

RECHTS
Mehrstämmige Kupfer-Felsenbirne an der Pergola, eingebettet in eine Schafgarben-Wiese.

OBEN LINKS
Besondere Solitäre und die „Steppenpflanzungen" lösen das Bild des klassischen Bauerngartens auf.

—

OBEN RECHTS
Die Kiefer als typische regionale Baumart schafft eine Verbindung zur umliegenden Bergwelt.

—

UNTEN
Das Spiel von Licht und Schatten, die Spiegelungen auf dem Wasser sorgen für sinnliche Eindrücke.

„Die Familie wünschte sich eine dezente Modernität für ihren Garten, die mit dem traditionellen Bauernhaus aus dem Jahre 1780 im typischen Tiroler Stil im Einklang stehen sollte. Der bis dato ausschließlich bäuerliche Nutzgarten sollte in ein Grün verwandelt werden, das die Erholung, den Genuss und die Begegnung mit der Natur in den Mittelpunkt rückt und den Panoramablick auf die umliegende Bergwelt unterstreicht", berichtet Hannes Eder. Für diese Aufgabe sind von dem Gartenplaner Fingerspitzengefühl und Zurückhaltung gefragt, damit die zeitgemäße Gestaltung sich nicht wie ein Fremdkörper in der bäuerlichen Kulturlandschaft ausnimmt, sondern mit der Natürlichkeit des Ortes und der traditionellen Baukultur vereinbar bleibt.
Durch den Verzicht auf den Bauerngarten können Schwimmteich und umliegende Bereiche großzügiger gestaltet werden. Statt formaler Gliederung bestimmen nun die geschwungenen Formen von Teich und Bepflanzung das Gartenbild und brechen das traditionelle Gefüge auf. Dabei passt sich die Gestaltung dem Geländeverlauf und dem Baumbestand an, sodass der Übergang zwischen kultiviertem Garten, bäuerlicher Kulturlandschaft und der Bergwelt ohne harte Brüche erfolgt.
Der Naturschwimmteich (Eigenbau Eder Gartenarchitektur) stellt das zentrale Element des neuen Gartens dar und wirkt im Gegensatz zu klassischen Pools wie ein natürlicher Teil der Umgebung, denn er bietet nicht nur ein natürliches Badeerlebnis ohne Chemie, sondern ist ganzjährig ein Blickfang. „Der Naturteich schafft eine Verbindung zwischen den verschiedenen Bereichen, vom Holzdeck über die geschwungenen Wege bis hin zu den offenen Wiesen. Er integriert sich in die Landschaft, während klar strukturierte Wege und die Pergola für zeitgenössische Akzente sorgen - gepflegt, aber nicht steril, ein Ort der Balance zwischen Natürlichkeit und Gestaltung, zwischen Ruhe und Lebendigkeit", so formuliert es Hannes Eder. Die traditionelle Streuobstwiese bleibt als wertvoller Bestandteil der Landschaft erhalten, rahmt den Schwimmteich und bietet zugleich etwas Sichtschutz gegenüber Wanderern. Das Pflanzkonzept vollbringt den Spagat zwischen einer „Steppenpflanzung" und einer üppigen Bepflanzung eines klassischen Landhausgartens mit u. a. flächig gesetztem Lavendel *(Lavandula angustifolia)*. Stimmungsvolle Steppen-Gräserbeete aus trockenheitstoleranten Arten und Sorten wie Kugeldistel *(Echinops ritro)*, Kleinem Mannstreu 'Blauer Zwerg' *(Eryngium)*, Schafgarbe *(Achillea millefolium)*, Atlas-Schwingel *(Festuca mairei)*, Lampenputzergras 'Little Bunny' *(Pennisetum alopecuroides)*, Sternkugel-Lauch *(Allium christophii)* und Zartem Federgras *(Stipa tenuissima)* muten naturnah an und müssen, einmal eingewachsen, kaum bewässert werden.
Die Bepflanzung ist zwar organisch, lässt aber Ordnung erkennen, die Materialien (Naturstein, Holz) wirken zurückhaltend und passen zu der naturnahen Gestaltung - so wird die Balance zwischen natürlicher Wildheit und gezielter Gestaltung gehalten. Die Verwendung von besonderen Solitären wie einem Dunkelroten Schlitzahorn (*Acer palmatum* 'Dissectum Garnet') und einer mehrstämmigen Kupfer-Felsenbirne an der Pergola *(Amelanchier lamarckii)* löst das Bild des klassischen Bauerngartens weiter auf. Besonderer Blickfang mit lokalem Bezug bildet eine wettergegerbte Kiefer 'Typ Norske' *(Pinus sylvestris)* als Charakterbaumart der Alpen. Das Spiel von Licht und Schatten, die Spiegelungen auf dem Wasser. die artenreiche Bepflanzung sorgen für vielfältige sinnliche Eindrücke und erfüllen den Garten durch ständigen Wandel mit Leben. „Die harmonische Integration in die Landschaft, die Balance zwischen Struktur und Offenheit sowie die Verbindung von historischen Elementen mit nachhaltigen Ideen machen diesen Garten zu einem besonderen Beispiel für zeitgemäße Gartengestaltung", so das Fazit von Hannes Eder.

HANNES EDER

„Ein Naturgarten mit Teich, der Ruhe ausstrahlt, sich harmonisch in die Landschaft einfügt und mit seiner klaren Gestaltung zum Innehalten einlädt."

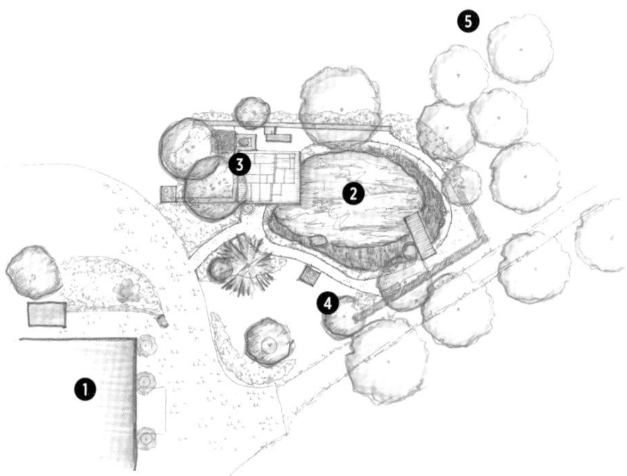

Details

LAGE
REGION KUFSTEIN, TIROL, ÖSTERREICH

GRÖSSE
1.200 M^2

PLANUNGSBÜRO, AUSFÜHRUNG
EDER GARTENARCHITEKTUR GMBH

FOTOGRAFIE
BIANCA HOCHENAUER

PLAN
1 TRADITIONELLES BAUERNHAUS
2 SCHWIMMTEICH
3 SITZPLATZ MIT PERGOLA
4 *PINUS SYLVESTRIS* 'TYP NORSKE'
5 STREUOBSTWIESEN

Ökologischer Landschaftspark zu einer Stadtvilla

Gutes Design und ökologisches Handeln passen hervorragend zusammen – das beweist dieser Garten am Stadtrand von Berlin. Die Eigentümer wünschten sich für ihre moderne Villa mit sandbeiger Klinkerfassade einen Garten, der die Ästhetik eines naturnahen Landschaftsparks mit ökologischen Kriterien vereint.

OBEN
Die Gestaltungsideen sind von ökologischen Aspekten wie z. B. offener Versickerung des Regenwassers geprägt.
—
LINKS
Das Farb- und Materialkonzept geht so perfekt auf, dass alles Ton in Ton mit der Fassade korrespondiert.

IVETTE GRAFE UND JENS GEHRKE

„Das Miteinander von Architektur und Garten ist hier beispielgebend. Formensprache, Material und Pflanzen spielen grandios miteinander. Das Gleichgewicht von Ökologie und Design ist gelungen."

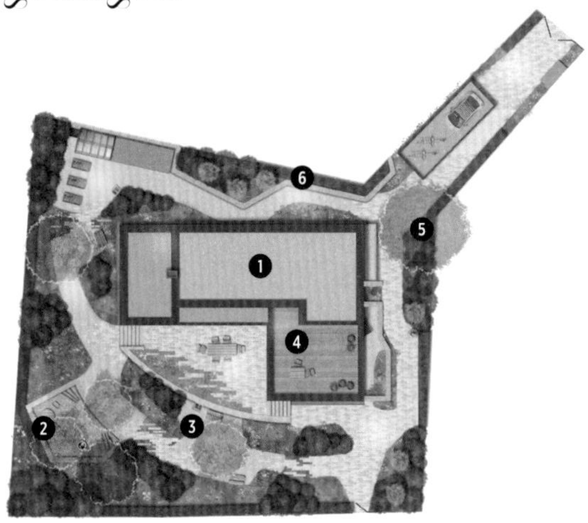

Details

LAGE
BERLIN

GRÖSSE
850 M²

PLANUNGSBÜRO
STRAUCHPOETEN

AUSFÜHRUNG
GÄRTNERHOF GMBH GARTEN- UND LANDSCHAFTSBAU

FOTOGRAFIE
SUSANN PRÜSS

PLAN
1 WOHNHAUS
2 SENKGARTEN MIT SITZMAUER
3 SITZPLATZ VOR SÜDLICHER TERRASSENMAUER
4 TERRASSE 1. OG
5 ALTE KIEFER
6 GARTENWEGE MIT TROCKENMAUERN UND SCHATTENSTAUDEN

„Innovative Ideen wie das Schwammstadtprinzip oder Kiesmulchbeete waren explizit gewünscht. Einen Entwurf aus eher technischen Aspekten heraus zu entwickeln, hat uns sofort angespornt. Zum einen ist das Bewusstsein für Umweltschutzmaßnahmen eher selten, zum anderen entstehen aus ungewöhnlichen Ansprüchen oft die besten Gestaltungsideen", sagt Gartenarchitektin Ivette Grafe, die zusammen mit Büropartner Jens Gehrke das Konzept entwickelt. Ihre Gestaltungsideen sind daher von ökologischen Aspekten wie offener Versickerung des Regenwassers, Verdunstungsflächen sowie standortgerechten Pflanzungen mit hoher Artenvielfalt und Insektenförderung geprägt.
Dabei greifen die beiden Gartenplaner Form und Materialität der Architekturvilla auf und führen sie im Garten fort. „Die Hochterrasse der Villa ist in einem großzügigen Bogen angelegt. Mit dieser Form haben wir bei allen Beet-, Platz- und Wegeflächen lange gespielt, bis die richtigen Formen mit- und zueinander gefunden waren", erklärt Ivette Grafe. Viel Zeit investieren die beiden Planer auch in die Suche nach passendem Material für Hauptwege und Treppenzugänge. Nun vermittelt ein Dielenpflaster mit geschliffenen Kieseln in Terrazzo-Art zwischen den Natursplitt-Wegen und Kiesmulchflächen und schafft einen Übergang von geraden zu weichen Formen. „Das Farb- und Materialkonzept geht so perfekt auf, dass alles Ton in Ton mit der Fassade korrespondiert und durch die natürlichen Sandtöne eine Landschaft entsteht, die wie gewachsen wirkt", so die Gartenarchitektin.
Auf der größten Freifläche entsteht ein Kies-Senkgarten, der in mehrfacher Hinsicht punktet: Die Fläche ist überflutbar, ästhetisch ansprechend und dank Sitzmauern als Einfassung sowie feinem Barfuß-Kies vielfältig nutzbar. Trockenmauern nehmen die Geländehöhen und fließenden Linien des Designs auf und bieten der Villa einen passenden Rahmen. Gleichzeitig halten sie das Niederschlagswasser in den Beeten oder umschließen Versickerungsflächen. „Mit dem Relief zu arbeiten war anspruchsvoll. Da die Villa in den Hang hineingebaut ist, brauchte es viel Geschick, dem Regenwasser einen sicheren Lauf um das Haus herum zu geben und dennoch angenehme Wege und Räume zu schaffen", so Ivette Grafe. Immer im Blick dabei: der Wurzelraum der alten Kiefern, Relikte eines Waldes auf sandigen Böden, die das Bild des Viertels prägen.
Solche Bodenverhältnisse sind zwar für die Versickerung ein Vorteil, für die Pflanzung bedeuten sie jedoch eine Herausforderung, was entsprechend berücksichtigt werden muss. Drei klar definierte Beetzonen bestimmen die Pflanzung, die sich immer wieder neu ineinanderschieben. Sie sind in der Höhe gestaffelt, bilden zur Grundstücksgrenze hin Sichtschutz, entfalten räumliche Wirkung und gehen fließend ineinander über. In den Gehölzzonen wechseln sich sommer- und immergrüne Sträucher ab, ebenso freiwachsende mit formalen Formen. Die Gräserzonen aus wenigen, flächig verwendeten Arten erzeugen ruhige Bereiche, Frühjahrsblüher bereichern diese Flächen bis zur Gräserblüte. Artenreiche Staudenbeete in Weiß, Lila und Violett entfalten im ganzen Garten Präsenz durch stetige Wiederholung in Vordergrund und Blickachsen. Kräuter- und Trittpflanzen erobern Teile der Wege, der Hochterrasse und Gehölzränder, besiedeln Fugen in Pflaster und Mauern. Mäandernde Wege gehen in Beetflächen über oder führen durch sie hindurch und laden zu Entdeckungen ein. Dort, wo die Wege selten begangen werden, wird es landschaftlicher und die Flächen mit der Zeit noch natürlicher. Rasen ist in dieser Gestaltung überflüssig – ganz im Sinne der Artenvielfalt, der Ressourcenschonung und Wassereinsparung.

OBEN
Standortgerechte Pflanzungen mit hoher Artenvielfalt und Insektenförderung.

UNTEN LINKS
Ein Dielenpflaster mit geschliffenen Kieseln in Terrazzo-Art vermittelt zwischen den Natursplitt-Wegen und Kiesmulchflächen.

—

UNTEN RECHTS
Die Hochterrasse der Villa ist in einem großzügigen Bogen angelegt – diese organische Form greifen Beet-, Platz- und Wegeflächen auf.

Ein ganzer Kosmos

Haus und Garten stehen in Ortsrandlage auf einer Anhöhe mit Blick über ein Tal hinweg auf den gegenüberliegenden Hang. Die Auftraggeber wünschten sich für ihr weitläufiges Anwesen die Anmutung einer Hotelanlage, der ihnen ein Urlaubsgefühl wie in Südtirol vermittelt und Erholung garantiert. Gartenplaner Christoph Rabl erhält eine lange Liste an Freizeitaktivitäten, für die jeweils Räume geschaffen werden sollen.

OBEN
Rasenrampe, eingefasst in eine reiche Bepflanzung aus Gehölzen, kissenartig geschnittenen Kiefern und Stauden in romantischen Blauviolletttönen.

—

RECHTS
Pfad zum Reitplatz mit Wolfsmilch und Gräsern.

Arten- und strukturreicher Schattengarten.

OBEN LINKS
Baumpflanzungen sind Garanten für Privatsphäre am exponierten Pool.

—

OBEN RECHTS
Der Hangbereich wird trotz massiver Felsquader als großes Beet wahrgenommen.

—

UNTEN
Dank naturnaher Bereiche fügt sich die Anlage in die Kulturlandschaft ein.

S

Seine Aufgabe ist es, all diese Wünsche unterzubringen und die unterschiedlichen Gartenräume zu einem stimmigen Ganzen zu verbinden. Eine Landschaft in freier Form mit verschiedenen Gartentypen entsteht über einen Zeitraum von drei Jahren, dazu kommen einige Umplanungen und Unterbrechungen.
Zunächst werden die hausnahen Bereiche wie ein Asiatischer Schattengarten und der Eingangsbereich gestaltet. Später folgen der großzügige Pool nahe der Hangkante mit Blick in die Landschaft inklusive Liegebereichen, ein Pool- und Saunahaus, überdachte Terrassen, ein Kinderspielbereich, ein Küchen- und Bauerngarten, Rasenflächen, ein Reitplatz mit Pferdekoppel und Pferdestall sowie Wege nebst traktortauglicher Zufahrt. An Platz herrscht kein Mangel und so kann großzügig gedacht werden: „Die Poolanlage sollte als opulente Geste ausgeführt sein, ebenso wie die Treppenanlage, die mit breiten Blockstufen über eine gewisse Opulenz verfügt", so Christoph Rabl.
Nun sollte man aber nicht denken, dass es hier nur um Funktionen und Ausstattungen geht – vielmehr entfalten all diese Räume dank des durchdachten Pflanzkonzepts eigene Atmosphären. Garant dafür sind vor allem Bäume: Platanen, Linden, Eichen und ein Trompetenbaum *(Catalpa bignonioides)* schaffen im Verein mit schirmförmigen Gehölzen (u. a. Felsenbirnen, Blasenbaum, Magnolie) und immergrünen wolkig geschnittenen Hecken vielfältige Strukturen. Gleichzeitig garantieren sie Privatsphäre, etwa am exponierten Poolbereich. Auch der terrassierte Hang zwischen Poolgarten und Spielbereich, der eine Höhendifferenz von 2,5 m abfängt, ist aufwendig bepflanzt.

„Der Hangbereich sollte nicht durch die großen Felsquader der Trockenmauer wie „versteinert" wirken, sondern vielmehr als großes Beet wahrgenommen werden", erklärt der Planer. Daher belebt eine reiche Vielfalt aus steppenartigen blütenreichen Pflanzungen in Kombination mit kompakten Kiefern in streng geschnittener Kissenform (*Pinus* in Sorten) die Steinstruktur. An diesem sonnenexponierten Ort fühlen sich vor allem trockenheitstolerante Arten wohl, darunter zartes Federgras *(Stipa)*, Steppen-Salbei *(Salvia nemorosa)*, Blauraute *(Perovskia atriplicifolia)*, Junkerlilie *(Asphodeline lutea)*, Kugeldistel *(Echinops ritro)* sowie Katzenminze *(Nepeta)*. Sie verhelfen den Mauern zu mehr Leichtigkeit und lassen an trockenwarme mediterrane Gärten denken. Die Steine dienen dabei nicht nur der Hangbefestigung, sondern können gleich als Pflegewege genutzt werden, ohne die Stauden zu beschädigen. So avanciert der terrassierte Hang zum optischen Highlight, dessen Funktion hinter der Gestaltung gekonnt verborgen bleibt. Auch die hausnahen Bereiche gestaltet der Gartenplaner mit einer ähnlichen Bepflanzung, bereichert um strauchartige Englische Rosen.
Der Asiatische Schattengarten bietet dagegen einen angenehm kühlen Ort für heiße Sommertage, der einen besonderen Reichtum an textur- und strukturstarken Pflanzen beherbergt. Dank dichter Bepflanzung aus Gehölzen wie Fächer-Ahorn *(Acer palmatum)* und Japanischem Blumen-Hartriegel *(Cornus kousa)* sowie schattenverträglichen Stauden wie Silberkerzen *(Cimicifuga)* und Lilientrauben *(Liriope muscari)* stört auch die vorhandene Thujahecke im Hintergrund nicht mehr. Durch die Fenster des Hauses lässt sich dieser artenreiche Schattengarten gleich einem lebendigen Gemälde im stetigen Wandel beobachten.
Die Klammer um all die unterschiedlichen Bereiche bildet die minimalistische Materialität mit nur einem Naturstein für Beläge, Mauern, Treppen und Verkleidungen am Pool. Die Wahl fällt auf hochwertigen regionalen Muschelkalk, von dem man für alle Anwendungen Sonderanfertigungen produzieren kann. Akzente dazu setzen Holzdecks für die Liegebereiche sowie die Nebengebäude in rustikaler Holzoptik (Bretter gebürstet). Zusammen mit den naturnahen Bereichen aus heimischen Gehölzen und Stauden wirkt das Ensemble natürlich und selbstverständlich, sodass sich die weitläufige Anlage harmonisch in die bäuerliche Umgebung einfügt.

CHRISTOPH RABL

„Ein Privatgarten mit der Großzügigkeit eines Luxushotels mit eigenem Saunahaus, Swimmingpool, Reitplatz und Kinderspielplatz."

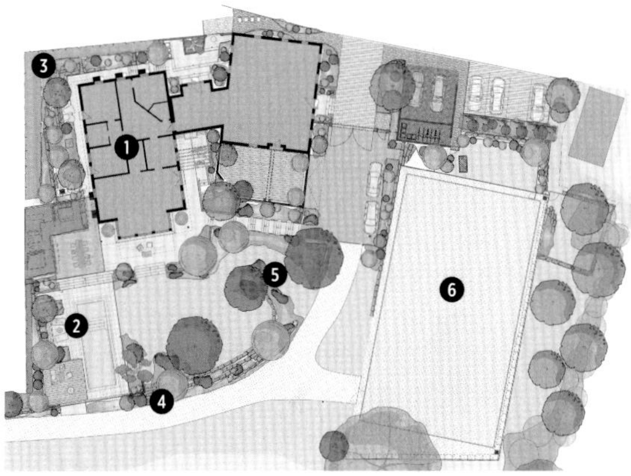

Details

LAGE
BRUCKBERG, BAYERN

GRÖSSE
3.300 M²

PLANUNGSBÜRO, AUSFÜHRUNG
MAJUNTKE GMBH
GÄRTNER VON EDEN

FOTOGRAFIE
FERDINAND
GRAF LUCKNER

PLAN
1 WOHNHAUS
2 POOL MIT HOLZDECK
3 SCHATTENGARTEN
4 TROCKENMAUER
5 RASENRAMPE
6 REITPLATZ

Heidehaus im Wandel der Zeit

„Zuerst war da das Haus, eine Kate aus dem Jahre 1769, immer schon in Familienbesitz und von einer Generation an die nächste weitergegeben. Das ‚Heidehaus' war das Zuhause hart arbeitender Menschen, die den Ackerboden bestellten und von ihm lebten. Diese Kraft geht bis heute von der Niederrhein-Kate aus, ein besonderer Spirit, der spürbar ist", erzählt Angela Frensch.

OBEN
Plädoyer für Gehölze: Formschnitt wechselt sich mit freien Formen und großzügigen Gräserfeldern ab.

—

LINKS
Wohnzimmer-Terrasse mit Formschnitt-Eiben und Platanen in Dachform, umspielt von Lampenputzergräsern 'Hameln'.

ANGELA FRENSCH

„Die harmonische Verbindung von Natur und Geschichte lädt ein, die Ruhe und Schönheit dieses besonderen Ortes zu spüren.“

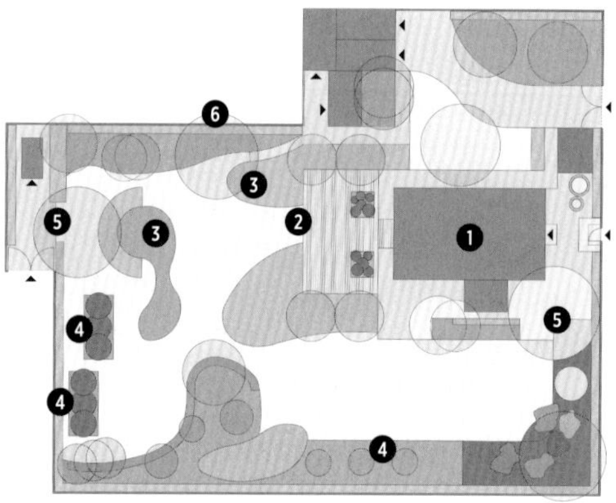

Details

LAGE
NIEDERRHEIN, NORDRHEIN-WESTFALEN

GRÖSSE
2.500 M²

PLANUNGSBÜRO
FRENSCH GARTEN+ LANDSCHAFT

AUSFÜHRUNG
ANGELA FRENSCH MIT ÖRTLICHEN GARTEN-BAUUNTERNEHMEN UND BAUMSCHULEN

FOTOGRAFIE
ANGELA FRENSCH

PLAN
1 WOHNHAUS
2 HOLZTERRASSE MIT FORM-SCHNITT-EIBEN
3 BEET AUS LAMPENPUTZER-GRAS 'HAMELN'
4 ROT-BUCHEN IN SÄULENFORM
5 ROT-BUCHE SOLITÄR
6 MEHRSTÄMMIGER FÄCHER-AHORN

Haus und Garten liegen in der weiten offenen Landschaft des Niederrheins mit seinen von Hecken eingefassten Feldern und sind heute das Zuhause der Garten- und Landschaftsplanerin und ihrer Familie. Von außen eine bescheidene Kate, im Inneren ein zeitloses und puristisches Design – damit schafft das Haus den Spagat zwischen Tradition und Moderne, ohne dabei seine Seele zu verlieren. Einen klassischen Hausgarten oder eine historisierende Anlage zu diesem besonderen Wohnhaus sucht man vergeblich. Es ist vielmehr ein Landschaftspark, in dem Bäume mit Charakter uneingeschränkt die Hauptrolle spielen. Die Gestaltung von Angela Frensch ist ein unumschränktes Plädoyer für Gehölze – unschwer zu erkennen, dass sie von Jaques Wirtz (1924-2018) begeistert ist, der mit seinem schlichten ruhigen Stil eine eigene Marke schuf. Grün in all seinen Schattierungen und Nuancen prägt das Erscheinungsbild dieser Gartenlandschaft, in der sich uralte knorrige Buchen mit geschnittenen Formgehölzen abwechseln, durch den Rasenteppich in ihrer imposanten Wirkung hervorgehoben. Diese ruhige erhabene Stimmung unterstützen zurückhaltende Pflanzungen aus monochromen Gräserfeldern und großflächigen Efeubeeten. Kraftvoll und großzügig wirkt diese Art der Gestaltung, die dem alten Heidehaus einen würdigen Rahmen verleiht und es mit der Landschaft verbindet.

Vorgefunden hatte die Gartenplanerin einen sehr alten Baumbestand aus Rot-Buchen *(Fagus sylvatica)*, Kirschbäumen und Hainbuchenhecken *(Carpinus betulus)*, die sich über Jahrzehnte zu stattlichen Solitären entwickelt hatten. „Hinter einer kleinen Hecke befand sich ein Kartoffel- und Gemüseacker – schwer zu definieren, was daraus werden sollte. Der Verkauf von Land hatte die Umgebung um das Haus sehr verändert. Ein Neubaugebiet in unmittelbarer Umgebung entstand und machte Sichtschutz notwendig“, berichtet Angela Frensch. Mit dem Landschaftsgarten wird eine neue Nutzung geschaffen, ein Raum der Entspannung und Erholung entsteht. Altes, wie der wertvolle Baumbestand, wird bewahrt, bekommt Verstärkung durch weitere edle Gehölze. „Wir folgten den alten Ackerpfaden und legten dort Gräserbeete an. Wo vor hundert Jahren schon Hainbuchenhecken die Felder rahmten, pflanzten wir neue“, so Angela Frensch. Als eine 150 Jahre alte Rot-Buche abgeht, treten an ihre Stelle drei jüngere Artverwandte, die wie Säulen („Lipsticks“) geschnitten werden, unterpflanzt mit Japan-Berggras *(Hakonechloa macra)*. Sie sind eine Reminiszenz an die alte Landschaft des Niederrheins mit ihren charakteristischen Pappelalleen. So bleibt die Planerin der Tradition der Region verpflichtet, wählt dafür aber neue Formen, neue Gestaltungsmöglichkeiten.

Solch alte Bäume und die Vielzahl an großen neuen Gehölzen sind in vielerlei Hinsicht wertvoll: Sie sind Kohlenstoffspeicher, Lebensraum für viele Tierarten und spielen eine wichtige Rolle in Sachen Biodiversität und Klima. Dass der Boden hier weitestgehend unversiegelt bleibt, versteht sich fast von selbst. Übrigens hält sich der Pflegeaufwand für eine solch baumreiche Anlage in Grenzen. Vieles schneidet die Planerin selbst, wie die kugelige Form der Eiben an der Terrasse, den Wolkenschnitt der organisch verlaufenden Hainbuchenhecken und im Frühjahr die Lampenputzergräser *(Pennisetum)*. Um die großen Formgehölze kümmert sich zweimal im Jahr ein professioneller Baumpfleger (Vitaler Baum, Max Freese, Rheinbach), damit die Konturen erhalten bleiben. Klagen wie „Bäume machen Schmutz“ findet die Planerin unverständlich. Wenn der Herbst kommt, wird das Laub zwei Wochen lang abgesammelt und anschließend auf die Felder eines Bauern gebracht. Nichts muss clean sein, nichts steril. Gräser und Kräuter dürfen getrost zwischen dem Kopfsteinpflaster aus Basalt wachsen. „Wir schöpfen unsere Kraft aus der Natur, ihrer eigenen Ordnung und ihrem stetigen Wandel.“ Mit ihrem Credo erlebt Angela Frensch eine entspannte Zeit in ihrem Landschaftsgarten – natürlich unter Bäumen.

OBEN
Blick in den Landschaftsgarten auf Rot-Buchen in Säulenform, unterpflanzt mit Eibenblöcken und streng geschnittenem Weißdorn vor einer Gräserkulisse.

UNTEN LINKS
Nuancenreiches Grün: Mehrstämmiger Ahorn, unterpflanzt mit *Brunnera* 'Jack Frost', Farnen und Eibenkugeln, eingefasst von einer Hainbuchenhecke.

—

UNTEN RECHTS
Das hübsche Heidehaus von 1769, behütet von altem Baumbestand.

Umgeben von Lieblingspflanzen

Die Leichtigkeit der wiesenhaften Kompositionen aus Gräsern und filigranen Stauden, ihr sanftes Hin und Her im Wind – das ist es, was den besonderen Reiz der Gärten von Ilka Mahro ausmacht. Pflanzen spielen in ihrer naturnahen Gestaltung unbestritten die Hauptrolle.

OBEN
Sonnenterrasse, umspielt von einer wiesenhaften Komposition aus Gräsern und filigranen Stauden.
—
RECHTS
Staudenreiche Vielfalt statt artenarme Rasenfläche.

OBEN
Blick über den arten- und strukturreichen Hanggarten mit verschiedenen Ebenen.

UNTEN LINKS
Frühstücksterrasse mit Trockenmauer, eingehüllt in Lieblingspflanzen wie Feines Federborstengras 'Dance with me' *(Pennisetum orientale)* und Zartes Federgras *(Stipa tenuissima).*

—

UNTEN RECHTS
Inbegriff der Leichtigkeit: Patagonisches Eisenkraut, Prachtkerzen und Wiesenknopf.

G

„Gräser bilden eine Matrix, die den Garten ganzjährig interessant macht und ihm im Winter Struktur verleiht. Mich treibt nicht nur die Suche nach trockenheitsresilienten Pflanzen an, sondern auch die Suche nach einer ganz speziellen Kombination aus zarten, farblich und strukturell aufeinander abgestimmten Gräsern und Stauden. Dies macht ein Malen mit Pflanzen möglich, um ein fluffiges Gesamtbild zu erzeugen", erklärt die Gartengestalterin.
Dass man solch ein lebendiges Gemälde auch in ihrem eigenen Hanggarten betrachten, genauer gesagt, in ein solches eintauchen kann, versteht sich von selbst. Er liegt nur 300 m Luftlinie vom Ostseeufer entfernt, eingebettet zwischen Reetdachhaus und holzvertäfeltem Bungalow inklusive Wintergarten. „Die großen Fensterflächen sind eine ideale Voraussetzung, den Garten hautnah zu erleben, das Kommen und Gehen der Pflanzen zu beobachten. So ist man dem Garten sehr nahe", erklärt Ilka Mahro. Rasen ist in dieser Gestaltung überflüssig. Allerdings galt es dafür zunächst Überzeugungsarbeit in der eigenen Familie zu leisten, die fürchtete, dass mit der Rasenfläche auch der Eindruck der Weite verloren gehen würde. „Es war eine Veränderung, die Mut forderte, doch die Fläche wirkt jetzt sogar größer", ist sich Ilka Mahro sicher.
So gestaltet sie aus dem abschüssigen Rasenhang einen strukturreichen Garten mit verschiedenen Ebenen inklusive Sitzgelegenheiten, die mit einer dem Verlauf angepassten Natursteinmauer begrenzt werden. An der Holzterrasse am Haus wird die Balustrade entfernt und die Grundfläche verkleinert, sodass sie jetzt wie „schwebend" wirkt. Von dort führt ein geschwungener Kiesweg den Hang hinab durch die wiesenhafte Pflanzung zu den Sitzplätzen.
Hier umgibt sich die Gartengestalterin mit ihren Lieblingspflanzen: Gräser wie Feines Federborstengras 'Dance with me' *(Pennisetum orientale)*, Zartes Federgras *(Stipa tenuissima)*, Rutenhirse 'Shenandoah' *(Panicum virgatum)* und Purpur-Rutenhirse 'Cheyenne Sky', dazu zarte Stauden wie Prachtkerze *(Oenothera lindheimeri*, in Sorten*)*, Bergminze 'Triumphator' *(Calamintha nepeta ssp. nepeta)*, Zwerg-Katzenminze 'Purrsian Blue' *(Nepeta × faassenii)* und Scheinsonnenhut 'JS Pretty Parasols' *(Echinacea purpurea)*. Die Pflanzung erinnert an die nahen Dünen und hält auch längere Trockenperioden aus. Dabei kommt es Ilka Mahro vor allem auf unterschiedliche Texturen an: „Blütenkerzen neben Doldenblüten verstärken sich z. B. gegenseitig in ihrer Wirkung. Auch bei der Farbauswahl bevorzuge ich ein Miteinander der Töne; keine Farbe soll die Aufmerksamkeit exklusiv auf sich ziehen."
Auf den einladenden Plätzen sitzt man auf Augenhöhe mit den Pflanzen, kann mitten ins Pflanzenleben eintauchen und Falter, Wildbienen, Hummeln, verschiedene Vögel und sogar den Bienenwolf, eine seltene Grabwespen-Art, beobachten. „Ab und zu springt der Hausherr auf, schnappt sich die Kamera, um gerade Entdecktes zu fotografieren. Da zu jeder Jahreszeit etwas blüht, bleibt es das ganze Jahr spannend", erzählt die Gartengestalterin.
Natürlich verwendet Ilka Mahro auch Gehölze, um Blicke zu lenken oder zu verstellen. So verdecken etwa Blumeneschen 'Mecsek' *(Fraxinus ornus)* mit ihrer kugeligen Krone das Dach eines Nachbarhauses. Die klein bleibenden Bäume sind ein wahrer Hingucker mit dekorativem Blattwerk und (später) duftenden, cremeweißen Blütenständen, deren Pollen wertvolle Nahrung für Insekten liefert. Zudem vertragen die Baumschönheiten Hitze und Trockenheit. An anderer Stelle wird der Blick auf zwei Eichen in der Nachbarschaft geöffnet, durch deren Blätterdach die letzten Strahlen der Abendsonne fällt. So sind Nachbargärten einerseits einbezogen, andererseits störende Blickbeziehungen wirkungsvoll ausgeblendet. „Die Einheit zwischen Haus und Garten ist täglich spürbar. Trotz des abschüssigen Hanggrundstücks erleben wir unseren Garten auch intensiv vom Haus aus", freut sich die Gartengestalterin.

ILKA MAHRO

„Filigrane Leichtigkeit, erzeugt durch Stauden und Gräser, werden zu den jeweiligen Jahreszeiten auf verschiedenen Ebenen erlebt."

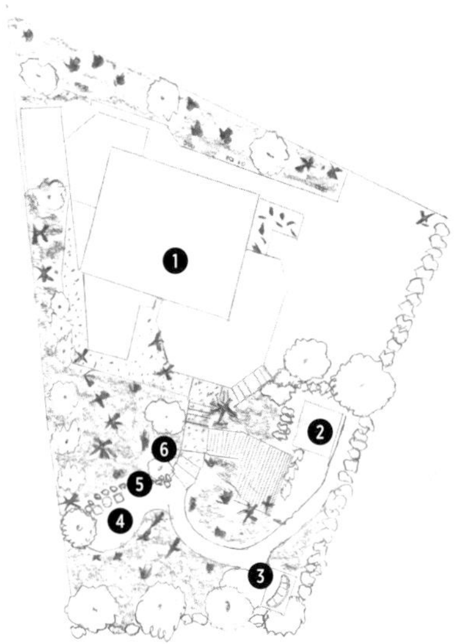

Details

LAGE
NEUSTADT IN HOLSTEIN, SCHLESWIG-HOLSTEIN

GRÖSSE
330 M²

PLANUNGSBÜRO, AUSFÜHRUNG
ILKA MAHRO – GARTENGESTALTUNG

FOTOGRAFIE
THOMAS MAHRO

PLAN
1 WOHNHAUS MIT WINTERGARTEN
2 SONNENPLATZ MIT HOLZDECK
3 BANK AM TEICH
4 FRÜHSTÜCKS-TERRASSE
5 NATURSTEINMAUER
6 WIESENHAFTE PFLANZUNG

Sonnenschutz & Accessoires

Die Highlights 2026 empfohlen
von unseren Planerinnen & Planern

1

Modulare Aluminiumkonstruktion mit integrierter Falttechnik und verstellbarem Neigungswinkel für flexiblen, wetterfesten Sonnenschutz.

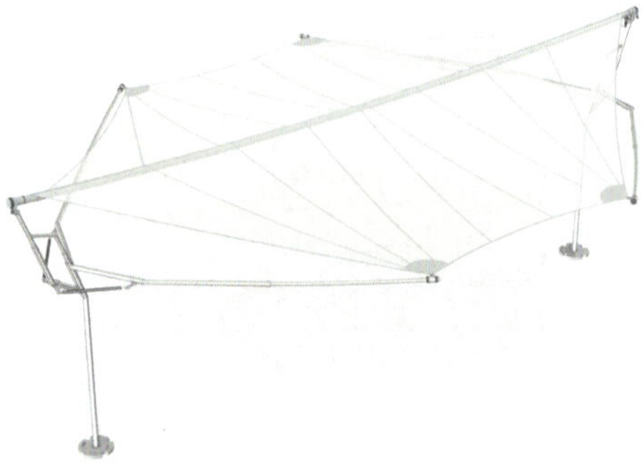

2

Das Sonnensegel „SHANGRILA" von april furniture bietet dank seiner hoch UV-beständigen, wetter- und reißfesten Membran zuverlässigen Sonnenschutz mit präziser Spannung und langlebiger technischer Performance.

3

Ein formschöner Holz-Sonnenschirm aus der Chiemgauer Manufaktur, gefertigt aus langlebigen Materialien und ideal für stilvolle Außenbereiche.

1| SUNSQUERE
Produktname: FOLD & ROLL AX
Markteinführung: 2024
Preis: auf Anfrage
Fotocredit: ©Pure Style
www.sunsquare.com

—

2| APRIL FURNITURE GMBH
Produktname: SHANGRILA
Preis: ab 3.850 Euro (abhängig von Farbmodell und Größe)
www.april-furniture.de

—

3| CHIEMSEE-SCHIRME GMBH
Produktname: Holz-Sonnenschirm rund (auch in quadratisch und rechteckig erhältlich)
Markteinführung: 2025
Preis: je nach Größe und Form von 900 Euro bis 2.900 Euro
Fotocredit: Michael Herzog Film & Photography (Freisteller), Nadine Pfeiffer/ Simon Pfeiffer
www.chiemsee-schirme.de

4

Der Pflanztopf „ARON" von Atelier Vierkant überzeugt durch handgefertigten, hochverdichteten Ton, eine robuste Wandstärke und absolute Frosthärte – ein langlebiges Gefäß für anspruchsvolle Außenraumbegrünung.

„Hochwertiges, handgefertigtes Keramikprodukt, das sowohl langlebig als auch ästhetisch ist."

BEN UHLMANN, GARTENKULTUR AG

5 UV-beständiges, wasserabweisendes Outdoor-Kissen mit formstabiler Füllung, speziell für den Einsatz am Poolrand entwickelt.

4| ATELIER VIERKANT
Produktname: ARON
Markteinführung: 2025
Preis: kleines Modell: 3.907 Euro (inkl. MwSt.), großes Modell: ca. 4.673 Euro (inkl. MwSt.)
Fotocredit: Thomas De Bruyne, Cafeine
www.ateliervierkant.com

—

5| TANTAN OUTDOOR-BETONMÖBEL
Produkt: MURIH
Markteinführung: 2023
Preis: auf Anfrage
Bildcredit: Isabel Winckler
www.tan-tan.de

DRIES JANSSENS (MITTE)
ATELIER VIERKANT

Die handgefertigten Keramikobjekte des belgischen Familienunternehmens Atelier Vierkant prägen Gärten und Außenräume weltweit. Zwischen Kunst und Architektur, Material und Emotion entstehen Unikate, die Außenräume beseelen.

Ihre Gefäße verbinden Handwerkskunst und zeitgenössisches Design auf beeindruckende Weise. Wie gelingt es Ihnen, jedem Objekt eine so starke, individuelle Präsenz zu verleihen? Um unsere Philosophie zu verstehen, lohnt sich ein Blick auf die Anfänge. Vor rund 40 Jahren entwickelte mein Vater ein Gefäß für seinen eigenen Lorbeer – ohne technische Vorgaben. Diese autodidaktische Haltung prägt uns bis heute. Unsere Gefäße müssen nicht perfekt sein; vielmehr lassen wir dem Ort und dem Material Raum, ihre eigene Geschichte in die Form einfließen zu lassen. Das verleiht jedem Stück seine unverwechselbare Präsenz.

Wie beeinflussen der Standort und die Zusammenarbeit mit Landschaftsarchitekten die Gestaltung Ihrer Stücke? Wir produzieren ausschließlich in Belgien und arbeiten dabei eng mit den Projektpartnern zusammen. Die Möglichkeit, die Stücke vor Ort zu sehen und zu berühren, schafft eine unmittelbare Verbindung zwischen Planer, Kunde und Objekt – und prägt die Gestaltung.

Jedes Gefäß entsteht in Handarbeit – ein bewusstes Gegenstatement zur industriellen Serienproduktion. Welche Bedeutung hat dieses handwerkliche Arbeiten heute, auch im Hinblick auf Nachhaltigkeit und Langlebigkeit? Alle unsere Töpfe entstehen in Handarbeit aus hochwertigem Westerwälder Ton. Das Material ist außergewöhnlich langlebig. Ebenso wichtig ist eine Form, die auch in hundert Jahren noch ästhetische Relevanz besitzt.

Ihre Arbeiten schaffen Ruhe, Tiefe und eine fast meditative Atmosphäre. Was möchten Sie, dass Menschen empfinden, wenn sie einem Ihrer Gefäße im Garten begegnen? Unsere Gefäße prägen die Freude und Leidenschaft der Menschen, die sie formen. Das spürt man. Sie strahlen Ruhe aus und bleiben dennoch ein präsentes Element im Garten – zu jeder Jahreszeit. Sie bestehen aus Erde, und dieses „Erden" geben sie an den Ort und die Menschen weiter.

Der Ausblick ist das Ziel

In diesem stimmig gestalteten Hanggarten geht es mitnichten nur um einen Pool. Es geht um Lebensqualität, um Atmosphäre, um einen Ort, an dem man gerne Zeit verbringt. Das Grundstück liegt nicht weit von Wien entfernt im hügeligen Wienerwald mit seinen beeindruckenden alten Buchenwäldern. Heute ein bedeutendes Naturreservat und Erholungsgebiet für die nahe Großstadt, war die Gegend in der K.-u.-k.-Monarchie die klassische Sommerfrische des vermögenden Wiener Bürgertums.

OBEN
Die Pool-Ebene erhält dank einer Wurfsteinmauer entlang der Grundstückskante ausreichend Großzügigkeit.

—

LINKS
Rückzugsort mit tonnenschweren Basaltfindlingen und einer naturnah anmutenden Bepflanzung.

PETER BAUMGARTEN

„Ein Garten, der nicht nur den Hang bezwingt, sondern Lebensraum schafft – mit Aussicht, einer Feuerstelle und Wasser als Herzstück."

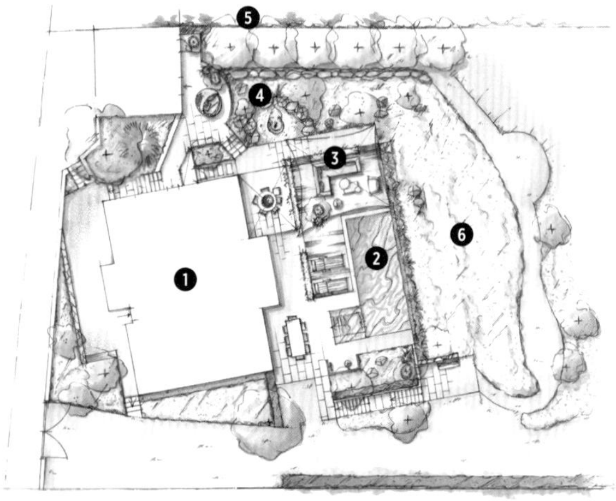

Details

LAGE
NIEDERÖSTERREICH

GRÖSSE
1.000 M²

PLANUNGSBÜRO, AUSFÜHRUNG
BEGRÜNDER

FOTOGRAFIE
MW-ARCHITEKTUR-FOTOGRAFIE

PLAN
1 WOHNHAUS
2 POOL MIT ÜBERLAUFBECKEN
3 LOUNGE
4 FEUERSTELLE MIT BASALTFINDLINGEN
5 REIHE AUS *LIQUIDAMBAR* 'WORPLESDON'
6 INTENSIV BEGRÜNTER HANG MIT FINDLINGEN ZUR HANGSICHERUNG

An eine Sommerfrische erinnert anfangs jedoch nichts. Das steile Grundstück bot kaum nutzbare Ebenen, das Gelände fiel direkt hinter dem Haus steil ab. Dadurch wirkte der Garten wie ein schmaler Streifen ohne Aufenthaltsqualität. „Das Leben spielte sich auf der Terrasse vor dem Wohnzimmer, eine Ebene höher, ab. In den unteren Bereich ging man nur zum Rasenmähen. Außerdem nahm eine Thujahecke dort fast ein Drittel der Fläche ein und wirkte eher trennend als schützend – und das bei diesem Ausblick!", berichtet Peter Baumgarten. Zwar möchte der Auftraggeber, ein ambitionierter Schwimmer, zunächst lediglich einen Naturpool mit Jetgegenstromanlage und Tiefwasserbereich für sein professionelles Schwimmtraining. Der Gartenplaner kann ihn jedoch vom riesigen Potenzial überzeugen, das in dem Grundstück schlummert. Somit geht es nicht mehr nur um das Einfügen eines Pools in einen Hang – es geht um die Verwandlung einer brachliegenden Fläche in einen Ort, der sich anfühlt wie ein privates Urlaubsrefugium.

Nötig ist dafür zunächst die Öffnung des Gartenraums und dessen Erweiterung. Die wuchtige Thujahecke muss weichen, an ihre Stelle tritt eine lockere Bepflanzung aus Sträuchern, die Sichtschutz bietet, ohne einzuengen. Um das Maximum an ebener Fläche auf Kellerniveau, also dem direkten Gartenzugang, zu schaffen, errichtet Peter Baumgarten entlang der Grundstückskante eine massive, ca. 4 m hohe Wurfsteinmauer und kaschiert den Höhenversatz mit einer Reihe Amberbäumen 'Worplesdon' *(Liquidambar styraciflua)*. So gelingt es, eine großzügige Ebene für den Pool-Bereich zu schaffen, dem Herzstück des Gartens. Im Mittelpunkt der Gestaltung steht die spektakuläre Aussicht in die bewaldete Hügellandschaft, daher wird der gewünschte Infinitypool exakt an die Geländekante platziert, sodass der Blick von der Wasserfläche in die Landschaft gezogen wird. Gleichzeitig erreicht Peter Baumgarten damit eine Erweiterung der Geländekante, sodass die Ebene größer wird. „Der Pool öffnet sich mit einem einseitigen Überlauf spektakulär zum Tal hin. Wie ein Spiegel liegt er der Terrasse vorgelagert, und holt die Schönheit des dahinterliegenden Waldes in den Garten. Grenzen verwischen, sodass kaum auszumachen ist, wo der Garten endet und der Wald beginnt", so der Gartenplaner.

Um den Pool ordnen sich der Essbereich sowie eine großzügige Lounge-Terrasse an, die dank unterschiedlicher Niveaus und Bodenbeläge (helle Kanfanar-Platten bzw. Holzdeck) als eigene Bereiche wahrnehmbar sind. Gräserstreifen aus Bläulicher Rutenhirse 'Heavy Metal' *(Panicum virgatum)* verbinden die klar strukturierten Bereiche miteinander. Stauden wie Patagonisches Eisenkraut *(Verbena bonariensis)*, Katzenminze *(Nepeta)* und luftige Gräser vermitteln mediterrane Leichtigkeit. Ein Zimt-Ahorn *(Acer griseum)* und eine Tulpen-Magnolie 'Rustica Rubra' *(Magnolia soulangeana)* bieten Blickpunkte und jahreszeitliche Highlights. Als Reminiszenz an den früheren Garten bleibt ein alter Wein *(Vitis vinifera)* am Haus erhalten, unter dem ein Sitzplatz an heißen Sommertagen in den Schatten lädt.

Die geradlinige Ordnung des Poolbereichs weicht am Feuerplatz einer natürlichen, fast wilden Ausgestaltung mit tonnenschweren Basaltfindlingen und einer naturnah anmutenden Bepflanzung. So wird ein sanfter Übergang von der klaren Terrassenarchitektur in die natürliche Hanglandschaft geschaffen, der den Garten in die Landschaft integriert. „Tagsüber ein ruhiger Rückzugsort mit spektakulärer Aussicht, abends ein atmosphärischer Treffpunkt am Feuer – dieses Detail bringt unglaublich viel Seele in den Garten und macht ihn für mich zu einem echten Lieblingsplatz", sagt Peter Baumgarten. So ist der Garten nicht länger Anhängsel – er ist gelebter Raum, Aufenthaltsort, Treffpunkt und Ruhepol zugleich. Das Arrangement der Ebenen wirkt stimmig; die Aussicht kommt in jedem Bereich zur Geltung. Vielleicht das schönste Kompliment an den Planer: Die Gartenbesitzer halten sich nun lieber im „Kellergeschoss-Garten" als im Wohnbereich darüber auf.

OBEN
Um den Pool ordnen sich verschiedene Gartenräume an, die dank unterschiedlicher Niveaus und Bodenbeläge als eigenständig wahrgenommen werden.

UNTEN LINKS
Von altem Wein umrankter, geschützter Sitzplatz.

—

UNTEN RECHTS
Infinitypool an der Hangkante mit Blick in den Wienerwald.

Skulpturengarten an der Isenach

Garten der Perspektiven oder Skulpturengarten – beides trifft auf diese weitläufige Anlage im Stile eines Landschaftsparks gleichermaßen zu. Der Garten ist eine Hommage an den verstorbenen Künstler Rüdiger Skadow (1937 – 2023), der dieses Refugium bereits zusammen mit seiner Frau in seinen Grundzügen mit Liebe und Feingefühl angelegt hatte.

OBEN
Der Garten wird in die Landschaft erweitert.
—
RECHTS
Die Kunstwerke fügen sich unaufdringlich in die Landschaft.

Ruhiger Sitzplatz am mäandernden Flüsschen unter einer charaktervollen Magnolie.

OBEN LINKS
Die ehemalige Remise wurde in ein Künstleratelier umgewandelt.

—

OBEN RECHTS
Die Pflanzung ist zurückhaltend und texturbetont.

—

UNTEN
So schön kann Lärmschutz sein: Föhrer Bänke am Apfelbaum, umgeben von einer Sandsteinmauer mit vielfältiger Bepflanzung.

„Der Garten liegt in einem von Wald umgebenen Talraum und wird vom Flüsschen Isenach durchzogen. Er beeindruckte mich mit seiner geschwungenen Linienführung, seiner gelungenen Integration des Bachlaufs und seinem prächtigen alten Baumbestand", berichtet Garten- und Landschaftsarchitektin Carola Dittrich. Sie freute sich über den spannenden Auftrag, den Garten in die Landschaft zu erweitern und die Skulpturen zusammen mit der Auftraggeberin, die selbst über viel räumliches Gespür verfügt, wirkungsvoll zu inszenieren.
Der Zukauf eines Nachbargrundstücks macht es schließlich möglich, den Garten in einen offenen Landschaftsraum umzuformen. Jetzt kann die Gartenarchitektin die Topografie im Talbereich zurückhaltend modellieren, die vorhandene weiche Linienführung fortführen und neue Sichtachsen anlegen, die eine Blickbeziehung zwischen Tal und Haus ermöglichen. „Wir legten eine naturnahe Wiese mit einem gemähten Gartenweg an, der bis zum Ende des Grundstücks führt. Von dort aus eröffnet sich ein malerischer Blick über das Tal hinweg auf das Haus. Im Bereich des Flusses wurde das Gelände leicht erhöht und durch das Prinzip eines „Ha-ha" abgefangen", erklärt Carola Dittrich die Vorgehensweise. Dadurch ist der Verlauf der Grundstücksgrenzen kaum mehr auszumachen, ein Effekt, der durch die Einbeziehung des „geborgten Blicks" noch verstärkt wird. Nun können die vorhandenen Skulpturen unaufdringlich in die Gestaltung eingefügt werden und eine gute Raumwirkung entfalten.

Sandsteinmauern in unterschiedlichen Höhen führen die weich geschwungene Linienführung des Gartens fort. Sie fügen sich in das Gelände ein und greifen in Material und Form die „Schemel" auf, traditionelle, regionale Trockenmauern zur Terrassierung. „Die neu errichteten Sandsteinmauern verleihen der gegenüberliegenden Talseite eine gestalterische Tiefe und einen optischen Abschluss. Damit erhält das Auge einen Fixierpunkt", erklärt Carola Dittrich. So wird der Übergang zwischen der formalen Gestaltung am Haus und dem naturnahen, offenen Talraum entlang der Isenach fließend und harmonisch gestaltet. Ebenso harmonisch gelingt die Integration eines 2 m hohen Zauns auf einer 1,30 m hohen Mauer zum Nachbargrundstück. Durch Begrünung und gestalterische Mittel fügt sich der Zaun binnen kurzer Zeit so gut in die Umgebung ein, dass er wie ein selbstverständlicher Bestandteil des Gartens wahrgenommen wird.
Die Pflanzung in diesem kleinen Landschaftspark ist zurückhaltend und texturbetont. Stauden und Gehölze wie Roter Hartriegel 'Midwinter Fire' *(Cornus sanguinea)*, Schmalblättrige Japan-Segge 'Kyoto' *(Carex spec.)* und Rotblättrige Wolfsmilch 'Purpurea' *(Euphorbia amygdaloides)* wirken ganzjährig, selbst im Winter. Da die Auftraggeberin den Garten überwiegend in Eigenleistung pflegt, werden auch viele Pflanzen mit Wildstaudencharakter wie Braunrote Taglilie *(Hemerocallis fulva)* oder Pyrenäen-Storchschnabel *(Geranium endressii)* verwendet. Diese robusten Stauden breiten sich flächig aus, ohne lästig zu werden. Vorhandene Apfelbäume bleiben erhalten und werden mit einem Zierapfel 'Evereste' *(Malus)* ergänzt, der rund um das Jahr einen attraktiven Blickfang bietet. Bäume und Sträucher sind derart in den gewachsenen Garten eingefügt, dass sich kaum erkennen lässt, welche Gehölze bereits vorhanden waren und welche neu gepflanzt wurden.
So hat sich der Garten zu einem Ort mit starker Ausstrahlung entwickelt – dank durchdachter Raumstruktur, unterschiedlichen Blickbeziehungen und des nahtlosen Übergangs in die Landschaft. „Das leise Plätschern der Isenach und die Kunstwerke, die sich unaufdringlich in den Garten einfügen, erzeugen eine Atmosphäre der Ruhe und Entspannung. Sie machen den Garten zu einem besonderen Ort mit fast meditativer Wirkung", fasst Carola Dittrich das Ergebnis ihrer Gestaltung zusammen.

CAROLA DITTRICH

„Der Garten bettet sich in die Landschaft der Pfalz ein und lässt die Grenzen zur Umgebung verschwimmen. Er wird zur Bühne für unterschiedliche Skulpturen: Ein Wechselspiel aus Ruhe und Weite."

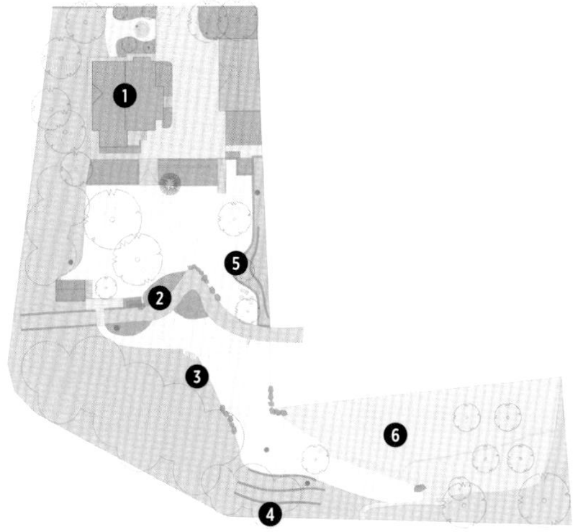

Details

LAGE
RHEINLAND-PFALZ

GRÖSSE
3350 M²

PLANUNGSBÜRO
KEPOS – GARTEN-ARCHITEKTUR

AUSFÜHRUNG
GARTEN-CREATIV GMBH

FOTOGRAFIE
ROUND THE GARDEN – SUE PFLEGER

PLAN
1 WOHNHAUS UND HOF MIT KÜNSTLER-REMISE
2 ISENACH MIT UFER-GESTALTUNG UND RENATURIERUNG
3 SKULPTUREN
4 GESCHWUNGENE SANDSTEINMAUERN
5 SITZPLATZ AM APFELBAUM
6 EXTENSIVE WIESE

Von der Schönheit einer Wiese

„Was als Gestaltungsauftrag begann, wurde zu einem Gemeinschaftsprojekt. Hand in Hand mit den Eigentümern entstand ihr persönlicher Rückzugsort, voller Erinnerungen", sagt Landschaftsarchitekt Samuel Schmid. Das Grundstück, von dem hier die Rede ist, liegt in einem Viertel mit kleineren Einfamilienhäusern und abwechslungsreich gestalteten Gärten, die über Jahrzehnte gewachsen sind.

OBEN
Mehrstämmige Gehölze strukturieren den Garten; vorne: Eine Esskastanie *(Castanea sativa)* am Feuerplatz.

—

LINKS
Eigener Gartenraum, eingefasst von einer Natursteinmauer und einem Wasserbecken.

SAMUEL SCHMID

„Hier wurde ein Garten angelegt, der das Alte mit Respekt bewahrt und Neues mit Sorgfalt aufgenommen hat."

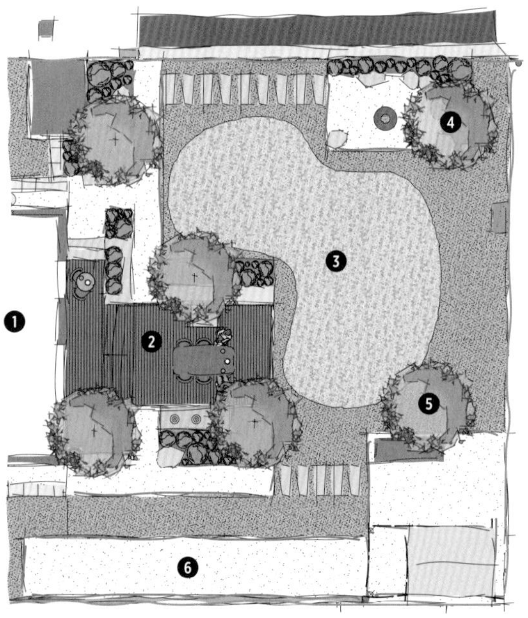

Details

LAGE
KANTON BERN, SCHWEIZ

GRÖSSE
300 M²

PLANUNGSBÜRO, AUSFÜHRUNG
GARTENKULTUR AG

FOTOGRAFIE
SAM BOSSHARD FOTOGRAFIE

PLAN
1 WOHNHAUS
2 HOLZDECK MIT WASSERTISCH
3 BESTEHENDE MARGERITENWIESE
4 *CASTANEA SATIVA*
5 *KOELREUTERIA PANICULATA*
6 BOULE-BAHN

Die Gartenbesitzer hatten ihr hundert Jahre altes Wohnhaus mit einem modernen Anbau ergänzt, an den sich eine schmale Holzterrasse sowie ein Holzdeck anschließen. Diese neuen Elemente sollten gestalterisch aufgewertet und mit einem natürlichen Rahmen versehen werden, sodass eigene Gartenzimmer entstehen. Was dem Garten fehlte, waren eine klare Raumgestaltung sowie Rückzugsbereiche – also soll die Umgestaltung dem Grün mehr Struktur, Aufenthaltsqualität und räumliche Gliederung verleihen, aber unter Einbeziehung des liebgewonnenen Bestandes. Im Vordergrund steht dabei der Erhalt der alten Margeritenwiese *(Leucanthemum vulgare)*, ein wichtiger Bestandteil des Gartens, welche die Gartenbesitzer jedes Jahr aufs Neue mit ihrem Blütenreichtum begeistert. In enger Zusammenarbeit mit der Familie arbeitet Samuel Schmid ein Konzept aus, das auf den Erhalt und die Aufwertung des Bestandes setzt. „Um die Margeritenwiese sowie die ca. 100-jährige Rebe entlang der Südgrenze unversehrt zu erhalten, erklärten wir einen Großteil der Fläche zur Sperrzone. Daher konnten die Arbeiten nur über zwei Korridore erfolgen, was eine genaue Planung und viel Rücksicht bei der Ausführung erforderte", so Samuel Schmid.
Sodann werden Gartenbereiche mit Mauern, Wegen und Bäumen gezielt strukturiert, um Zonen für Aktivität, Aufenthalt und Rückzug zu schaffen. Direkt am Anbau schließt sich eine bestehende schmale Holzterrasse im Hochparterre an. Diese wird gestalterisch aufgewertet und mit einem Rahmen versehen: Links und rechts der großzügigen Treppe hinunter zum bestehenden Holzdeck fassen Natursteinmauern aus regionalem Guberstein den Raum. Eine mehrstämmige Kupfer-Felsenbirne *(Amelanchier lamarckii)* kaschiert den Anbau, verbindet den Innen- mit dem Außenraum und bietet dem Wohnbereich gleichzeitig eine gefällige Perspektive.

Das bestehende Holzdeck verwandelt der Planer zum eigenständigen Gartenraum: Auf der einen Seite fasst eine 4 m lange Natursteinmauer den Bereich, die zugleich als Sitz- und Liegefläche dient. Auf der anderen Seite schafft ein Wasserspiel eine angenehme akustische Klangkulisse und sorgt zusätzlich für Privatsphäre am Sitzplatz. „Der Wassertisch ist als gestalterische Antwort auf die Corten-Sichtschutzwand des Nachbarn zu verstehen und greift dasselbe Material auf. So entsteht eine harmonische Verbindung zur Umgebung und zugleich ein eigenständiges Element der Gestaltung mit ruhiger, reflektierender Wirkung", erklärt Samuel Schmid. Die Beschattung dieses zentralen Bereichs übernehmen zwei Japanische Zelkoven *(Zelkova serrata)*, die im Alter eine malerische Schirmform ausbilden.
Vor dem neu errichteten Gartenhaus lädt eine Boule-Bahn zum Zeitvertreib ein. Die Feuerstelle, umgeben von markanten Felsen, bietet einen weiteren Ort für Geselligkeit. Die Felsen dort stammen aus der nahen Blauseeregion im Kandertal, setzen natürliche Akzente und unterstreichen die Ursprünglichkeit des Gartens. Strukturgebende Gehölze, wie ein Blasenbaum *(Koelreuteria paniculata)* und die selbst gezogene Esskastanie *(Castanea sativa)* der Gartenbesitzer, werden mit Stauden in romantischen Violetttönen wie klassischem Lavendel *(Lavandula angustifolia)*, Steppen-Salbei 'Ostfriesland' *(Salvia nemorosa)*, Färberhülse 'Purple Smoke' (*Baptisia* Hybride) und Pfirsichblättriger Glockenblume 'Grandiflora Coerulea' *(Campanula persicifolia)* kombiniert. Frühlingsaspekte liefern Weißblühende Küchenschellen 'Alba' *(Pulsatilla vulgaris)* sowie Narzissen 'Thalia' *(Narcissus)* und Tulpen 'Angelique' *(Tulipa)*. Garten-Reitgräser 'Karl Foerster' (*Calamagrostis* x *acutiflora*) lockern die Pflanzung auf und knüpfen ein luftiges Band zur Margeritenwiese. Bei all den Arbeiten, von der Ideenfindung bis zum Umbau, bringen sich die Gartenbesitzer tatkräftig ein, umso stärker ist ihre Verbundenheit mit dem eigenen Grün – einem Garten, in dem Erinnerungen bewahrt und neue geschaffen werden.

OBEN
Boule-Bahn am neuen Gartenhaus, in Hintergrund: die ca. 100-jährige Rebe entlang der Südgrenze.

—

LINKS
Herzstück des Familiengartens: die alte Margeritenwiese, die jedes Jahr aufs Neue erfreut.

Wohlfühl-Ort am Waldrand

Klassisch, stimmig, mit leichter Hand – so könnte man das Ergebnis der Gestaltung von Nina Rudolph in Stichworten beschreiben. Sie verwandelt das vormals düstere Grundstück in Waldrandlage in einen hellen und einladenden Lebensraum im Freien, der zur kernsanierten Villa aus den 1960er Jahren passt.

OBEN
Ruheplatz unter der alten mehrstämmigen Magnolie.
—
RECHTS
Geschützter Essplatz mit Blick auf die malerische Magnolie.

OBEN LINKS
Im Eingangsbereich: Blick auf eine mehrstämmige Kupfer-Felsenbirne.

OBEN RECHTS
Individuell gestaltete Pergola als luftiges Verbindungsstück zwischen Architektur und Natur; im Vordergrund: Yoga-Deck.

—

UNTEN
Badegarten im Innenhof mit schirmförmiger Gleditschie 'Sunburst' *(Gleditsia triacanthos)*.

D

Dafür verändert sie nicht nur den Außenraum, sondern auch Elemente am Haus, damit Villa und Garten zur gestalterischen Einheit werden. Dennoch strahlt der Garten die Ruhe des nahen Waldes aus und integriert sich dank des erhaltenen alten Baumbestandes in die Landschaft.
Dabei war die Ausgangslage trostlos: Ein Garten, der seit Jahren sich selbst überlassen war. „Brennnesseln standen hüfthoch und der dichte Baumbestand ließ nur wenig Licht hindurch, besonders der hintere Bereich wirkte schattig und unzugänglich“, erinnert sich die Gartenplanerin an den damaligen Zustand. In enger Abstimmung mit der Familie gestaltet Nina Rudolph den Garten so um, dass einladende Sitz- und Essplätze entstehen, um das Leben im Grünen auszukosten. Jeder der neu geschaffenen Sitzplätze ist von dicht bepflanzten Beeten eingefasst – man lebt und sitzt mitten im Reich der Pflanzen.
Zunächst aber werden die Waschbetonplatten, typisches Relikt der 1960er Jahre, von Wegen, Mauern und dem Außenkamin durch verputzte, gestrichene Mauern sowie Natursteinarbeiten aus edlem Travertin ersetzt und dadurch aufgewertet. Ebenso müssen alle vertrockneten und ineinander gewachsenen Gehölze mit Ausnahme der Großbäume weichen, um Raum für neue Sichtachsen zu schaffen. Dennoch versucht Nina Rudolph möglichst viele der Gehölze zu erhalten und ihnen durch gezieltes Umsetzen neue Wirkung zu verleihen. Sie erhalten einen fachgerechten Pflege- bzw. Formschnitt, einige Exemplare werden aufgeastet, um mehr Licht und Transparenz zu schaffen.

„Es ist herausfordernd und reizvoll zugleich, vorhandene Pflanzen in ein neues Konzept einzubinden und ihren Wert zu bewahren. Wenn Altes und Neues miteinander verschmilzt, entstehen meist die lebendigsten und schönsten Gärten“, ist die Gartenplanerin überzeugt. Die geretteten Bäume und Sträucher bekommen Verstärkung durch strukturbildende Gehölze wie Schattenglöckchen *(Pieris japonica)* und Kupfer-Felsenbirnen *(Amelanchier lamarckii)*. Aus jedem Fenster des Hauses blickt man nun auf ein grünes Gemälde mit markantem Gehölz. Sorgfältig komponierte Pflanzbilder aus hellaubigen Ziergräsern *(Miscanthus, Festuca gautieri, Hakonechloa macra)* und Stauden (u. a. *Hosta, Epimedium, Alchemilla, Anemone*) tragen Leichtigkeit in den Garten. Zahlreiche weiß blühende Hortensien sind so arrangiert, dass sie als verbindendes Element wirken.
So entsteht ein Wohlfühlort, der Sitzplätze mit verschiedenen Aufenthaltsqualitäten bietet: Etwa unter der von Nina Rudolph individuell gestalteten Pergola, einem luftigen Verbindungsstück zwischen Architektur und Natur. Oder unter der alten Magnolie auf einem Holzdeck, eingerahmt von einer mehrstämmigen Kupfer-Felsenbirne und Rhododendren 'Cunningham's White'. Oder der runde Holzsitzplatz unter dem imposanten, etwa 60 Jahre alten Portugiesischen Kirschlorbeer *(Prunus lusitanica)*, der als Yoga-Deck genutzt wird. „Hier bahnt sich abends das letzte Sonnenlicht seinen Weg durch die Baumwipfel“, erzählt Nina Rudolph. Zu den jeweiligen Sitzplätzen lässt sich eine mobile Außenküche bewegen. Weiteres Highlight: Ein Wasserspiel mit einer Natursteinwand aus Travertin im kleinen Innenhof, der von einer schirmförmigen Gleditschie 'Sunburst' *(Gleditsia triacanthos)* geprägt wird. All diese gestalterischen Ideen erzeugen eine lichte und wohnliche Atmosphäre, sodass der Garten trotz Waldrandlage und des Schattenwurfs durch die vielen Gehölze ein freundliches und helles Ambiente bietet.

NINA RUDOLPH

„Es war mir eine Ehre, den verwilderten, teilweise vertrockneten und zugewucherten Garten aus seinem Dornröschenschlaf zu wecken.“

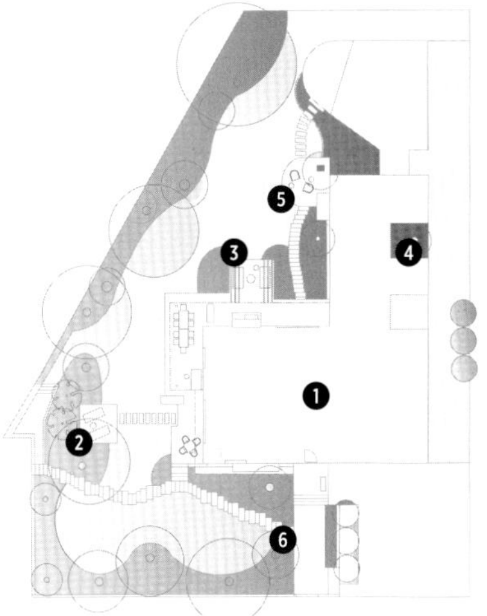

Details

LAGE RHEIN-MAIN-REGION, HESSEN **GRÖSSE** 1.022 M² **PLANUNGSBÜRO** RUDOLPH GARTEN-DESIGN GMBH **AUSFÜHRUNG** RUDOLPH GARTEN- UND LANDSCHAFTS-BAU GMBH **FOTOGRAFIE** NINA RUDOLPH UND PASCAL ZIER	**PLAN** 1 WOHNHAUS 2 RUHEPLATZ UNTER ALTER MAGNOLIE 3 INDIVIDUELL GESTALTETE PERGOLA 4 INNENHOF MIT WASSERSPIEL 5 YOGADECK 6 EINGANGSBEREICH MIT *MAGNOLIA LOEBNERI* 'MERRILL'

Gartengenuss statt Rasenmonotonie

Die Hessische Bergstraße südlich von Frankfurt ist für ihr mildes Klima bekannt. Hier wird nicht nur Wein in einem der kleinsten Anbaugebiete Deutschlands kultiviert, hier gedeihen auch empfindliche Mandel-, Feigen- und Aprikosenbäume ohne Spätfrostgefahr. Aus gärtnerischer Sicht kann man botanisch aus dem Vollen schöpfen und z. B. auch Arten trockenwarmer Standorte verwenden, um ein lässig-entspanntes Pflanzbild zu erzeugen, das irgendwie an Urlaub und Mittelmeer erinnert – wie in diesem Garten zu einer Villa aus dem 19. Jahrhundert inklusive modernem Anbau.

OBEN
Statt Rasen: Bio-Pool mit Uferzone inklusive Sauna.
—
LINKS
Trockenmauern strukturieren den Hanggarten und schaffen Ebenen für die Bepflanzung; im Vordergrund: ein Feigenbaum.

CHRISTOPH FELDMANN

„Durch die Umgestaltung der Gartenanlage ist aus einer großen Rasenfläche ein mediterran anmutender Garten entstanden, der sich im Jahresverlauf stetig verändert."

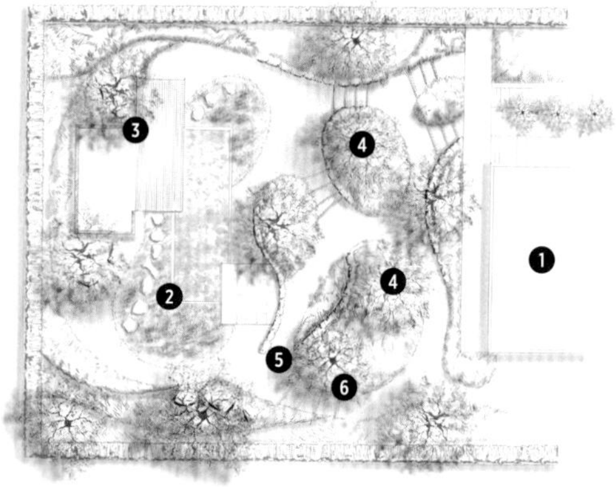

Details

LAGE
HESSISCHE BERGSTRASSE, HESSEN

GRÖSSE
800 M²

PLANUNGSBÜRO, AUSFÜHRUNG
FELDMANN GARTEN & LANDSCHAFT

FOTOGRAFIE
STEFAN DAUB / FOTODESIGN

PLAN
1 WOHNHAUS
2 POOL MIT REGENERATIONSZONE
3 HOLZDECK UND POOLHAUS
4 FLAUMEICHEN
5 TROCKENMAUERN
6 ALTE QUITTE

Der ursprüngliche Garten hatte in puncto Flair nicht viel zu bieten, er bestand lediglich aus einer abschüssigen Rasenfläche mit einer umlaufenden Strauchbepflanzung. Mitten auf dem Rasen das einzige Highlight: Ein großer alter Quittenbaum *(Cydonia oblonga)* – sonst nichts, keine Strukturen, keine einladenden Sitz- oder Aufenthaltsbereiche. Kein Wunder, dass sich die Besitzer der historischen Villa lieber auf der hausnahen Terrasse oberhalb des Gartens aufhielten als hinab in ihr Rasengrün zu steigen. Sie wünschten sich einen Garten, der zu jeder Zeit erlebbar ist, der Perspektiven und Stimmungen bietet und sich im Jahresverlauf verändert.
Planer Christoph Feldmann schlägt daher vor, den Garten komplett neu zu gestalten und die Rasenfläche aufzulösen, zumal ein Bio-Pool (Pool for Nature) mit Uferzone inklusive Sauna gewünscht wird. Die uralte Quitte mit ihrer charakterstarken Wuchsform bleibt dabei selbstverständlich erhalten, Wege und Mauern werden entsprechend um die alte Veteranin angeordnet. Sie bekommt zur Verstärkung trockenheitsverträgliche Flaumeichen *(Quercus pubescens)* an die Seite gestellt, Hoffnungsträger in Sachen Waldumbau in Zeiten des Klimawandels. Um Bereiche für Stauden und Gehölze zu schaffen, ändert Christoph Feldmann die vorhandene Geländetopographie grundlegend und gestaltet sie neu. Die neu gepflanzten Gehölze bilden nun das Grundgerüst, definieren Räume und sorgen ebenfalls für Sichtschutz und Privatsphäre am Badebereich. Geschwungene Trockenmauern gliedern den Garten und schaffen verschiedene Terrassenebenen, die sich dem Geländeverlauf anpassen.

Durch ihre Anordnung ergeben sich mehrere Möglichkeiten, den Garten zu erkunden – so lässt sich der Raum aus verschiedenen Perspektiven erleben.
Dass Christoph Feldmann „voller Leidenschaft für das Handwerk" ist, wie er selbst sagt, zeigt sich an der Qualität der Trockenmauern. Sie bestehen aus warmtonigem Kirchheimer Muschelkalk und nehmen Bezug zu den nahen Weinbergen mit ihren traditionellen Natursteinmauern. Dieses Material wird konsequent für alle baulichen Elemente wie Mauern, Plattenbeläge, Blockstufen und Wegedecken verwendet: „Wir wollten ausschließlich natürliche Materialien verbauen, die mit Würde altern dürfen und auf denen Gebrauchsspuren und Patina erwünscht sind." Das wirkt dezent, schafft eine natürliche, ruhige Atmosphäre und lässt Stauden und Gehölze in den Vordergrund treten. Gräser wie z. B. Japan-Goldbandgras 'Aureola' *(Hakonechloa macra)*, Funkien in Sorten *(Hosta)* und Hirschzungenfarn *(Asplenium scolopendrium)* beleben die schattigeren Partien unter Bäumen mit ihren vielfältigen Texturen. In den sonnigen Bereichen schmiegt sich etwa Woll-Ziest *(Stachys byzantina)* mit seinen filzigflaumigen Blättern an eine wärmende Trockenmauer, während sich Storchschnabel unbekümmert in der wassergebundenen Wegedecke ausbreitet. Der formale Naturpool fügt sich dank angrenzender Ufergestaltung aus Findlingen und Wasserpflanzen (u. a. winterharte *Nymphaea* 'Candidissima', *Nuphar lutea, Callitriche palustris*) nahtlos in das Konzept der geschwungenen naturnahen Formen. Die gewünschte Gartensauna bildet am Badebereich einen optischen Abschluss mit einem Ruheraum, und die vorgelagerte Holzterrasse lädt dazu ein, den Garten und das historische Haus aus einer neuen Perspektive zu genießen. Nun geht es vor allem um Erholung und Entspannung im eigenen Grün – ein ungleich triftigerer Grund in den Garten hinab zu steigen als zum Rasenmähen.

OBEN
Trockenheitsverträgliche Flaumeichen *(Quercus pubescens)* bilden das Grundgerüst.

UNTEN LINKS
Der formale Naturpool fügt sich dank Ufergestaltung aus Findlingen und Wasserpflanzen in das Konzept der geschwungenen Formen ein.

—

UNTEN RECHTS
Trockenmauern aus Muschelkalk nehmen Bezug zu den nahen Weinbergen.

Ein Garten im Eichenwald

„Die Arbeiten am Gebäude waren bereits in vollem Gange, und doch wirkte der Ort wie eine Enklave der Ruhe, ein stiller Rückzugsort am Stadtrand. Der Schatten der alten Eichen kontrastierte mit dem weißen Gebäude im Bauhausstil. Es entstand sofort das Bild eines Gartens von waldartiger Anmut, wie man sie sonst nur aus Japanischen Gärten kennt, und doch tief verwurzelt in der fränkischen Landschaft."
So beschreibt Landschaftsarchitekt Max Georgi seine ersten Eindrücke von diesem waldartigen Grundstück.

OBEN
Blick durch das lichte Eichenwäldchen in die Auenlandschaft.
—
RECHTS
Die alten Eichen sind die prägenden Elemente und verleihen dem Garten seine ruhige Atmosphäre.

OBEN
Sitzplatz im Eingangsbereich mit Quellstein; der Bodenbelag aus Schiefer bildet einen Kontrast zum hellen Klinker der Fassade.

—

UNTEN LINKS
Schwebende Stufen aus regionalem Schiefer.

—

UNTEN RECHTS
Quellstein aus Schiefer am Ruheplatz.

E

Es liegt auf einer sanften Anhöhe und fällt zur nahen Flussaue ab, auf die man durch das lichte Eichenwäldchen blickt. Die alten Eichen sind es auch, die dem Garten seine Tiefe und seine ruhige Atmosphäre verleihen und ihn mit der Landschaft verbinden. Sie sind die prägenden Elemente des Gartens – folgerichtig erarbeitet Max Georgi zusammen mit seinem jungen Team aus Dresdener Landschaftsarchitekten ein Konzept, das den waldartigen Charakter des Grundstücks aufgreift. Als Baumsachverständiger weiß Max Georgi um den unwiederbringlichen Wert alter Bäume und sorgt dafür, dass der Bestand während der Bauphase optimal geschützt wird: „Jeder Arbeitsschritt erforderte Sorgfalt und Respekt vor den mächtigen Eichen. Um den Wurzelraum zu schützen, unterschritten wir bewusst gängige Aufbauhöhen und DIN-Normen. Baumschutz und behutsames Vorgehen standen stets im Vordergrund, ohne dass dabei Kompromisse an die Gestaltung gemacht wurden."

Ebenso galt es, die Qualität des hochwertig renovierten Hauses aus weißem Klinker in den Garten zu übertragen. Folglich zeigt sich die Gestaltung in Hausnähe orthogonal mit klarer Kante. Da regionaler Schiefer bereits als Kontrast zum hellen Klinker der Fassade im Innenbereich verwendet wurde, kommt er auch für Terrassen, Treppen und Wege zum Einsatz, um eine nahtlose Verbindung zwischen Innen- und Außenraum zu schaffen. Anfängliche Bedenken, ob sich der dunkle Stein nicht zu sehr aufheizt, bestätigen sich nicht. „Er funktioniert unter den Eichen gut, die Maserung des Gesteins ist attraktiv und rutschfest", stellt Max Georgi fest. Auch Highlights wie die Treppe aus scheinbar schwebenden Stufen oder die zwei Findlinge im Eingangs- und Ruhebereich, die als Quellsteine für Ruhe und Entspannung sorgen, bestehen aus demselben Naturstein.

Architektonische Linien werden von lebendigen Pflanzungen begleitet, schattenverträgliche Stauden in lockeren Clustern verleihen dem Garten seinen waldartigen Charakter: Blattschmuckstauden wie dunkellaubige Purpurglöckchen *(Heuchera)* und Kaukasus-Vergissmeinnicht *(Brunnera macrophylla)* mit silbernem Blattwerk, dazwischen leuchten Fingerhut *(Digitalis purpurea)* und Schneemarbeln *(Luzula nivea)* auf. Sternmoos *(Sagina subulata)* wächst zwischen den Fugen der Polygonalplatten, die den Hang hinab durch das Wäldchen führen. Eine dezente Bewässerungsanlage hilft den Stauden und Gehölzen beim Anwachsen, denn sie müssen in einer trockenen Region auf sandigem Boden unter alten Eichen zurechtkommen. Zusätzlich leiten geschickt platzierte Schiefermauern das Regenwasser in die Staudenflächen. „Eine Lösung, die Funktionalität und Ästhetik vereint. Früher verwandelten starke Regenfälle das Grundstück in ein regelrechtes Erosionsspektakel", so der Landschaftsarchitekt.

Jeder Gartenraum – von der Einfahrt und dem Hauseingang, den Terrassen mit Gartenküche bis zum Eichenwäldchen – besitzt seinen eigenen Charakter und ist doch dank waldartiger Bepflanzung und einheitlicher Materialwahl miteinander verbunden. „Unter den ehrwürdigen Kronen der Eichen leuchten weißblühende Stauden und Gehölze und bilden einen faszinierenden Kontrast zum dunklen Schiefer, der als verbindendes Element Terrasse, Treppen und Wege durchzieht. Hier trifft Natur auf Gestaltung, Weichheit auf klare Linien, Licht auf Stein – ein in sich stimmiges Zusammenspiel", beschreibt Max Georgi die besondere Stimmung. So ist die Idee eines Eichenwaldes vervollständigt – üppiger zwar als ein natürlicher Wald, aber es ist ja auch ein Garten mit waldartigem Charakter.

MAX GEORGI

„Ein Garten, der die Würde alter Eichen mit der Klarheit moderner Architektur vereint – ein stiller Rückzugsort zwischen Natur, Materialität und Zeitlosigkeit."

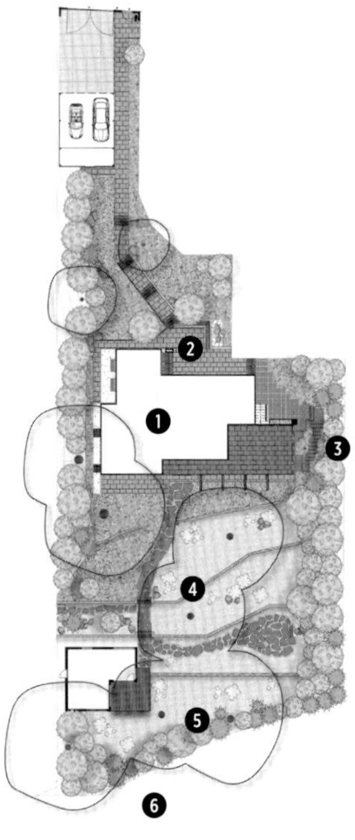

Details

LAGE
FÜRTH, BAYERN

GRÖSSE
1690 M²

PLANUNGSBÜRO
360° LANDSCHAFTS-GESTALTUNG GEORGI

AUSFÜHRUNG
360° LANDSCHAFTS-GESTALTUNG GEORGI

FOTOGRAFIE
WUNDERWALDPHOTO

PLAN
1 WOHNHAUS
2 EINGANGSBEREICH MIT WASSERSPIEL
3 SCHWEBENDE STUFEN AUS SCHIEFERBLÖCKEN
4 TERRASSIERTER HANG MIT WALDSTAUDENBEPFLANZUNG
5 GROSSE ALTE EICHEN
6 AUSBLICK IN DIE LANDSCHAFT

Im Stadtdschungel

Ein stimmiger kleiner Garten, in sich ruhend, zeitlos, der von seiner gelungenen Bepflanzung und vielen bezaubernden Details lebt. Das puristische Wohnhaus steht in spannendem Kontrast zur organisch geformten Gartenlandschaft, die von einer wilden Romantik inspiriert ist. Felsstrukturen aus regionalem Naturstein nehmen Bezug auf die nahen Berner Alpen.

OBEN
Pfad durch die organisch geformte Gartenlandschaft aus strukturgebenden Gehölzen und vielen bezaubernden Details.

—

LINKS
Der abgesenkte Sitzplatz mit Wasserbecken wird trotz naher Straße zum Rückzugsort.

TEAM GARTENKULTUR (V.L.N.R.):
SAMUEL SCHMID, RAPHAEL BRÄKER,
TOBIAS BRÄKER, BEN UHLMANN

„Wilde Romantik trifft auf Purismus – kontrastreiche Spannung zwischen Naturgefühl und klarer Struktur."

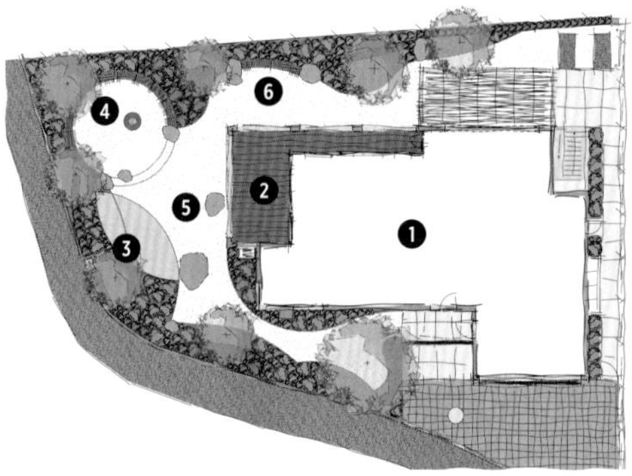

Details

LAGE
THUN, KANTON BERN, SCHWEIZ

GRÖSSE
480 M²

PLANUNGSBÜRO, AUSFÜHRUNG
GARTENKULTUR AG

FOTOGRAFIE
SAM BOSSHARD FOTOGRAFIE

PLAN
1 WOHNHAUS
2 HOLZDECK
3 SITZBRUNNEN
4 SITZPLATZ UNTERHALB DES STRASSENNIVEAUS
5 FELSEN
6 HOLZBAR

D

Die reiche Bepflanzung bettet das Haus aus Sichtbeton weich in den Garten und vermittelt zur Landschaft, dazu spenden edle Solitäre natürlichen Schatten und blenden aus, was als störend empfunden wird. „Die Gestaltung setzt auf ein lebendiges Spiel aus Formen, Texturen und jahreszeitlichen Farbverläufen - ein Garten, der sich ständig wandelt und dennoch in sich ruht", erklärt Gartengestalter Ben Uhlmann.
Vor der Umgestaltung wirkte der Garten ungeschützt und wenig einladend, da das Grundstück auf zwei Seiten von Straßen flankiert wird. Nachvollziehbar, dass sich der Auftraggeber vordringlichst Sichtschutz wünschte. Es fehlte an Privatsphäre, und auch die vorhandenen Bäume verbesserten die Situation durch ihr ungeordnetes Wachstum nicht. Ebenso mangelte es an Raumbildung, auch wünschte sich der Auftraggeber ein Wasserbecken für eine schnelle Abkühlungsmöglichkeit, denn Hitze war ein weiterer Faktor, der vom Gartengenuss abhielt.
Bei der Planung ging es nicht darum (wie sonst häufig), vom Gebäude her zu denken, sondern eine Idee zu entwickeln, welche eine klare Abgrenzung zur nahen Straße schafft und das Haus wie ein grüner Schutzschild umschließt. „Der Garten ist nach innen gerichtet, zurückhaltend und mit viel Sorgfalt gestaltet. Von außen mag er vielleicht unscheinbar wirken, im Inneren entfaltet er jedoch eine ruhige, bezaubernde Atmosphäre und gibt beeindruckende Ausblicke in die Berner Alpen frei", so Ben Uhlmann. Auf einen klassischen Rasen verzichtet der Planer bewusst, um Raum für Aufenthaltsbereiche und eine vielfältige Bepflanzung zu schaffen.

Naturnah geformte Beete nehmen das Thema der Straße auf und integrieren das gewünschte organische Wasserbecken mit kleinem Wasserfall, der den Straßenlärm mit Klang und Dynamik dämpft. Große Blausee-Felsen aus der Region schaffen eine wilde Romantik und schlagen eine Brücke zu den Berner Alpen. Wege und Plätze aus Kies strukturieren den Garten und laden zu Mußestunden ein. Mit dem Abgraben des runden Kiesplatzes entsteht ein intimer Ort unterhalb des Straßenniveaus, über den der Straßenlärm abgeleitet wird. Dazu bietet eine dichte Eibenhecke *(Taxus baccata)* zur Straße hin Sichtschutz und wirkt gleichzeitig wie eine ruhige immergrüne Kulisse für die lebhafte Bepflanzung im Inneren. Blasenbäume *(Koelreuteria paniculata)* bilden das „grüne Dach" des Gartens, spenden natürlichen Schatten und schirmen gegen die umliegende Bebauung ab. Geschwungene Holzmöbel (Bank und Bar: Gartenkultur AG) ergänzen das naturnahe Konzept und avancieren zum Blickfang. Zarte Stauden umspielen massive Felsbrocken, sodass reizvolle Spannungen entstehen. Japanische Prachtglocken *(Enkianthus campanulatus)* setzen leuchtende Akzente und kontrastieren mit dem rein grünen Teppich aus Japan-Berggras *(Hakonechloa macra)*. Frühblüher wie *Rhododendron russatum* 'Gletschernacht' und weitere Azaleen sorgen im Frühjahr für ein kräftiges Farbspiel. Der Rambler 'Bobby James' umrankt die betongrauen Säulen des Hauses und verleiht ihnen mit seinen duftenden rahmweißen Blüten einen Hauch von Romantik. Lampenputzergräser (*Pennisetum alopecuroides* 'Hameln') dürfen natürlich nicht fehlen, um ein wenig Leichtigkeit und Dynamik zwischen Felsen und in die Pflanzung zu tragen.
So überrascht der Garten dank feiner Strukturen und wechselnder Lichtverhältnisse immer wieder mit neuen Eindrücken. Aus einem bis dato ungeliebten Grün ist ein wilder stimmungsvoller Ort geworden, der als Rückzugsraum, Begegnungsort und Quelle der Inspiration nun intensiv genutzt wird.

OBEN
Die Felsen aus der Blausee-Region nehmen Bezug zu den nahen Berner Alpen.

UNTEN
Geschwungene Holzmöbel ergänzen das naturnahe Konzept.

Kultivierter Naturraum mit Ausblick

Die völlige Verschmelzung zwischen innen und außen, zwischen dem großen, modernen Baukörper und der Natur in Gestalt von Felsen und Gehölzen – das ist hier besonders überzeugend gelungen. Von jedem Fenster, jedem Raum ist der Garten gegenwärtig, bietet ein immer neues Bild im Wandel der Tages- und Jahreszeiten.

OBEN
Felsen aus Basalt terrassieren und strukturieren das Gelände, begrenzen gleichzeitig die Beete.
—
RECHTS
Geborgenheit entsteht durch Gehölze wie z. B. den mehrstämmigen Fächer-Ahorn im Innenhof.

OBEN
Völlige Verschmelzung zwischen innen und außen, zwischen Architektur und Natur.

UNTEN LINKS
Die abgehängten Holzdecken im Haus werden in den Außenbereich gezogen und schaffen einen geschützten Sitzplatz.

—

UNTEN RECHTS
Große Bäume und immergrüne Hecken ermöglichen Privatsphäre.

M

Möglich macht dies eine enge Abstimmung zwischen Architektur (Entwurf earlybirds Architekten, Frankfurt) und Gartengestaltung. Dafür liefert die Architektur mit bodentiefen Fensterfronten, die sich zum Garten hin beidseitig komplett öffnen lassen, die Grundlage. So hat man im Wohn- und Essbereich das Gefühl, im Freien inmitten der Pflanzen zu sitzen. „Der Garten verzahnt sich mit dem Wohngebäude dank derselben Materialwahl. Bodenbeläge greifen ineinander, sodass ein fließender Übergang vom Innenraum zum Garten und Innenhof hergestellt wird. Auch die abgehängten Holzdecken im Haus werden in den Außenbereich hinausgezogen", erklärt Paul Heidt, der während der Bauphase des Wohngebäudes hinzugezogen wird. Der junge Gartenplaner, ehemaliger Mitarbeiter von Peter Berg (siehe S. 148), hat sich vor ca. einem Jahr selbstständig gemacht. Dass der naturalistische Stil des Gartendesigners aus Sinzig mit Felsen und Mischpflanzungen seine Arbeit prägt, ist unschwer zu erkennen.

Von Beginn an ist klar, dass mit großen Gehölzen gearbeitet werden muss: Zum einen verlangt der raumgreifende, dreistöckige Baukörper entsprechend große Gehölze, damit die Proportionen stimmen. Zum anderen lässt sich auf dem exponierten, gleich von drei Seiten einsehbaren Grundstück nur so Privatsphäre schaffen – aber bitte ohne den Blick zu verstellen. Denn die Lage hier am Hang ist gefragt: Man blickt nicht nur auf das Wahrzeichen der Gegend, den Turmberg, sondern hat einen Panoramablick von den Weinbergen über die Rheinebene bis in die Pfälzer Berge.

Daher muss der Planer die Gehölze sehr präzise positionieren – und das ist nicht überall so ohne weiteres möglich: „Das Gebäude lässt an den Randzonen nur wenig Platz, daher war es gerade im schmalen Seitenstreifen schwierig, unter Wahrung der geltenden Grenzabstände im städtischen Bereich große Bäume zu pflanzen. Wir haben die Randzonen zu den Nachbargrundstücken angehoben, um die Gehölze auf einem höheren Niveau pflanzen zu können." Nun schirmt eine Eibenhecke als immergrüne Wand die Blicke ab, davor vermitteln schlanke Säulen-Hainbuchen (*Carpinus betulus* 'Fastigiata') zum Wohngebäude. Auch die vorhandenen Eiben, die zunächst beseitigt werden sollten, kann der Planer nach einem Formschnitt („Wolkenform") miteinbeziehen. Sie spielen eine wichtige Rolle bei der Abschirmung der viel befahrenen Hauptstraße unterhalb des Grundstücks.

Felsen aus Basalt terrassieren und strukturieren das Gelände, begrenzen gleichzeitig die Beete. Der Naturstein bildet einen Kontrast zur Pflanzung und schafft eine Verbindung zur Terrassierung der umgebenden Weinberge. Höhenstaffelungen werden durch Gehölze, Gräser und Stauden inszeniert – das wirkt abwechslungsreich und naturnah. Paul Heidt wählt für seine naturalistischen Pflanzbilder überwiegend trockenheitsverträgliche Pflanzen, die das warme, niederschlagsarme Klima der Oberrheinischen Tiefebene vertragen. Edle Solitäre wie Amberbaum *(Liquidambar styraciflua)*, Japanischer Blumen-Hartriegel *(Cornus kousa)*, Tupelobaum *(Nyssa sylvatica)* oder Gleditschie *(Gleditsia triacanthos)* setzen zu jeder Jahreszeit Blickpunkte, betonen Blickachsen oder blenden Störendes aus und tragen zur Verbesserung des Mikroklimas bei. Stimmungsvolle Gräser- und Staudenpflanzungen aus u. a. Steppen-Salbei *(Salvia nemorosa)*, Bergminzen *(Clinopodium nepeta)*, Glockenblumen *(Campanula)* sowie Amsonien *(Amsonia tabernaemontana)* verbinden die Gartenräume zu einer harmonischen Einheit und sind zudem insektenfreundlich.

Mit seiner einfühlsamen Gestaltung schafft Paul Heidt einen Ort, der trotz seiner Klarheit vielschichtige Naturerlebnisse bietet: „Der Garten vermittelt Leichtigkeit und Weite durch den Bezug zur Landschaft, bleibt aber privat dank durchdachter Raumkanten. Er drängt sich mit seiner reduzierten Gestaltung nicht auf, ist aber dennoch präsent und verankert das große Wohnhaus in der Kulturlandschaft."

PAUL HEIDT

„Ein Garten, der den Wohnraum erweitert – offen zur Landschaft, mit gezielt geführten Blicken und ruhiger Atmosphäre in stadtnaher Lage."

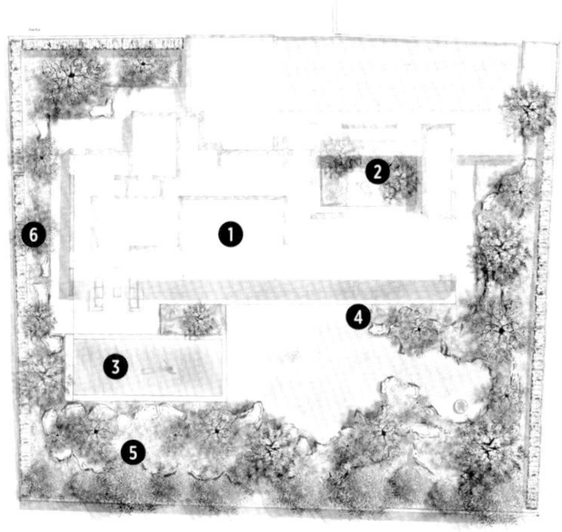

Details

LAGE
KARLSRUHE, BADEN-WÜRTTEMBERG

GRÖSSE
1.012 M²

PLANUNGSBÜRO,
GARTENLANDSCHAFT PAUL HEIDT GMBH

AUSFÜHRUNG
GARTENLANDSCHAFT PAUL HEIDT GMBH

FOTOGRAFIE
FERDINAND GRAF LUCKNER

PLAN
1 WOHNHAUS
2 PATIO
3 POOL
4 FELSEN
5 STAUDEN-/GRÄSERPFLANZUNG
6 SICHTSCHUTZ DURCH GEHÖLZE

Garten der Villa Al-Thea

„Der Auftraggeber wünschte sich einen lebendigen Garten voller Vögel, Schmetterlinge und anderer Insekten, reich an Blumen, Düften und Farben. Ein Ort, der sich wie ein Zuhause anfühlt und an dem man gerne Zeit verbringt", sagt Nico Wissing, bekannt für seine naturnahen Gärten, in denen er Mensch und Natur ins Gleichgewicht bringen möchte. Hier in der alten Kulturlandschaft Südspaniens mit ihren terrassierten Oliven- und Orangenhainen kreiert der Gartenplaner einen Landschaftsgarten, der zeitgemäß und gleichzeitig ökologisch verantwortlich ist.

OBEN
Wildblumenwiesen und regionaltypische Trockenmauern ziehen sich hinauf zur Villa.

—

LINKS
Geschwungene Wege führen durch den Landschaftsgarten, vorbei an markanten Baumgestalten wie diesem betagten Olivenbaum.

Von der Finca bietet sich ein weiter Blick über die langgestreckte Passerelle in die Landschaft.

NICO WISSING

„Der fließende Übergang zwischen der Finca und ihrer Umgebung ist die Stärke des Entwurfs. Heimische Pflanzen und besondere Gartenelemente verstärken die Verbindung mit der umgebenden Landschaft."

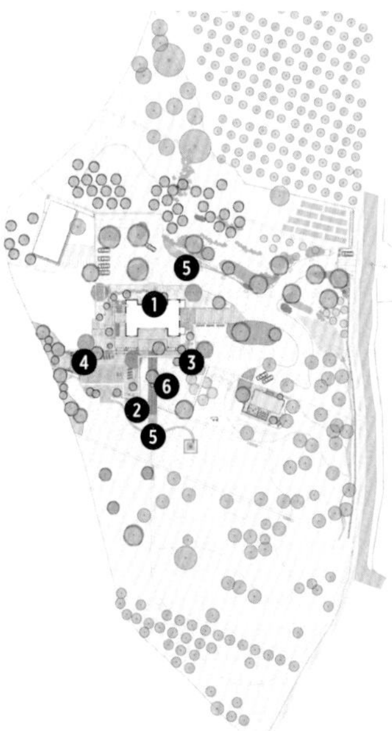

Details

LAGE
ALTEA, COSTA BLANCA, SPANIEN

GRÖSSE
20.000 M²

PLANUNGSBÜRO
STUDIO NICO WISSING

AUSFÜHRUNG
JARDINERIA VIGIL NAVARRO

FOTOGRAFIE
EFFIMERO ESTUDIO & STUDIO NICO WISSING

PLAN
1 VILLA
2 PASSERELLE
3 BLUMENWIESE
4 POOL
5 TROCKENMAUERN
6 OLIVENBAUM

E

Er ist Teil einer Finca, einem Landgut mit neu errichteter moderner Villa (Construcciones Andrés Jumilla). Was Nico Wissing sich für diesen besonderen Ort vorstellt, ist eine enge Verbindung zur alten Kulturlandschaft – das soll mit der Schaffung von Sichtachsen und einer harmonischen Integration in die Hügellandschaft gelingen.
Zunächst begibt sich der Planer auf Spurensuche nach Relikten einer ehemaligen Bewirtschaftung: „Das Gelände war wild, eine aufgegebene landwirtschaftliche Parzelle mit verfallenen Trockenmauern *(bancales de piedra)*. Bauunternehmer und Gärtner hatten bereits begonnen, Teile der Mauern abzutragen und die Landschaft zu verändern." Da jedoch die Landschaft Grundlage der Gestaltung ist, werden die alten Kalksteinmauern restauriert, Landschaftslinien wiederhergestellt und der Boden auf sein ursprüngliches Niveau angehoben. Dafür verwendet der Planer ganz im Sinne der Nachhaltigkeit die vorhandenen Kalksteine wieder und ergänzt sie mit neuen Steinen aus der Region. „Ohne Mörtel nach der traditionellen Trockensteinmethode *(piedra seca)* wird Stein auf Stein aufgeschichtet. So bleiben das ursprüngliche Liniengefüge der Mauern sowie die charakteristischen Ebenen, die so typisch für die Landschaft sind, erhalten", erklärt Nico Wissing. Trockenmauern haben in der Gegend eine lange Tradition und dienten dazu, ebene Flächen für z. B. Olivenhaine zu schaffen, die es heute noch in der Region gibt. Gleichzeitig verhindert man damit den Abtrag fruchtbarer Erde durch Erosion. „Die Terrassen sind von der FAO (Ernährungs- und Landwirtschaftsorganisation der Vereinten Nationen) als immaterielles Kulturerbe anerkannt und bilden einen wichtigen Bestandteil der Landschaft und der Identität der Region", berichtet Nico Wissing.

Die Verbindung zwischen Finca und Umgebung erreicht der Gartengestalter mit einer langen Passerelle (Übergang), die sich in die Landschaft erstreckt und das Haus über die lange Sichtachse mit seiner Umgebung verbindet. Die Konstruktion besteht aus einem Stahlrahmen mit einem Belag aus nachhaltig erzeugtem Bambusholz, ergänzt um seitliche Glaspaneele für die Transparenz. Ein alter Olivenbaum mit markantem Wuchs wächst gleich einer lebenden Skulptur durch den Steg und symbolisiert die tiefe Verbundenheit mit der Landschaft. Begeht man die Passerelle, so entsteht der Eindruck, als schwebe man über der neu angelegten Blumenwiese. Denn fast 60 % der Fläche sind mit Wildblumen und Kräutern bepflanzt, die zahlreiche Insekten wie Schmetterlinge und natürlich auch Vögel anlocken. „Die Aussaat einer Blumenwiese ist in Spanien etwas Besonderes und erfolgte in Zusammenarbeit mit Professor Miguel Agulló Velasco von der Polytechnischen Universität Valencia. Die Blumenmischung besteht aus heimischen Arten trockener Standorte wie z. B. *Centaurea mariolensis*, Salbeiblättrige Zistrose *(Cistus salviifolius)*, Klatschmohn *(Papaver rhoeas)* und Leinkraut *(Linaria depauperata)*", so Nico Wissing. Sie wird einmal im Jahr im Oktober gemäht, nachdem sich die Arten versamt haben.
Beete mit trockenheitsresistenten Arten ergänzen die Wiesenflächen, sorgen für Struktur und jahreszeitliche Vielfalt. Die Bepflanzung aus trockenverträglichen Gräsern, Stauden und Halbsträuchern (u. a. Zartes Federgras *(Stipa tenuissima)*, Silber-Wermut 'Powis Castle' *(Artemisia arborescens)*, Prachtkerze *(Oenothera lindheimeri)*, Kretische Strauchpappel *(Lavatera cretica)*) verleihen dem Landschaftsgarten ein mediterranes Flair. Heimische Bäume und Sträucher, darunter Oliven-, Granatapfel- und Zitronenbäume *(Olea europaea, Punica granatum, Citrus limon)* sowie Tamarisken *(Tamarix)* dürfen natürlich nicht fehlen. Mit dieser großen Vielfalt an Pflanzen schafft Nico Wissing eine lebendige natürliche Gartenlandschaft, die mit dem alten Kulturland harmoniert – sie ist mehr als nur schmückendes Beiwerk zu einer Villa – sie wertet die Landschaft mit ihrer Biodiversität auf!

OBEN LINKS
Trockenverträgliche Stauden wie *Echium*, Artemisien und Gräser wie *Stipa* tragen Farbe und Dynamik in den Landschaftsgarten.

OBEN RECHTS
Die Passerelle führt von der Terrasse über die Blumenwiese in die Landschaft.

—

UNTEN
Trockenmauern werden als Gestaltungselement im hausnahen Bereich aufgegriffen, etwa am Sitzplatz mit Wasserspiel, das vom Infinitypool gespeist wird.

Architects' Choice

TOP 50

BEST OF ARCHITECTURE

HERSTELLER
Gärten des Jahres
2026

Mit dem Ranking „Top 50“ würdigt Callwey im Besonderen die Hersteller von Produkten, die über mehrere Jahre hinweg Award-Einreichungen auf einem ausgesprochen hohen Niveau getätigt haben. Die einzelnen eingereichten Produkte bei den Awards – in diesem Fall „Architects' Choice – Gärten des Jahres“ – erhalten jedes Jahr von Callwey Punktzahlen, welche das Ranking der Top 50 bestimmen. Die Punktvergabe ist dabei wie folgt:

1. Preis Architects´ Choice:

20 Punkte

Architects´ Choice mit Auszeichnung:

10 Punkte

Die Vergabe eines ersten Platzes erfolgt ab dem Jahr 2019. Im Falle eines Punktgleichstandes wird das Ranking alphabetisch fortgeführt.

1

A-Z GARTENHAUS GMBH
Hamburg
www.gartenhaus-gmbh.de

2

KRAUSS DER STEIN GMBH & CO. KG
Schwaigern
www.krauss-der-stein.de

3

MOBILANE GMBH
Heusenstamm
www.mobilane.com/de

4

HERRENHAUS – WERKSTÄTTEN
IST TEIL DER CUBIC OUTDOOR LIVING FAMILIE
Weißenbach
www.herrenhaus-werkstaetten.de

5

DESIGN@GARTEN GMBH & CO. KG
Augsburg
www.designatgarten.de

6

KANN GMBH BAUSTOFFWERKE
Bendorf-Mülhofen
www.kann.de

7

SIMON RÜEGG LANDSCHAFTSARCHITEKTUR AG
CH–Wald
www.simonruegg.ch

8

ADEZZ B.V.
NL–Uden
www.adezz.com

9

BRUNS-PFLANZEN-EXPORT GMBH & CO. KG
Bad Zwischenahn
www.bruns.de

10

CONSTILA – EINE MARKE DER ADECO TÜRFÜLLUNGSTECHNIK GMBH
Herzebrock-Clarholz
www.constila.de

„Die Cortenstahl-Pflanztröge setzen mit ihrer warmen Rostpatina einen modernen, robusten Akzent."

Die Gartenwiesel GmbH
über ADEZZ

11

IN-LITE DESIGN BV
NL-Gorinchem
www.in-lite.com

12

INKARHO GMBH
Bad Zwischenahn
www.inkarho.de

13

PETRA PELZ LANDSCHAFTSARCHITEKTIN
Sehnde
www.petra-pelz.com

14

SCHELLEVIS B.V.
NL-BA Dussen
www.schellevis.nl

15

SOLPURI GMBH
Oberhaching
www.solpuri.com

16

TANTAN JOSEF HAIN GMBH & CO. KG
Ramerberg
www.tan-tan.de

17

TERRANDO ALUMINIUM GMBH
Osnabrück
www.terrando-alu.de

18

HOCK GMBH & CO. KG
Großkrotzenburg
www.hock-dich-hin.de

19

NIEHOFF GARDEN GMBH
Warendorf
www.niehoff-garden.de

20

VALERIUS-DESIGN
Arnsberg
www.valerius-design.eu

21

NIVEKO S.R.O.
CZ-Uherský Brod
www.niveko-pools.com

22

ARTEMIDE S.P.A.
I-Mailand
www.artemide.com

23

GODELMANN GMBH & CO. KG
Fensterbach
www.godelmann.de

24

MARKILUX GMBH + CO. KGG
Emsdetten
www.markilux.com

25

ALFER® ALUMINIUM GESELLSCHAFT MBH
Wutöschingen
www.alfer.com

26

DEGARDO GMBH
Bad Oeynhausen
www.degardo.de

„Die App ersetzt langwieriges Blättern in Katalogen und Zeitschriften durch schnelle, zielgerichtete Planung."

Ludwig Stangelmayer
über die Pflanzenreich App von Petra Pelz

27

DIDERK HEINJE PFLANZENHANDEL-GESELLSCHAFT MBH & CO. KG
Jeddeloh
www.heinje.de

28

DOT-SPOT GMBH & CO. KG
Schwarzenbruck
www.dot-spot.eu

29

ETEX GERMANY EXTERIORS GMBH
Beckum
www.cedral.world

30

FEUERRING GMBH
CH–Immensee
www.feuerring.ch

31

FREILUFTMANUFAKTUR GMBH & CO. KG
Nordwalde
www.freiluftmanufaktur.com

32

GARPA GARTEN & PARK EINRICHTUNGEN GMBH
Escheburg bei Hamburg
www.garpa.de

33

GÄRTNEREI D. LABHART
CH–Schafisheim
www.d-labhart.ch

34

GLORIA HAUS- UND GERÄTE GMBH
Witten
www.gloriagarten.de

35

HAUSER NATURSTEIN GMBH
Rosenheim
www.hauser-naturstein.de

36

KNIRPS GMBH
AT–Braunau am Inn
www.knirps.com

37

KORTMANN BETON GMBH & CO. KG
Schüttorf
www.kortmann-beton.de

38

KÜNG WELLNESS AG
CH–Altendorf
www.kueng.swiss

39

KUSSER GRANITWERKE GMBH
Aicha vorm Wald
www.kusser.com

40

LIVLIG IST EINE BRAND DER NEW VENTURES GMBH
Rehau
www.livlig.com

41

LOUIS POULSEN GERMANY GMBH
Düsseldorf
www.louispoulsen.com

42

MYDECK GMBH
Königstein i Ts.
www.mydeck.de

43

NEBENGEBÄUDE WILHELM HERTLE GMBH
Neusäß-Täfertingen
www.nebengebaeude.de

44

POLHUS AB
SWE – Malmö
www.polhus.de

45

PUR NATUR HOLZPRODUKTE RUTHARD MÄNNLE E. K.
Zell a. H.
www.purnatur.com

46

RINN BETON- UND NATURSTEIN GMBH & CO. KG
Heuchelheim an der Lahn
www.rinn.net

47

SALAMANDER NATURGARTEN AG
CH–Schönenwerd
www.salamander-garten.ch

48

SOLARLUX GMBH
Melle
www.solarlux.com

49

STAUB DESIGNLIGHT AG
CH–Stansstad
www.staub-designlight.ch

50

SUNSQUARE SHADING SOLUTIONS GMBH
AT–Tulln
www.sunsquare.com

„Wir vertreten die Firma
Feuerring GmbH
aus Immensee seit Jahren
und sind äußerst
zufrieden mit den ästhetisch
ansprechenden
wie auch praktischen
Feuerringen.
Nur das Original funktioniert
dabei einwandfrei
und bereitet Freude beim
Outdoor-Kocherlebnis."

Ben Uhlmann,
Gartenkultur AG

CALLWEY

CUBIC

Eleganter Treffpunkt für die Gartenparty

Architects' Choice
GÄRTEN DES JAHRES 2026
1. Preis

Stilvoll und smart – mit diesen beiden Merkmalen ist „Floating Bar“ des Herstellers CUBIC OUTDOOR LIVING treffend charakterisiert – ein individuelles Designstück, das Bar und Küche für den Außenbereich in eleganter Manier vereint.

An dieser handwerklich hochwertig gearbeiteten Kombination aus Bar und Küche werden Liebhaber des Kochvergnügens unter freiem Himmel ihre helle Freude haben, die Wert auf zeitloses Design und ausgefeilte Funktionalität legen. Hersteller CUBIC OUTDOOR LIVING vereint in der *Floating Bar* Komfort mit hoher Qualität und reduziertem Design. Der Bartisch besteht aus einer scheinbar schwebenden Arbeitsplatte, die sich mühelos öffnen lässt und zwei elegante Becken mit einer stilvollen Armatur freigibt. Das Möbel bietet wasserdichten Stauraum für Gläser, integrierte Kühlschubladen für erfrischende Getränke sowie ein Becken mit integrierter Durchlaufkühlung im Beckenrand (doppelwandig), sodass die Spüle auch als Eisbehälter genutzt werden kann. Gekocht wird auf integrierten unsichtbaren Induktionskochfeldern, die den Bartisch in eine vollwertige Küche verwandeln. Eine indirekte Beleuchtung hinter den mit Lamellen verkleideten Glastüren macht die „Floating Bar“ abends zum stimmungsvollen Blickfang und zentralen Treffpunkt im Garten.

Ein weiteres großes Plus ist die modulare Wandelbarkeit, denn jede „Floating Bar“ lässt sich in Material, Ausstattung und Nutzungsszenario individuell an die Bedürfnisse des jeweiligen Nutzers anpassen und wird auf Maß gefertigt. „Die „Floating Bar“ ist kein standardisiertes Möbel, sondern ein architektonisches Statement mit Charakter und Haltung; sie spiegelt also nicht nur den Ort, sondern auch die Persönlichkeit ihres Besitzers wider“, heißt es beim Hersteller.

Der komplette Korpus besteht laut CUBIC aus recyclefähigem, umweltfreundlichen Material (veredeltes Material Tricoya) und ist mit wasserbasierten Lacken beschichtet. Dessen Lebensdauer gibt der Hersteller mit über 20 Jahren an. Jedes Stück wird in Handarbeit hergestellt und zeichnet sich durch hochwertige Materialien, unverwechselbares Design und zeitlosen Stil aus. Die Fertigung findet ausschließlich in Deutschland in einer energieeffizienten Produktionsstätte statt.

„Die „Floating Bar" bricht die Schwere herkömmlicher Outdoorküchen – sie schafft Leichtigkeit, Ästhetik und grenzenlose Funktionalität als Bühne für schöne gemeinsame Momente."

MICHAEL MÜLLER,
INHABER UND GESCHÄFTSFÜHRER

Details

KATEGORIE
OUTDOOR-KÜCHEN UND GRILLPLÄTZE

PRODUKTNAME
FLOATING BAR

PRODUKTTYP
OUTDOORKÜCHE BZW. OUTDOORBAR

PRODUKTIONSORT
DEUTSCHLAND

MARKTEINFÜHRUNG
2025

MASSE
3.270–4.670 x 900 x 964 MM

PREIS
CA. 90.000 EURO

KONTAKT
WWW.CUBICOUTDOORLIVING.COM

TANTAN

Badegenuss aus einem Guss

Der Outdoorpool FARAH aus Beton, in einem Stück gefertigt, lässt den Wunsch nach einer edlen, puristischen Bademöglichkeit im eigenen Garten unkompliziert wahr werden.

Viele träumen vom eigenen Schwimmbad im Garten – es muss ja nicht immer gleich die 10 m Bahn mit Jetgegenstromanlage und Tiefwasserbereich für professionelles Schwimmtraining sein. Um eine angenehme Abfrischung oder einfach Spaß im Wasser zu haben, geht es auch eine Nummer kleiner und weniger aufwendig. Etwa mit dem einteiligen Betonpool FARAH (Maße: 400 x 200 x 120 cm) vom Hersteller Tantan, der für seine puristischen Möbel aus recyceltem Beton für den Außenbereich bekannt ist. Der Name ist übrigens Programm – Farah bedeutet soviel wie Freude, die man im schnörkellosen Pool dank seiner Funktionalität empfinden kann. Der Poolkörper besteht aus hochwertigem Beton (Sichtbeton Klasse C30/37), der mit Elementen aus Holz und Stahl in minimalistischem Design harmonisch zusammenfindet. Stufen und Technikschacht sind variabel auf Kundenwünsche skalierbar, die technische Ausstattung frei wählbar, sodass jeder die passende Lösung für seine individuellen Vorstellungen findet. Aufbau und ggf. Abbau erfolgen in der Regel schnell und unkompliziert. FARAH wird mit einem vorinstallierten Technikpaket geliefert. Wenn alle Voraussetzungen stimmen, kann das Badevergnügen noch am selben Tag losgehen. Davon angesprochen fühlen dürften sich besonders Kunden mit ästhetischen Ansprüchen, die Wert auf Langlebigkeit und puristisches Design legen. Ebenso bietet sich der Badegenuss aus einem Guss für Mietobjekte (da schnell wieder abbaubar) und Hotelanlagen an. Das Material unterliegt einem natürlichen Alterungsprozess, es lässt sich wieder aufbereiten (Sandstrahlen), aber auch recyclen (z. B. im Straßenbau). Die Lebensdauer seines Pools gibt der Hersteller schlicht mit „unbegrenzt" an. Produziert wird in Bayern, selbst die verwendeten Materialien stammen aus der Region.

GESCHÄFTSFÜHRERIN
SUSANNE HAIN

„Reduziert, ästhetisch und zeitlos hochwertig – einzigartige Outdoor-Betonmöbel mit Persönlichkeit."

SUSAMME HAIN

Details

KATEGORIE
POOLS UND SCHWIMMTEICHE

PRODUKTNAME
POOL FARAH 4 X 2 M

PRODUKTTYP
OUTDOORPOOL AUS BETON, IN EINEM STÜCK GEFERTIGT

PRODUKTIONSORT
RAMERBERG

MARKTEINFÜHRUNG
2022

PREIS
AUF ANFRAGE

KONTAKT
WWW.TAN-TAN.DE

KANN GMBH

Des Pudels Kern

Hersteller KANN GmbH Baustoffwerke hat einen Bodenbelag aus Beton entwickelt, der per Saldo zu 100 % CO_2-neutral im Vergleich zu herkömmlichem Betonpflaster ist – ohne Abstriche bei Design und technischen Eigenschaften.

Der Betonpflasterstein „ProKlima Zero" ist laut Hersteller ein neuartiges Betonprodukt, das Kohlenstoff natürlichen Ursprungs dauerhaft bindet. So werden CO_2-Emissionen in derselben Höhe verhindert, wie sie bei der Herstellung des Betonsteins entstehen. Dafür wird ein Rohstoff auf Biomassebasis im Kernbeton, also im nicht sichtbaren Inneren des Pflastersteins, verarbeitet.
Hintergrund ist folgender: Bei der Herstellung von Betonpflastersteinen kommen natürliche Rohstoffe wie Sand, Kies, Splitt, Wasser und Zement zum Einsatz. Durch den Einsatz dieser Rohstoffe und während des Produktionsprozesses entstehen CO_2-Emissionen, die sich laut Kann derzeit noch nicht vollkommen vermeiden lassen – daher die Idee, durch die Verwendung eines Biomasse-Rohstoffs dauerhaft im Stein so viel CO_2 zu speichern, wie bei seiner Fertigung inklusive der nötigen Rohstoffe entsteht. Dazu wird ein aus Biomasse bestehender Rohstoff im Kernbeton, dem nicht sichtbaren Inneren des Pflastersteins, verarbeitet. Der sichtbare Vorsatzbeton bleibt unverändert und in Bezug auf die Farbe, die Oberfläche oder die Formgebung genauso individuell gestaltbar, wie Betonpflastersteine mit herkömmlicher Rezeptur.

Die Biomasse besteht aus land- und forstwirtschaftlichen Reststoffen; bevor diese verrotten, werden sie in einem besonderen Verfahren für die Weiterverarbeitung in der Betonsteinfertigung aufbereitet, sodass der darin enthaltene Kohlenstoff dauerhaft gebunden bleibt. Dieser Rohstoff ersetzt einen Teil der herkömmlichen Betonbestandteile und bleibt auch im fertigen Beton über Jahrzehnte hinweg sowie nach dem Recycling sicher eingeschlossen. Durch den Verschluss im Stein wird der Rotteprozess des organischen Materials und somit die Freisetzung von CO_2 verhindert.
Laut Kann erfüllt „ProKlima Zero" alle Anforderungen an Widerstandsfähigkeit und Langlebigkeit sowie Abriebfestigkeit (entspricht den Normen EN 1338 oder EN 1339). Unterschiedliche Steingrößen und -dicken sind problemlos möglich, ebenso wie individuelle Farben oder Oberflächenbearbeitungen. Interessant dürfte der Stein für Landschaftsarchitekten, Architekten, (Stadt-) Planer, Gewerbe, aber auch Privatleute mit Fokus auf nachhaltige Gestaltung sein, zumal das Unternehmen die Lebensdauer mit über 50 Jahren angibt.

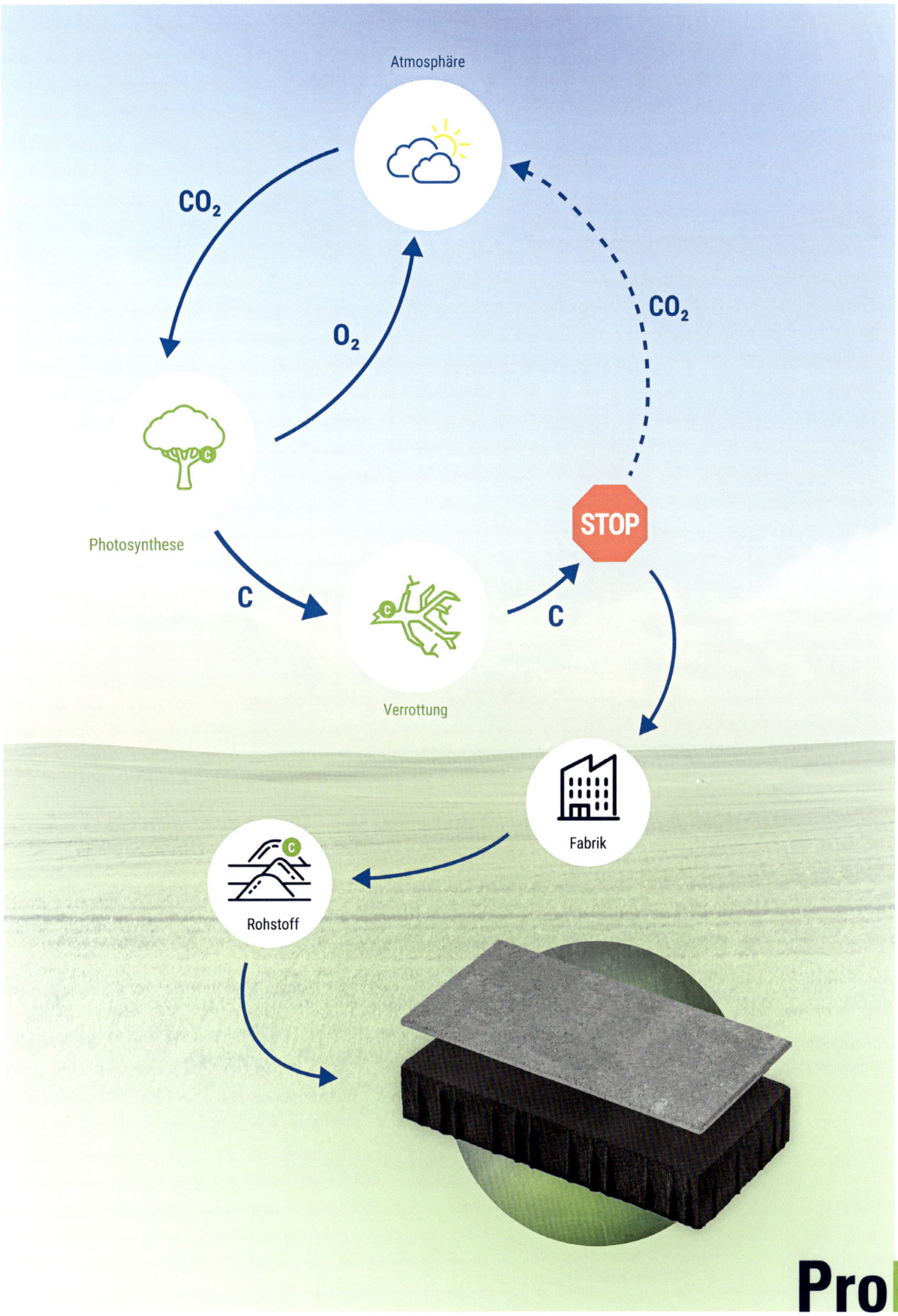

FRANK WOLLMANN
GESCHÄFTSFÜHRER

Details

KATEGORIE
BODENBELAG

PRODUKTNAME
PROKLIMA ZERO

PRODUKTTYP
BETONPFLASTERSTEIN

PRODUKTIONSORT
DEUTSCHLAND

MARKTEINFÜHRUNG
2025

PREIS
12 EURO/M²
(ZULAGE ZUM JEWEILIGEN VERKAUFSPREIS DES GEWÄHLTEN PFLASTER-STEINS)

KONTAKT
WWW.KANN.DE

„Der Klimawandel ist nicht nur nah, er findet längst statt, und wir sind entschlossen, etwas dagegen zu tun."

FRANK WOLLMANN,
GESCHÄFTSFÜHRER KANN GMBH BAUSTOFFWERKE

Schellevis®

Durchlässigkeit gefragt

Schellevis® hat sein Sortiment um wasserdurchlässige Grasbetonplatten für die Gestaltung klimaresistenter Außenbereiche erweitert.

Seit Starkregenereignisse im Zuge des Klimawandels immer häufiger auftreten, muss sich jeder „Häuslebauer" mit den Themen Versickerung und Verringerung des Oberflächenabflusses beschäftigen. Das funktioniert naturgemäß auf bewachsenen, unbefestigten Flächen am besten. Nun lassen sich Befestigungen aber nicht überall vermeiden; man denke etwa an Auffahrten oder Garageneinfahrten – die Frage ist vielmehr, wie man dies macht. Eine gute Wahl sind Beläge, die Begrünung sowie Versickerung ermöglichen und sich weniger stark aufheizen, gleichzeitig aber die Befahrbarkeit der Fläche gewährleisten.
Dieses wichtige Thema greift der niederländische Hersteller Schellevis® mit seiner neuen Serie von Grasbetonprodukten auf, ohne Abstriche beim Design zu machen. Die wasserdurchlässigen Elemente tragen dazu bei, extreme Wetterbedingungen zu bewältigen, Grundwasservorräte aufzufüllen und Hitzestress zu reduzieren. Dabei bieten sich vielfältige Kombinationsmöglichkeiten mit Grünflächen oder Kies an, sodass maximale Gestaltungsfreiheit auf großen wie auch auf kleinen Flächen gegeben ist. Ergänzt wird das Sortiment mit großformatigen Platten, deren reduzierte Eleganz Raum und Struktur definiert. So vereint etwa die Grasbetonplatte Matrix (Großformat mit 200 x 100 x 10 cm) diese Vorteile in sich, kombiniert mit einem markanten Design, das vielerei Gestaltungsmöglichkeiten für Außenräume eröffnet.
Die Grasbetonplatten lassen sich mit dem bestehenden Sortiment kombinieren, sodass sich Außenbereiche dank einheitlicher Materialwahl klar und ruhig gestalten lassen. Das Schellevis®-Sortiment bietet eine Art Baukastensystem aus witterungsbeständigen Betonprodukten, die sich flexibel einsetzen lassen. Laut Hersteller ist von großformatigen Platten bis zum Schwimmbadrand alles in der gleichen altholländischen Schellevis®-Struktur und Farbgebung erhältlich, in jeder gewünschten Größe oder Dicke. Mit einer Vielzahl von Formen, Formaten und Farben sorgt das Sortiment dafür, dass jedes Element nahtlos ineinandergreift. Das Material basiert auf hochwertigem Beton und ist laut Hersteller robust, abriebfest und langlebig. Schellevis® verwendet nach eigenen Angaben für seine Produkte 100 % natürliche Rohstoffe, die aus bis zu 50 % recyceltem Material bestehen. Der Produktionsstandort ist in den Niederlanden.

Details

KATEGORIE
BODENBELAG

PRODUKTNAME
GRASBETONPLATTEN MATRIX – SCHELLEVIS GROSSFORMATPLATTEN

PRODUKTTYP
GEHWEG-, EINFAHRTS- UND TERRASSENPLATTEN SOWIE ELEMENTE AUS BETON

PRODUKTIONSORT
NIEDERLANDE

MARKTEINFÜHRUNG
2025

KONTAKT
WWW.SCHELLEVIS.NL/DE

Adezz

Edle Pflanzgefäße in zeitlosem Design

Vom Hersteller ADEZZ B.V., bekannt für puristisches Design im Außenbereich, gibt es ab Oktober 2026 die „Stonecore"-Kollektion, die Außen- und Innenräume mit der eleganten Ausstrahlung und Beständigkeit von Naturstein aufwertet – aber ohne dessen hohes Gewicht.

Ohne elegante Gefäße und Pflanzkübel geht auf Terrassen und Dachterrassen nichts – sie bieten Blickpunkte und können, mit wirkungsvollen Solitären bepflanzt, wichtige Elemente der Raumbildung sein. Die Pflanzgefäße der neuen Serie des Herstellers ADEZZ B.V. vereinen Ästhetik, Funktion und Langlebigkeit und fügen sich harmonisch in architektonische oder natürliche Umgebungen ein. Die Kollektion steht für zeitloses reduziertes Design, kombiniert mit robustem Material und handwerklicher Präzision: *Stonecore* vereint die Optik und Haptik von Stein mit der Stabilität und Leichtigkeit von Verbundtechnologien. Das Material basiert laut Hersteller auf glasfaserverstärktem Beton (GFRC), einer Kombination aus Zement, Quarzsand, Polymerzusätzen sowie alkaliresistenten Glasfasern. Diese sorgen für Zugfestigkeit, Flexibilität, Korrosionsfreiheit und Langlebigkeit.

Gedacht ist die Kollektion für Architekten, Garten- und Landschaftsbauer, Designer sowie anspruchsvolle Privatkunden, die Wert auf langlebige und ästhetische Produkte legen. Die Gefäße sind in verschiedenen Größen erhältlich und für Gärten, Terrassen, Hotelanlagen, Eingangsbereiche sowie öffentliche Außenräume geeignet, harmonieren dank feiner Struktur und Farbvielfalt, aber ebenso in Innenbereichen wie Büros, Wintergärten oder Wohnräumen.
Die Produkte der „Stonecore"-Kollektion sind frostresistent, witterungsbeständig und bieten eine Lebensdauer von über zehn Jahren im Außenbereich. Die Oberfläche ist abriebfest, farbstabil und in vier Farbtönen erhältlich. Das Materialkonzept der Serie gewährleistet eine hohe Stabilität bei geringerem Rohstoffeinsatz und fördert eine bewusste, langfristige Nutzung jenseits kurzlebiger Trends.

Details

KATEGORIE
PFLANZGEFÄSSE UND ACCESSOIRES

PRODUKTNAME
STONECORE

PRODUKTTYP
PFLANZGEFÄSSE FÜR DEN AUSSEN- UND INNENBEREICH

PRODUKTIONSORT
EUROPA

MARKTEINFÜHRUNG
2026

PREIS
AB 550 EURO

KONTAKT
WWW.ADEZZ.COM/DE-DE

„Stonecore vereint natürliche Schönheit und moderne Technik zu einer Kollektion, die Außenräume in zeitlose Designlandschaften verwandelt."

NICLAS SOMMER

Garpa

Zeitloser Design-Klassiker für Generationen

Es gibt Möbel, die wie der Wiener Kaffeehausstuhl echte Design-Ikonen sind. Einen solchen zeitlosen Klassiker gibt es mit „Fontenay" ebenso im Außenbereich.

Dieser elegante Armlehnstuhl mit dem Flair der Belle Époque ist bereits seit über 25 Jahren auf dem Markt und bereichert seitdem Terrassen und Gärten mit seinem elegant-zurückhaltenden Design. Wer sich eher von bleibenden Werten denn schnelllebigen Modetrends angesprochen fühlt, wird diesen Stuhl wertschätzen, der seinen Charme über Jahrzehnte bewahrt. Nicht selten wird der klassische Armlehnstuhl dank zeitloser Gestaltgebung und Beständigkeit sogar ein Möbelstück für Generationen. Garpa hat das Original aus Teak und Stahl sukzessive perfektioniert und mit zeitgemäßer Ergonomie verbunden. Der klappbare Designklassiker ist nach der Anatomie des Körpers modelliert und verspricht mit ergonomisch geformten Sitz- und Rückenflächen hohen Sitzkomfort. Die große Sitzfläche aus Plantagenteak ist dreidimensional modelliert, sodass sie sich dem Körper anschmiegt. Vorn ist sie zur besseren Schenkelauflage abgerundet. Armlehnen aus Teak entlasten den Körper und sorgen für höheren Sitzkomfort. Auflagen in verschiedenen Farbtönen erhöhen die Bequemlichkeit der Möbel und setzen feine Akzente. Zusammengefaltet ist der Armlehnstuhl nur 15 cm schmal, lässt sich also mühelos verstauen. Das Aushängeschild des Garpa Sortiments zeichnet sich überdies durch seine hochwertigen, wetterfesten Materialien und die mit ihnen einhergehende Langlebigkeit aus. Das Teakholz stammt laut Garpa ausschließlich aus Plantagen und ist FSC-zertifiziert. Das graphitschwarze pulverbeschichtete Gestell besteht aus verzinktem und damit rostgeschütztem Stahl. Fußgleiter aus abriebfestem Kunststoff schützen wertvolle Böden vor Kratzern. Alle Drehverbindungen aus Edelstahlbolzen sind rostfrei gelagert, damit sie im Freien dauerhaft funktionieren. Laufrollen aus hochwertigem Polyamid, die unter der Sitzfläche angebracht sind, unterstützen leichtgängiges Klappen und schonen die beschichteten Metallteile.

MAREN KÖHLER-PREHN,
GESCHÄFTSFÜHRERIN GARPA

„Werte, die bleiben – der Fontenay Armlehnstuhl steht sinnbildlich für die Philosophie von Garpa."

MAREN KÖHLER-PREHN

Details

KATEGORIE
GARTENMÖBEL

PRODUKTNAME
FONTENAY ARMLEHNSTUHL TEAK

PRODUKTTYP
GARTENSTUHL

PRODUKTIONSORT
DAS PLANTAGEN-TEAKHOLZ STAMMT AUS BRASILIEN, DIE FERTIGUNG ERFOLGT IN DEUTSCHLAND, IN DER NÄHE DES FIRMENSITZES VON GARPA.

MARKTEINFÜHRUNG
1992

PREIS
785 EURO

KONTAKT
WWW.GARPA.DE

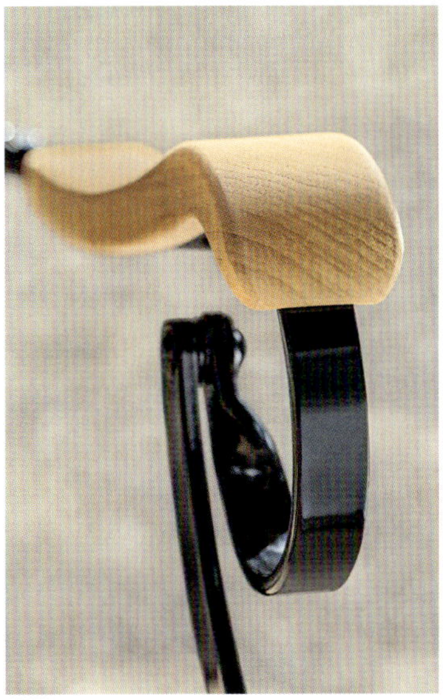

SunSquare

Ausgefeilter Sonnenschutz für Generationen

Schattenspender wie Sonnensegel, Markisen oder Sonnenschirme sollten keine Fremdkörper am Haus oder im Garten sein. Das SunSquare Dreiecksegel „SQK-I" ist ein bewährtes vollautomatisches Sonnensegel, das sich mit seinem reduzierten Design unaufdringlich in seine Umgebung einfügt und großflächigen Wetterschutz bietet.

Ohne Sonnenschutz geht im Außenbereich mittlerweile nichts mehr, und dort, wo es keinen natürlichen Baumschatten gibt, greift man gerne zu schnellen Lösungen, um sich ein schattiges Plätzchen im Freien zu sichern. Mit dem „SQK-I" von SunSquare lassen sich per Knopfdruck Wohnräume in den Außenbereich erweitern.Natur wird erlebbar gemacht – dank des großflächigen Schutzes vor leichtem Regen oder starker Sonneneinstrahlung. Freischwebende Segelenden ohne Stützen und dezente Wandmontageelemente ermöglichen dabei Lösungen, die architektonisch wie technisch viel Spielraum lassen. So stellt jede Anlage ein maßgeschneidertes Unikat dar, das individuell auf die Gegebenheiten vor Ort und die jeweiligen Kundenwünsche abgestimmt ist. Zudem verfügt jede Anlage über einen Windsensor, der die Anlage automatisch bei zu starkem Wind schließt.

Die einfache Handhabung sowie die klare Designsprache, die sich mühelos in verschiedene architektonische Konzepte einfügt, machen das Sonnensegel „SQK-I" für viele Bereiche interessant, etwa für private Gärten, gewerbliche und öffentliche Räume, Hotellerie sowie Gastronomie. Die Einsatzbereiche sind vielfältig, etwa am Wasser, im Garten, auf dem Balkon, der Terrasse oder der Dachterrasse. Die Lebensdauer des Sonnensegels gibt der Hersteller SunSquare Shading Solutions GmbH mit Jahrzehnten an – ein Sonnenschutz für Generationen.

Alle Komponenten und Befestigungselemente sowie das Sonnensegel-System wurden von Designer Mag. Gerald Wurz entworfen. Das Sonnensegel mit geschlossenem Seilkreislauf ist patentiert: Die Zugseile werden mittels freiliegender Edelstahlfedern, dem Markenzeichen von Sunsquare, vorgespannt. Dank des innenliegenden Seilzugs mit Kompensator sind Windböen kein Problem. Treten Böen auf, kann das Zugseil durch den Vierfachflaschenzug bis 1,6 m nachgeben, und die Kraft im Seil wird nicht höher als 350 N.

DESIGNER UND ERFINDER DES SONNENSEGELS: MAG. GERALD WURZ

INHABER UND GESCHÄFTSFÜHRER SUNSQUARE SHADING SOLUTIONS GMBH, ROBERT KAUTZKY

„Im Mittelpunkt steht die architektonische Harmonie des Gesamtbildes."

ROBERT KAUTZKY

Details

KATEGORIE
MARKISEN UND SONNENSCHUTZ

PRODUKTNAME
SUNSQUARE DREIECK-SEGEL

PRODUKTTYP
SQK-I

PRODUKTIONSORT
A-TULLN AN DER DONAU

MARKTEINFÜHRUNG
1993 – PATENT SUNSQUARE SONNENSEGEL

PREIS
AB 15.500 EURO

KONTAKT
WWW.SUNSQUARE.COM

Knirps

Tradition in Sachen Wetterschutz

Design trifft auf Funktion: Mit dem quadratischem Sonnenschirm der „Apoll Shell Edition" bietet das Traditionsunternehmen Knirps eine elegante Beschattung, die mit moderner Terrassengestaltung harmoniert.

Meine Oma hatte schon einen, der bei all ihren Unternehmungen immer griffbereit in ihrer Umhängetasche lag – ein handlicher kleiner Taschenschirm mit Namen Knirps (seit 1928). Neben den bewährten Regenschirmen stellt das gleichnamige Traditionsunternehmen auch Sonnenschirme her. Die kann man zwar nicht in eine Umhängetasche stecken, sie stehen jedoch ebenso für eine gelungene Kombination aus puristischem Design und durchdachter Funktion wie der über Jahrzehnte bewährte Regenschirm.
Unter dem Namen „Apoll Shell Edition" bietet Knirps aus der kompakten Mittelmast-Serie „Apoll" einen quadratischen Sonnenschirm in dem Farbton Shell Metallic mit passendem Sockel für den Außenbereich an, der manuell höhenverstellbar ist und dank Kurbelmechanik über eine automatische Dachneigung verfügt. So lässt sich der Schirm spielend an jeden Sonnenstand auf der Terrasse, auf dem Balkon oder am Pool anpassen. Der helle Farbton Shell greift aktuelle Trends für Möbel auf und passt besonders zu zeitgemäßen Terrasseneinrichtungen. Die Rahmenkonstruktion ist mit hauchzarten Metallpartikeln versehen – sobald Sonnenlicht auf das Gestell trifft, entstehen zart schimmernde Reflexionen. Der rollbare Granitsockel mit farblich passendem Aufsatzrohr erlaubt eine beliebige Positionierung. Gedacht ist der stilvolle Sonnenschutz für Zeitgenossen, die Wert auf Funktionalität, Komfort, Langlebigkeit und Ästhetik legen.
Der Sonnenschirm mit den Maßen 240 x 240 cm besteht aus pulverbeschichtetem Aluminium, der Sockel wird aus Granit (50 kg) mit pulverbeschichtetem Aufsatzrohr gefertigt. Es besteht die Möglichkeit zur individuellen Stoff- und Farbauswahl. Den Sonnenschirm gibt es für 429 €, der passende Granitsockel ist für 289 € erhältlich. Die Garantie beträgt 5 Jahre, mit der Möglichkeit zur Reparatur. Die Materialauswahl unterstützt laut Knirps sowohl die Robustheit als auch eine weitestgehend umweltfreundliche Herstellung. So sind laut Hersteller die Sonnenschirmbezüge z. B. schon seit vielen Jahren PFC-frei, ebenso wird auf Ressourcenschonung bereits in der Entwicklung, aber auch bei der Produktion geachtet und, soweit möglich, auf Plastikverpackungen verzichtet.

Details

KATEGORIE
MARKISEN UND SONNENSCHUTZ

PRODUKTNAME
APOLL SHELL EDITION

PRODUKTTYP
SONNENSCHIRM MITTELMAST

PRODUKTIONSORT
CHINA

MARKTEINFÜHRUNG
FRÜHJAHR 2026

KONTAKT
WWW.KNIRPS.COM

„Ein Knirps ist und bleibt seit knapp 100 Jahren ein stilvolles und stets funktionales Objekt. Es erleichtert unseren Alltag und lässt uns jedes Wetter genießen."

FRANZISKA ESCHETSHUBER

in-lite

Im Rhythmus der Nacht

Von in-lite, dem niederländischen Hersteller für Beleuchtungselemente im Außenbereich, kommt eine dezente, besonders schlanke Außenleuchte namens „Breeze", die den Garten abends in einen magischen Ort verwandelt.

Der Mensch ist ein Augentier – in der Dunkelheit fühlen sich die meisten von uns eher unsicher und unwohl. Nun sorgen Lampen im Außenbereich natürlich nicht nur für Sicherheit und Orientierung – Licht ist vor allem auch Stimmungsträger und maßgeblich dafür verantwortlich, ob wir uns an einem Ort wohlfühlen oder eben nicht. Kaltes, blaues Licht oder zu grelles Licht gilt eher als Stimmungskiller, auch unter einer OP-Leuchte kommt kein Gefühl von Geborgenheit auf.

Keine Frage, die richtige Lichtquelle ist ein zentrales Thema im Garten – aber bitte gezielt gesetzt und mit entsprechender Rücksichtnahme auf nachtaktive Lebewesen. Die Beleuchtung sollte daher möglichst dezent und energieeffizient sein – Eigenschaften, welche die schlanke Außenleuchte „Breeze" des Herstellers in-lite verspricht. Sie fügt sich tagsüber z. B. unauffällig in ein Beet zwischen die Bepflanzung ein – in der Dunkelheit taucht sie den Garten jedoch in eine stimmungsvolle lebendige Atmosphäre.

Da „Breeze" in zwei verschiedenen Höhen erhältlich ist, kann ein besonderes abendliches Schauspiel entstehen, das mit dem sogenannten Breathe-Effekt (Atem-Effekt) noch verstärkt wird. Darunter muss man sich eine subtile, rhythmische Veränderung der Lichtintensität vorstellen, die präzise aufeinander abgestimmt ist. Dieser Effekt wirkt besonders faszinierend, wenn mehrere Leuchten zusammen platziert werden, sodass die wechselnden Lichtintensitäten sanft sichtbar sind.

Weiteres Plus seiner Außenlampe ist laut Hersteller die einfache, sichere Installation dank des 12 V-Systems. Design und Technik gehen bei dem Unternehmen Hand in Hand: Die Lampen bestehen aus hochwertigen Materialien und funktionieren mit LED-Technologie. Es sind modulare Systeme, die eine lange Lebensdauer und geringe Wartungskosten versprechen. Energieeffizienz ist Teil des Designs – jedes Produkt wird laut in-lite so konzipiert, dass es mit minimalem Energieeinsatz maximale Wirkung erzielt.

Details

KATEGORIE
BELEUCHTUNG

PRODUKTNAME
BREEZE

PRODUKTTYP
AUSSENLEUCHTE

PREIS
119 € (BREEZE)
99 € (BREEZE LOW)

KONTAKT
WWW.IN-LITE.COM/DE/

Fest Art

Künstler Rainer Fest über seine Arbeitsweise, seine Intention, seine Werke

Keine Frage – Kunst bereichert Gärten seit Jahrhunderten. Meist geht es darum, mit Skulpturen reizvolle Blickpunkte zu schaffen, welche in die Gartengestaltung integriert werden. Künstler und Bildhauer Rainer Fest will mit seinen Plastiken jedoch weit mehr erreichen: Sie sollen uns mit unserer Umwelt verbinden, sodass wir an Erkenntnis gewinnen können. Im Folgenden erklärt er selbst, um was es ihm mit seiner Kunst geht.

„Das durchgängige Thema meiner Arbeit ist zu veranschaulichen, dass die Erscheinungsformen der Dinge auf einer dualen Ebene stattfinden, sich aber hinter diesen Erscheinungsformen eine alles einschließende Einheit verbirgt. Also findet auch Kunst, wie ich sie verstehe, auf zwei Ebenen statt: die eine ist die materielle Erscheinung des Werkes, die andere die immaterielle, geistige Ebene, wo Kunst den Menschen direkt erreicht. Kunst verbindet den Menschen in seiner Körperlichkeit mit der philosophisch-geistigen Ebene und ist somit ein mögliches Bindeglied, das Bewusstsein eröffnet für das Eingebundensein in einen sich weitenden Horizont. Diese Bewusstwerdung nenne ich Reintegration des Menschen durch die Kunst.

Ich arbeite oft mit Gegensatzpaaren, die erkennbar zusammengehören oder zusammengehört haben und innerhalb eines Werkes wieder zusammengeführt werden. In eine Einheit zurückgebracht werden sie entweder durch das Erkennen und Verstehen des Betrachters, durch seinen Körper oder, wie etwa bei meinen Brunnenskulpturen, mit Hilfe von Wasser. Ich spalte Steine, setze sie wieder zusammen, arbeite mit Positiv- und Negativformen und schaffe Orte mit meinen Großskulpturen, wie der „Metaphysischen Landschaft“ in Hohen Luckow, wo das Gegensatzpaar „Himmel und Erde“ miteinander verbunden wird und wir uns dazwischen begeben und den beiden polaren Kräften von „Himmel und Erde“ aussetzen können. Oder wie bei der begehbaren Großskulptur „Interior Space“ für das Konrad- Zuse-Institut in Berlin Dahlem, geschaffen aus einem 180 t schweren Granitmonolithen, den ich ausgehöhlt habe, um mit dem Gegensatzpaar Leere und Fülle zu arbeiten. Begibt sich der Mensch in die „Leere“ des Steins, sieht und erkennt er sich selbst an einer polierten Rückwand. Aus der Vereinigung von Gegensätzen entsteht immer etwas Neues, wie hier z. B. Erkenntnis.

Der zentrale Begriff, um den meine Kunst kreist, ist Verbindung. Manchmal arbeite ich mit Symbolen, die anschauliche Bindeglieder zwischen materieller und geistiger Welt sind. Ich verwende gerne Symbole, die mit dem menschlichen Leben zu tun haben, wie z. B. das Haus *(Schutz, Heimat, Körper)*, die Brücke *(Bindeglied zu einer anderen Welt, Diesseits, Jenseits)* oder die Treppe *(Entwicklung, Fortschritt)*. Meine Liebe zu den unzähligen Erscheinungsformen der Materie wie Holz, Stein, oder Papier bringt mich dazu, die innere, oft verborgene Schönheit der Dinge zu zeigen, was ich dann gerne mit anderen teile.“

DIE GEZEIGTEN WERKE

LINKE SEITE
Das Mondlicht spielt in zwei Welten, Detail

OBEN
Wasserschaft-Landschaft

UNTEN
Paysage métaphysique, Detail

Details

KONTAKT
INFO@RAINERFEST.DE

WEITERE INFORMATIONEN
RAINERFEST.DE

„Unter der Hand von Rainer Fest beginnen die Steine zu sprechen und uns Botschaften über Zeitläufe mitzuteilen, die nicht mit menschlichen Maßstäben zu messen sind."

MARC WELLMANN, KUNSTHISTORIKER UND KURATOR

Architects' Voice

Trend-Report 2026

Macht man sich einmal die Mühe und schlägt im guten alten Duden nach, dann findet man unter dem Begriff „Trend" folgende Bedeutung des Wortes: „Über einen gewissen Zeitraum bereits zu beobachtende, statistisch erfassbare Entwicklung(stendenz)." Nun erstellen wir natürlich keine repräsentativen Statistiken, die aufgrund von Massenerhebungen allgemeingültige Aussagen treffen könnten. Es geht vielmehr darum, Tendenzen herauszufiltern, die von den Teilnehmern des Wettbewerbs aktuell oder in den letzten Jahren vermehrt beobachtet wurden. Über die Jahre lässt sich so vergleichen, ob es zu Verschiebungen kommt, ob sich Themen etablieren oder ob sie in ihrer Bedeutung verlieren.

Manche Ergebnisse mögen nicht auf jeden zutreffen, sind in Summe aber eindeutig. So betrifft der überwiegende Teil der professionell gestalteten Gärten Umgestaltungen, was wenig überraschend ist, hat man doch meist nach dem Hausbau kein Budget mehr für die Außenanlage übrig. Das überschaubare Ergebnis lässt sich dann in vielen Neubaugebieten beobachten, zumal die Gärten hier immer kleiner werden und gerade daher professionelle Planung Not täte. Da trifft man dann meist auf die typische schnelle Lösung Marke Eigenbau: Rasen mit „grüner Wurst" drumherum, entweder aus Portugiesischem Lorbeer vom Baumarkt oder wahlweise aus Thuja. Warum darf es denn nicht auch einmal eine Hecke aus Hainbuche, Kornelkirsche oder Weißdorn sein, fragt man sich. Diese Gehölze sind nicht wesentlich teurer und haben ungleich mehr zu bieten – aber es soll ja nicht ums Lamentieren gehen, sondern um die Ergebnisse einer Umfrage.

Erfreulich ist das nächste Ergebnis. Die befragten Unternehmen nehmen bei ihren Kunden verstärkt den Wunsch nach einem irgendwie gearteten Klima- oder Naturgarten bzw. nach einem Garten wahr, der als privater Ort der Erholung und des Rückzugs erlebt werden kann. Daran schließt sich die Frage nach den Strategien, welche die grünen Profis für klimaresiliente Gärten entwickeln. Hier gibt die Mehrzahl der Befragten an, auf trockenheitstolerante Pflanzungen zu setzen und verstärkt mit Gehölzen für natürlichen Schatten und die Verbesserung des Mikroklimas zu sorgen.

Ein weiteres aktuelles Thema – die Biodiversität – ist ebenfalls in der Branche angekommen. Hier gibt tatsächlich kein einziges Unternehmen an, dass dieses Thema irrelevant für das Geschäft sei, vielmehr sagen Dreiviertel der Befragten aus, dass der Aspekt als „sehr wichtig" bzw. „wichtig" eingestuft werde. Dabei soll Biodiversität vor allem mit artenreichen Pflanzungen, der Verwendung insektenfreundlicher Stauden bzw. Wildstauden und Gehölzen (als Hecke oder Solitär), aber auch mit Wasser (Teich, Schwimmteich mit Regenerationszone, Bachlauf) gezielt gefördert werden. Genannt wird vereinzelt außerdem der Schutz des Bodens und dessen Entsiegelung als zentrale Ressource für gesundes Pflanzenwachstum sowie Garant für die Versickerung von Regenwasser an Ort und Stelle. Der Wert, die Bedeutung des Bodens findet leider immer noch viel zu wenig Beachtung.

Auf die Frage, welche ästhetischen Strömungen die Arbeit der Profis am meisten prägt, werden vor allem naturnahe Gestaltungskonzepte genannt. Nahezu ähnlich häufig werden Gestaltungen nachgefragt, die eine enge Verknüpfung zwischen innen und außen, zwischen Architektur und Natur herstellen. Auch atmosphärische Gestaltungen mit Licht, Wasser und Kunst sind ein wichtiges Thema, wobei laut der befragten Unternehmen die Kunden regionale Materialien und handwerklich hochwertige Arbeiten immer häufiger gezielt nachfragen.

Was die Verwendung digitaler Werkzeuge (KI-gestützte Software, 3-D-Visualisierung, Drohnen) angeht, so bedienen sich bereits die Hälfte der befragten Planer und Planerinnen „immer" oder „häufig" dieser Hilfsmittel. Als aktuelle Herausforderungen geben die meisten Unternehmen den Fachkräftemangel und die Kostensteigerungen über die letzten Jahre zu Protokoll. Auch die Kundenerwartungen scheinen gestiegen zu sein und geraten teils ebenso zur Herausforderung.

Die spannendsten Chancen und Trends für die nächsten Jahre sehen die Gartenprofis im Umgang mit Wetterextremen, der Gestaltung von Kleinstgärten, der harmonischen Verbindung von Ökologie und Design sowie der Gestaltung klimafitter ressourcenschonender Gärten – Themen, auf welche die „Grüne Branche" in Zukunft mit fundiertem Fachwissen und gestalterischer Kreativität reagieren muss.

Und wie sehen eigentlich die Gärten der Profis aus? Auf was würden sie im eigenen Grün auf keinen Fall verzichten wollen? Unverzichtbar sind natürlich Bäume für die Atmosphäre, als Element der Raumbildung, zur Verbesserung des Mikroklimas, als Schattenspender etc. sowie das Element Wasser in allen erdenklichen Formen und Ausgestaltungen. Wichtig sind den Planern und Planerinnen zudem folgende Gestaltungselemente: ein überdachter Sitzplatz, Staudenkombinationen, die ganzjährig verzaubern sowie Biodiversität und Pflanzenvielfalt. Und auch der ursprüngliche Sinn und Zweck eines Gartens zur eigenen Versorgung mit frischem Obst und Gemüse findet nach wie vor begeisterte Anhänger.

Welche Art von Projekten machen aktuell den größten Teil Ihrer Arbeit aus?

Was sind derzeit die größten Herausforderungen für Ihre Arbeit?

Welche neuen Wünsche und Bedürfnisse Ihrer Auftraggeber nehmen Sie besonders wahr?

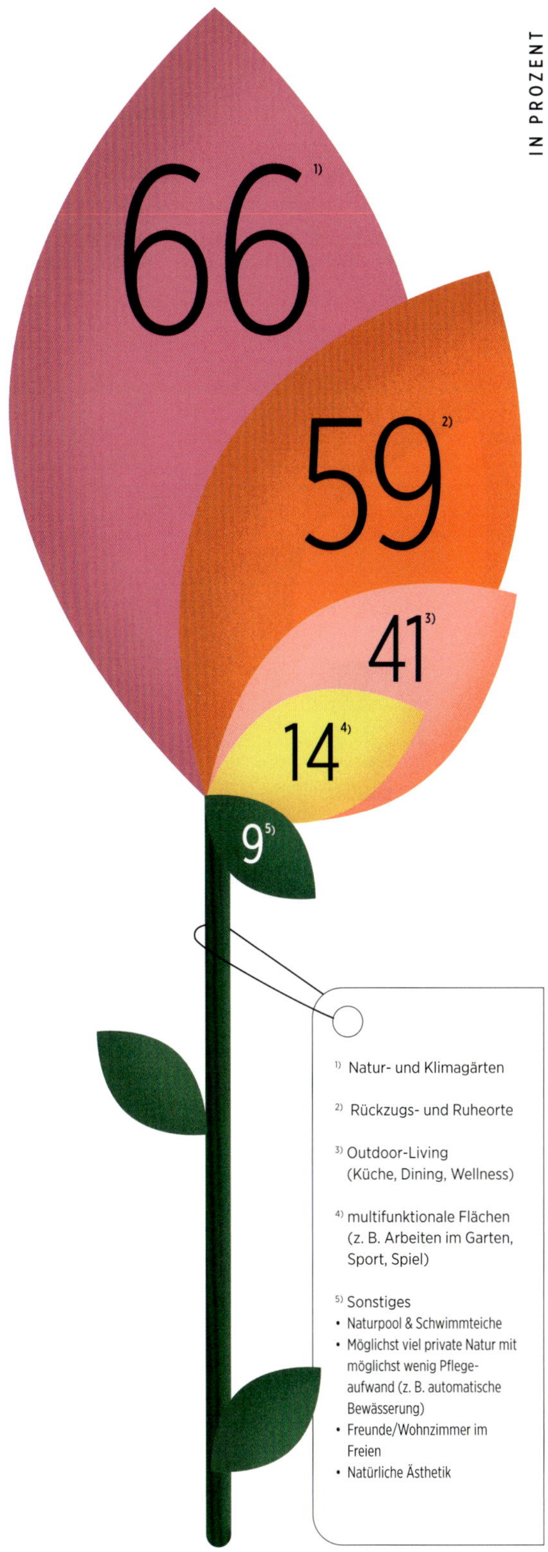

Wo sehen Sie die spannendsten Chancen und Trends für die kommenden Jahre?

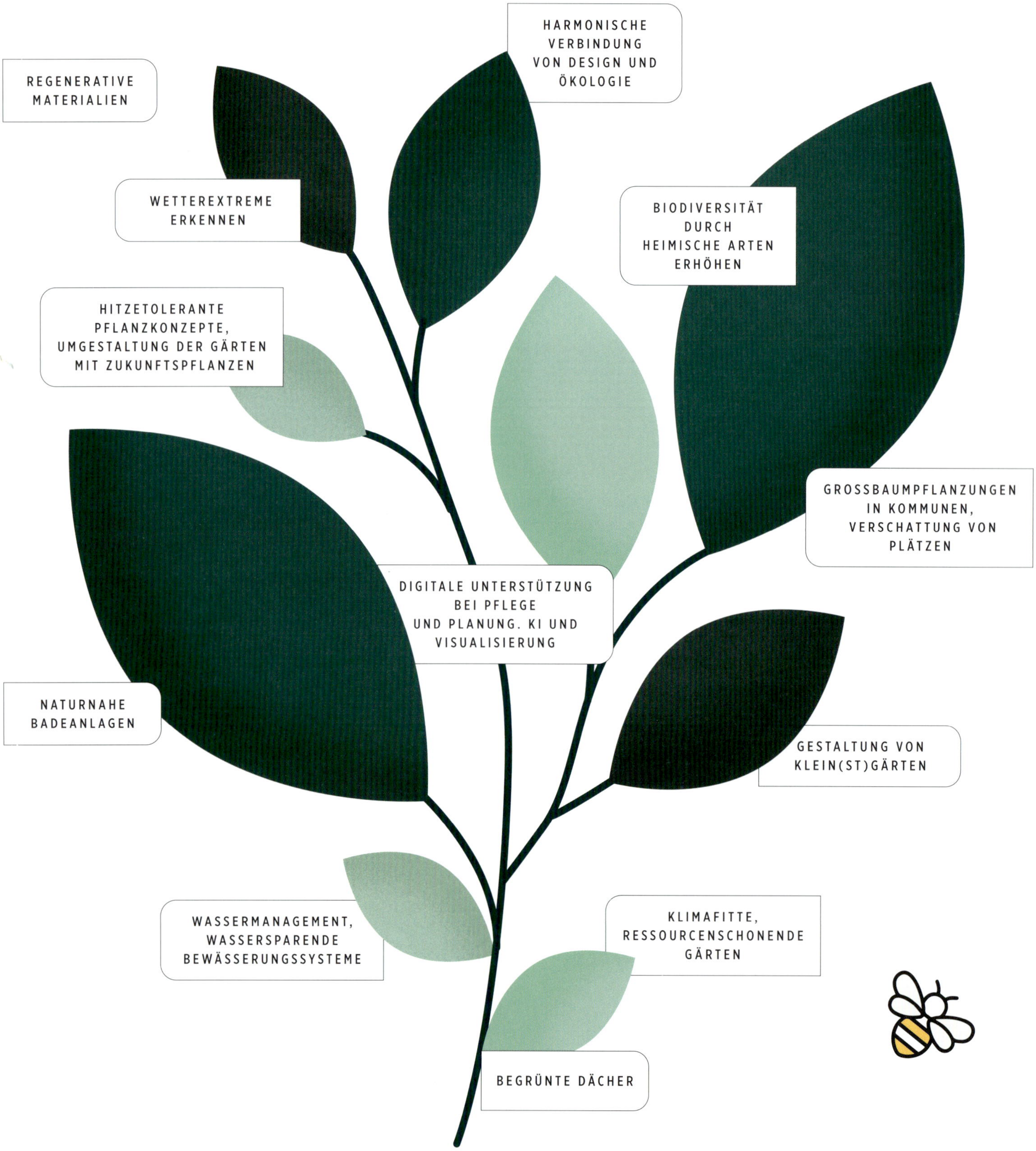

Welche ästhetischen Strömungen prägen Ihre Arbeit derzeit am meisten?

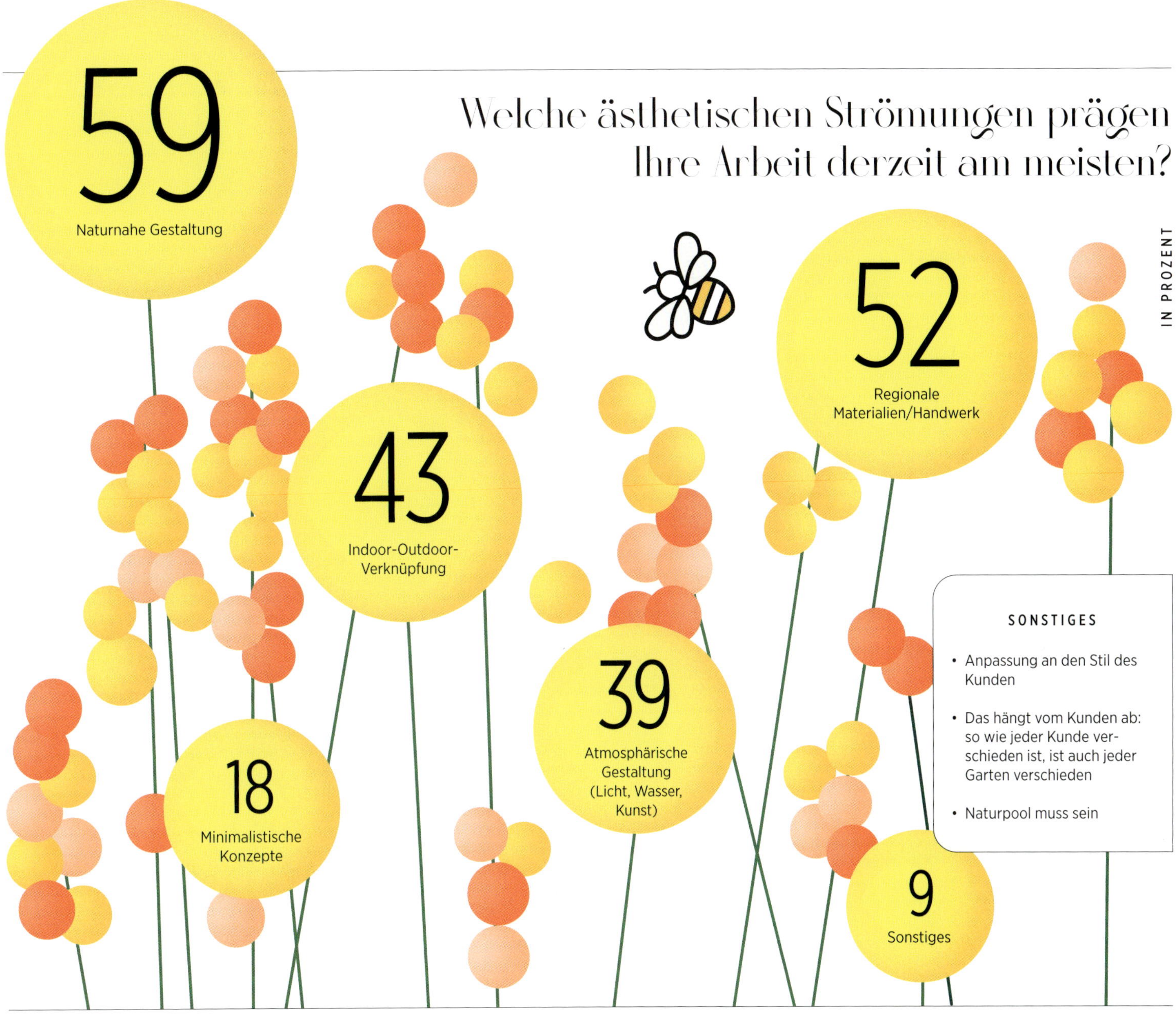

Wenn Sie einen Garten für sich selbst planen würden – auf welches besondere Element könnten Sie keinesfalls verzichten?

Nutzen Sie digitale Tools in der Planung?
(z. B. 3D-Visualisierung, Drohnen, KI-gestützte Software)

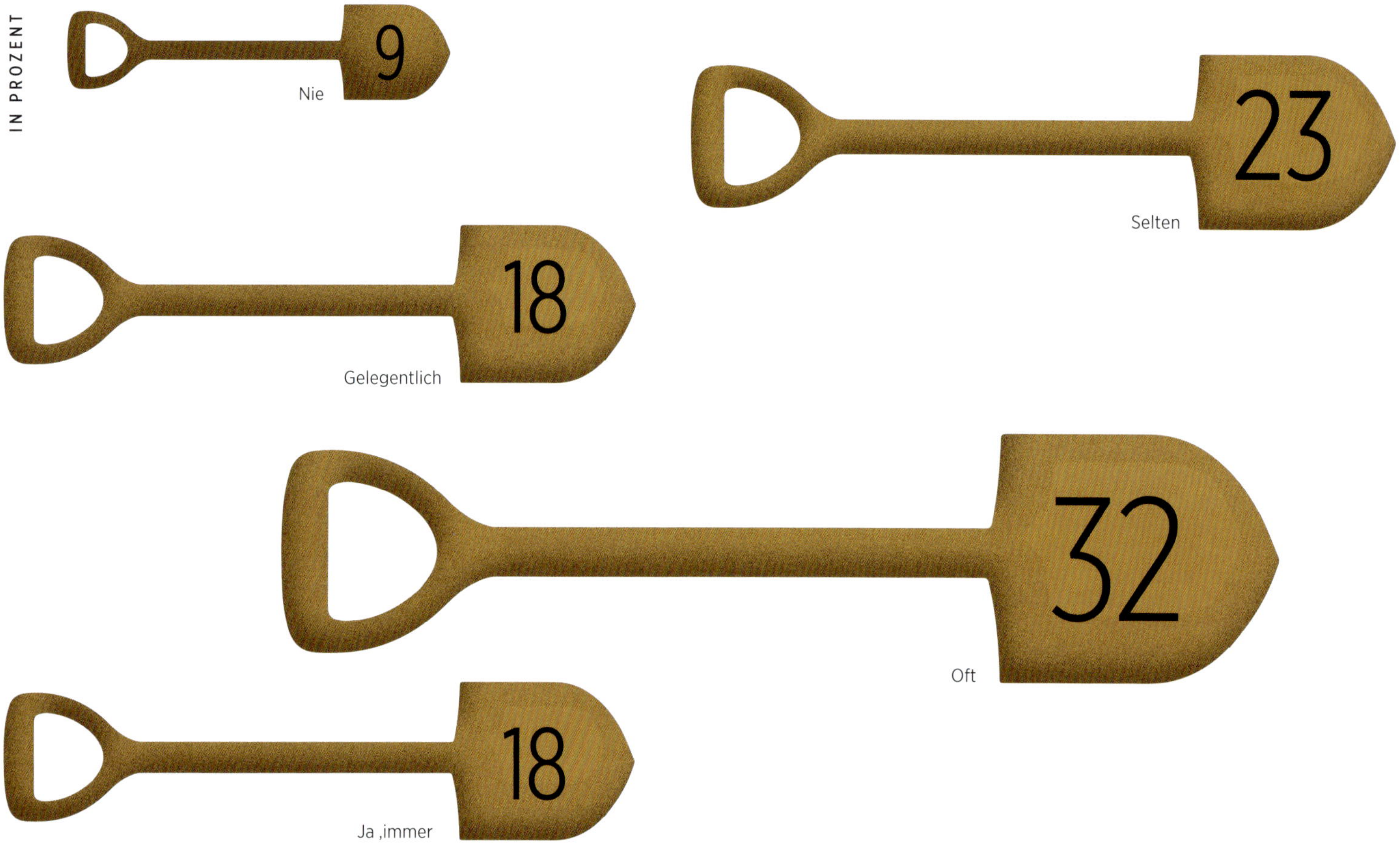

Welche Strategien setzen Sie aktuell am häufigsten ein, um Gärten klimaresilient zu gestalten?

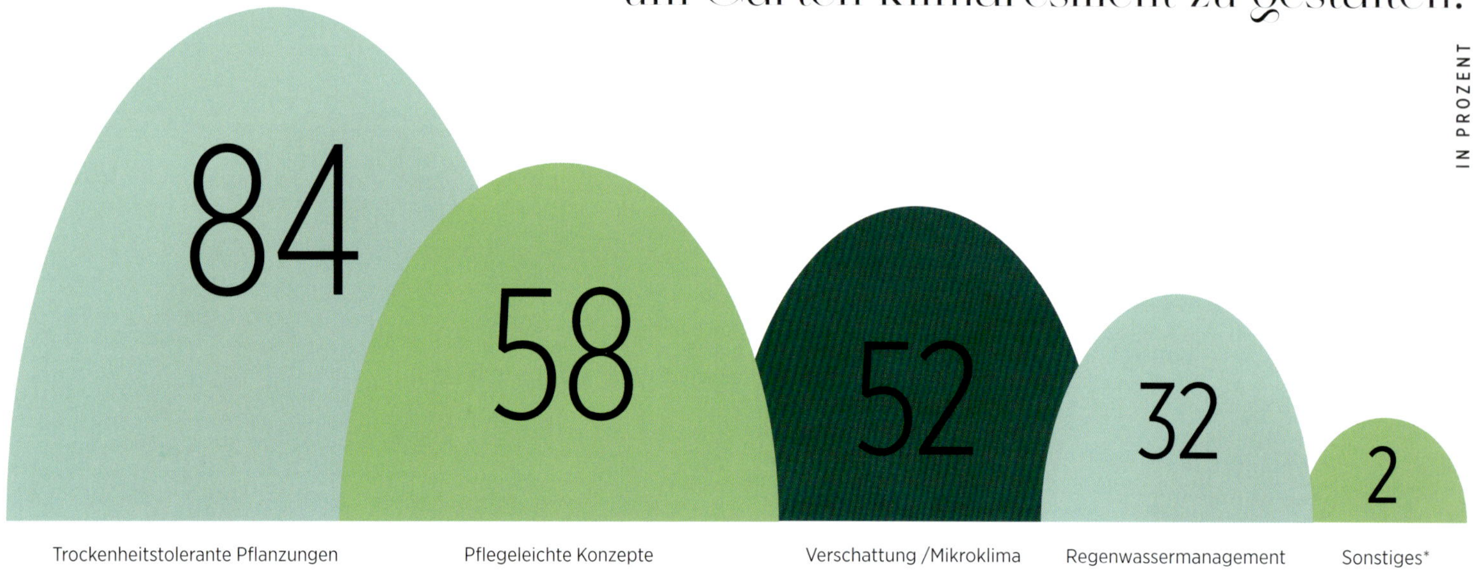

* Gärten mit vielen Gehölzen

Wie wichtig ist Biodiversität aktuell in Ihren Projekten?

Mit welchen Maßnahmen fördern Sie Biodiversität besonders?

Longlist 2026

Die Longlist 2026

50 bemerkenswerte Projekte

NAHTLOS NATUR
GARTENBAU LEUFGEN GMBH –
JENS LEUFGEN
WWW.GARTENBAU-LEUFGEN.COM
FOTO: THOMAS LEUFGEN

WELLNESS-GARTEN IM HISTORISCHEN RAHMEN
KESSELER GARTEN- UND
LANDSCHAFTSBAU
WWW.KESSELER-GALABAU.DE
FOTO: CATJA VEDDER

GRÜNER DREIKLANG
SOMANDIN GMBH
WWW.SOMANDIN.CH
FOTO: FRANZISKA SCHWALLER

GARTENZIMMER MIT TIEFGANG
PAUS GARTENDESIGN
WWW.PAUS-GARTENDESIGN.DE
FOTO: SIBYLLE PIETREK

GARTEN AN DER OSTSEE
HOREIS+BLATT MBB GARTEN- UND
LANDSCHAFTSARCHITEKTEN BDLA
WWW.HB-LA.DE
FOTO: PRIVAT

DER GARTEN DER BESONDEREN RÄUME
LECHNER GARDEN DESIGN GMBH
WWW.LECHNERGARDENDESIGN.COM
FOTO: STEPHAN LECHNER

ÜBER DEM RHEIN
WKM LANDSCHAFTSARCHITEKTEN
WWW.WKM-LA.DE
FOTO: RENÉ ROETERINK

GRÜNES IDEEN-ATELIER IM FREIEN
KERSTIN WIECHMANN GARTEN-
GESTALTUNG
WWW.WIECHMANN-GARTENGESTALTUNG.DE
FOTO: KERSTIN WIECHMANN

FAMILIENGARTEN MIT CHARME
ARNDT GMBH & CO. KG
WWW.ARNDT-GARTENBAU.DE
FOTO: FERDINAND GRAF LUCKNER

DER ZUKUNFTSGARTEN
ARNDT GMBH & CO. KG
WWW.ARNDT-GARTENBAU.DE
FOTO: FERDINAND GRAF LUCKNER

NEUES GRÜN IN ALTEN MAUERN
PALFI GARTENDESIGN
WWW.PALFI-GARTENDESIGN.DE
FOTO: ARCHITEKTURFOTOGRAFIE SABRINA SCHEJA

RUHEPOL
PGG POTSDAMER GARTEN-GESTALTUNG GMBH
WWW.POTSDAMER-GAERTEN.DE
FOTO: TATJANA KASSILOVA (PGG)

GARTEN 20K
DIELANDSCHAFTSPLANER.AT ZT GMBH
WWW.DIELANDSCHAFTSPLANER.AT
FOTO: SEBASTIAN KOLM

EIN GARTEN DER MENSCH UND NATUR VERBINDET
PFLANZ-KONZEPT
WWW.PFLANZ-KONZEPT.DE
FOTO: ULRIKE ROMEIS

HAUSGARTEN
MEISSNER GARTENGESTALTUNG GMBH
WWW.MEISSNER-GARTEN.DE
FOTO: THORSTEN SCHERZ

VIEL RAUM ZUM LEBEN!
LANDSCHAFTEN UND GÄRTEN
WWW.LANDSCHAFTENUNDGAERTEN.DE
FOTO: SYLVIA KNITTEL

GEMEINSAM. DRAUSSEN. ZUHAUSE.
FORSTER GARTEN- UND LANDSCHAFTSBAU GMBH
WWW.FORSTER-GARTEN.DE
FOTO: FORSTER GARTEN- UND LANDSCHAFTSBAU

ECHT FRÄNKISCH UND FAMILIÄR
GARTENPLUS – DIE GARTENARCHITEKTEN
WWW.GARTENPLUS.COM
FOTO: FERDINAND GRAF LUCKNER

SONNIGER HERBSTGARTEN
LANDES GARTENGESTALTUNG
WWW.LANDES-GARTENGESTALTUNG.DE
FOTO: APOSTOLOS SIMEONAKIS (FLUMOTO GMBH)

NATUR PUR
GARTEN- UND LANDSCHAFTSBAU KREYE GMBH & CO.KG
WWW.GALABAU-KREYE.DE
FOTO: GALABAU KREYE

WOHNEN - LEBEN - GARTEN
SOEREN VON HOERSCHELMANN GARTEN- UND LANDSCHAFTS-ARCHITEKTUR
WWW.GAERTENVONHOERSCHELMANN.DE
FOTO: TIM SCHOBER

STADTGARTEN IM GRÜNDER-ZEITQUARTIER
ARCHITEKTUR CONCEPT STAUDTE FREIRAUMPLANUNG + STÄDTEBAU
WWW.ARCHITEKTEN-ARC.DE
FOTO: HENRY HUND

BIENEN UND BAUHAUS
SOULGARDEN GMBH
WWW.SOUL-GARDEN.COM
FOTO: LUCIA MARECAKOVA

FLUTGARTEN – VON DER AHRFLUT ZUR GRÜNEN OASE
GARTENLANDSCHAFT PETER BERG
WWW.GARTENLANDSCHAFT.COM
FOTO: PHILIPPE PERDEREAU

PARADIES FÜR PFLANZENKENNER
MÜLLER GÄRTNER VON EDEN AG
WWW.MUELLER-GARTENBAU.CH
FOTO: SARAHKIMSTUDIO FOTOGRAFIE

5 SINNE ÜBER DEN DÄCHERN
FISCHER GARTENBAU AG
WWW.FISCHER-GARTENBAU.CH
FOTO: DOMINIC MÜLLER

EIN GARTEN ZUM DURCHATMEN
OTTO ARNOLD GMBH
WWW.OTTOARNOLDGMBH.DE
FOTO: ANDREAS KÄPPLINGER

HANGGARTEN MIT SEELE
FUCHS BAUT GÄRTEN GMBH
WWW.FUCHS-BAUT-GAERTEN.DE
FOTO: FRAMESFORGOOD

BAYRISCHES BADEGLÜCK
FUCHS BAUT GÄRTEN GMBH
WWW.FUCHS-BAUT-GAERTEN.DE
FOTO: FRAMESFORGOOD

ZWISCHEN GRÄSERN UND GEDANKEN
NBS GARTENTRÄUME
WWW.NBS-GARTENTRAEUME.DE
FOTO: CHRISTOPH SÖLDNER

LANDSTIL TRIFFT LEBENSART
KLUTE, GÄRTNER VON EDEN
WWW.KLUTE-GARTEN.DE
FOTO: RENÉ SIEVERT

ART OF AUTUMN
NENTWICH GARTENBAU GMBH
WWW.NENTWICH.AT
FOTO: NENTWICH GARTENBAU

GENIESSEN UNTER BÄUMEN
GARTEN TERPELLE
WWW.GARTEN-TERPELLE.DE
FOTO: TOM BENDIX

VISTA VERDE
RICHTER GARTEN GMBH & CO. KG.
WWW.RICHTER-GARTEN.DE
FOTO: KAI STEIN

AM RAND DER WEITE
RICHTER GARTEN GMBH & CO. KG.
WWW.RICHTER-GARTEN.DE
FOTO: TIMM RICHTER

ARCHITEKTUR TRIFFT BLÜTENMEER IM STAUDENGARTEN
STIX GARTENDESIGN KG
WWW.STIX-GARTENDESIGN.AT
FOTO: KRISTINA POLLERES

HAUSGARTEN
LEUCHT GARTEN- UND LANDSCHAFTSBAU GMBH
WWW.LEUCHT-GAERTEN.DE
FOTO: LEUCHT

STILLER GARTEN IN AACHEN
RICHTER GARTEN GMBH & CO. KG.
WWW.RICHTER-GARTEN.DE
FOTO: STEFFI RATZKE

NATURGARTEN MIT POOL
GARTEN TERPELLE
WWW.GARTEN-TERPELLE.DE
FOTO: TOM BENDIX

RELAX MODUS
GARTEN TERPELLE
WWW.GARTEN-TERPELLE.DE
FOTO: TOM BENDIX

CHANT DU MERLE
GLOWING GRASS GMBH
WWW.GLOWINGGRASS.CH
FOTO: PASCAL ROHNER

ZWISCHEN MOOR UND MITTELMEER
GÄRTNERHOF WEYERDEELEN GMBH
WWW.GAERTNERHOF-WEYERDEELEN.DE
FOTO: ANTONIA HARTWICH

SOMMERDUFT UND KINDERGLÜCK
FORSTER GARTEN- UND LANDSCHAFTSBAU GMBH
WWW.FORSTER-GARTEN.DE
FOTO: FORSTER GARTEN- UND LANDSCHAFTSBAU

TINY HOUSE GARDEN
GRÜN SCHINDLER GMBH
WWW.GRUENSCHINDLER.CH
FOTO: PETER SCHINDLER

LANDHAUSGARTEN
THE HEARTGARDENER®
WWW.THEHEARTGARDENER.AT
FOTO: MARKUS WENZEL

HANGGARTEN ZU EINEM MEHRFAMILIENHAUS
PULSATILLA
WWW.PULSATILLA.CH
FOTO: PETER STEIGER

BÄUME DER GESCHICHTE UND DER ZUKUNFT
SIMON RÜEGG LANDSCHAFTS-ARCHITEKTUR AG
WWW.SIMONRUEGG.CH
FOTO: DEBI DIEM PHOTOGRAPHY

GROSSE BÜHNE
SIMON RÜEGG LANDSCHAFTS-ARCHITEKTUR AG
WWW.SIMONRUEGG.CH
FOTO: DEBI DIEM PHOTOGRAPHY

HAUSGARTEN OBERPFALZ
G+2S LANDSCHAFTSARCHITEKTEN BDLA
WWW.GS-LANDSCHAFTSARCHITEKTEN.DE
FOTO: PETRA KELLNER

GARTEN ALS GELEBTER RÜCKZUGSORT
HODEL & PARTNER AG, GARTENUNTERNEHMEN
WWW.HODELUNDPARTNER.CH
FOTO: MARCO MEIER

DIE REIHENFOLGE DER HIER AUFGEFÜHRTEN GÄRTEN SPIEGELT KEINE BEWERTUNG WIDER.

Adressen

PLANERVERZEICHNIS

360° Landschaftsgestaltung Georgi
Schönbrunnstraße 13
01097 Dresden
Tel.: +49 (0)174 / 91 53 162
E-Mail: 360@landschaft-georgi.de
Website: www.360grad-landschaftsgestaltung.de
Instagram: max.georgi.360LA
→ S. 190, 266

A

arc.grün landschaftsarchitekten.stadtplaner gmbh
Steigweg 24, Gebäude 1
97318 Kitzingen
Tel.: +49 (0)93 21 / 26 80 050
E-Mail: info@arc-gruen.de
Website: www.arc-gruen.de
→ S. 132

Arndt GmbH & Co. KG
Hofmarkstraße 22a
85296 Rohrbach
Tel.: +49 (0)84 42 / 96 42 70
E-Mail: info@arndt-gartenbau.de
Website: www.arndt-gartenbau.de
Instagram: arndt_gaertnervoneden
→ S. 128

B

BEGRÜNDER
Hochstrass 599
A–3033 Hochstrass
Tel.: +43 (0)27 73 / 42 540
E-Mail: office@begruender.at
Website: www.begruender.at
→ S. 244

BERAN GÄRTEN GmbH & Co. KG
Gärtner von Eden
Wilhelm-Raabe-Straße 1
21629 Neu Wulmstorf
Tel.: +49 (0)40 / 70 01 38 40
E-Mail: info@beran-gaerten.de
Website: www.beran-gaerten.de
Instagram: beran.gaertnervoneden
→ S. 118

Berg, Daniel, GmbH
Turbinenstrasse 22
CH–8005 Zürich
Tel.: +41 (0)44 / 30 45 112
E-Mail: info@danielberg.ch
Website: www.danielberg.ch
→ S. 18

Berg, Peter Gartendesign
Wachtelweg 21
53489 Sinzig-Westum
Tel.: +49 (0)26 42 / 90 29 70
E-Mail: info@gartenlandschaft.com
Website: www.gartenlandschaft.com
Instagram: peter_berg_gartendesign
→ S. 148

C

CvB Gartendesign Christiane von Burkersroda
Altlaufstraße 38-40
85635 Höhenkirchen-Siegertsbrunn
Tel.: +49 (0)81 02 / 99 92 612
E-Mail: info@cvb-gartendesign.de
Website: www.cvb-gartendesign.de
Instagram: cvb_gartendesign
→ S. 36

D

Draußen Daheim GmbH
Lindenallee 13
99423 Weimar
Tel.: +49 (0)36 43 / 41 51 720
E-Mail: post@dd-weimar.de
Website: https://dd-weimar.de/
→ S. 62

E

Eder Gartenarchitektur GmbH
Schmelzerweg 9
A–6250 Kundl
Tel.: +43 (0)53 38 / 20 188
E-Mail: office@garten-eder.at
Website: www.garten-eder.at
Instagram: garten.eder
→ S. 220

F

Feldmann Garten & Landschaft
Rollweg 4
64319 Pfungstadt
Tel.: +49 (0) 61 57 / 91 93 690
E-Mail: cf@feldmann-feldmann.de
Website: www.feldmann-feldmann.de
Instagram: feldmannundfeldmann
→ S. 262

Frensch Garten + Landschaft, Angela Frensch
Viertelsheideweg 18
47447 Moers
Mobil: +49 (0)172 / 25 20 714
E-Mail: frensch@frenschgartenlandschaft.com
Website: www.frensch-gartenlandschaft.com
Instagram: frenschgartenlandschaft
→ S. 234

G

Gartenkultur AG
Kanalweg 8
CH–3322 Urtenen-Schönbühl
Tel.: +41 (0)31 / 91 84 350
E-Mail: info@gartenkultur.swiss
Website: www.gartenkultur.swiss
→ S. 194, 216, 254, 270

GartenLandschaft Paul Heidt GmbH
Carl-Metz Straße 18
76275 Ettlingen
Tel.: +49 (0)151 / 236 300 29
E-Mail: paul.heidt@gartenlandschaft.com
Website: www.gartenlandschaft.com
→ S. 274

gartenplus – die gartenarchitekten
Schloss Dyck 1
41363 Jüchen
Tel.: +49 (0)21 82 / 82 88 695
E-Mail: info@gartenplus.com
Website: www.gartenplus.com
Instagram: gartenplus
→ S. 160

Grütters Gärtner von Eden
Dassendaler Weg 18
47665 Sonsbeck
Tel.: +49 (0)28 38 / 91 621
E-Mail: info@gruetters-gruen.de
Website: www.gruetters-gruen.de
Instagram: gruetters.gaertnervoneden
→ S. 124

Gutbrod, Frank
Rigistraße 4
82449 Uffing a. Staffelsee
Tel.: +49 (0)88 46 / 81 44
E-Mail: info@gartenwiesel.de
Website: www.gartenwiesel.de
Instagram: gartenwiesel.gaertnervoneden
→ S. 104

H

Hariyo Freiraumgestaltung GmbH
Badstrasse 11
CH–5408 Ennetbaden
Tel.: +41 (0)56 / 51 12 580
E-Mail: info@hariyo.ch
Website: www.hariyo.ch
→ S. 98, 136, 182

K

KEPOS Gartenarchitektur, Dipl.-Ing. Carola Dittrich
Höcherweg 9
69469 Weinheim
Tel.: +49 (0)62 01 / 38 96 00
E-Mail: carola.dittrich@kepos-gartenarchitektur.de
Website: www.kepos-gartenarchitektur.de
Instagram: Kepos_gartenarchitektur
→ S. 92, 248

L

Lang, Stephan Maria, Architektengesellschaft mbH
Winterstraße 4
81543 München
Tel.: +49 (0)89 / 66 10 80
E-Mail: mail@stephanmarialang.de
Website: www.stephanmarialang.de
→ S. 44

LSLA GmbH
Seestrasse 227
CH–8810 Horgen
Tel.: +41 (0)44 / 72 50 505
E-Mail: hello@lsla.ch
Website: www.lsla.ch
→ S. 28, 82, 164

M

Mahro, Ilka – Gartengestaltung
Pelzerhakenerstr. 33a
23730 Neustadt in Holstein
Tel.: +49 (0)160 / 97 96 97 87
E-Mail: ilkamahro@web.de
Website: www.ilkamahro-gartengestaltung.de
→ S. 238

Majuntke GmbH Gärtner von Eden
Ebrantshauser Str. 4
84048 Mainburg
Tel.: +49 (0)87 51 / 86 47- 40
E-Mail: eden@majuntke.de
Website: www.majuntke-gaerten.de
Instagram: majuntke_gaertner_von_eden
→ S. 156, 198, 228

N

Natursteingarten Nikolas Schliep
Im Handwerkerhof 38
54338 Schweich-Issel
Tel.: +49 (0)65 02 / 93 97 726
E-Mail: natursteingarten@garten-schliep.de
Website: www.natursteingartenschliep.de
Instagram: natursteingarten.schliep
→ S. 204

P

Potsdamer Gartengestaltung GmbH
Otto-Lilienthal-Straße 35
14542 Werder
Tel.: +49 (0)33 27 / 58 100
E-Mail: info@potsdamer-gaerten.de
Website: www.potsdamer-gaerten.de
Instagram: potsdamergaerten
→ S. 210

R

Repnow, Anne, Gartengestaltung
Malachitweg 1
69181 Leimen
Tel.: +49 (0)62 26 / 99 07 66
E-Mail: anne.repnow@gmail.com
Website: www.anne-repnow.de
→ S. 140

Röde, Brigitte – Planungsbüro Garten und Freiraum
Jakobusstraße 36
50767 Köln
Tel.: +49 (0)221 / 97 94 14 90
E-Mail: buero@brigitte-roede.de
Website: www.brigitte-roede.de
→ S. 186

Rudolph Gartendesign GmbH
Samerwiesen 20
63179 Obertshausen
Tel.: +49 (0) 61 04 / 60 03 70
E-Mail: info@rudolph-gartendesign.de
Website: www.rudolph-gartendesign.de
Instagram: rudolph_gruppe
→ S. 258

S

SCHÖNER GÄRTEN – Maryvonne Liana Schöner
Angerl 10
82057 Icking
Tel.: +49 (0)172 / 18 57 924
E-Mail: schoener@wesenhafte-gaerten.de
Website: www.schoener-gaerten.de
→ S. 76

Schroeder, Frank Gartenmanufaktur
Zur Ommer 9
51789 Lindlar
Tel.: +49 (0)22 66 / 47 15 37
E-Mail: ommertalhof@gmx.de
Website: www.ommertalhof.de
Instagram: Frank Schroeder Gartenmanufaktur
→ S. 108

Somandin GmbH
Garten & Terrassengestaltung
Parkstrasse 1b
CH –6214 Schenkon
Tel.: +41 (0)41 / 92 60 730
E-Mail.: info@somandin.ch
Website: www.somandin.ch
Instagram: somandin_terrassengestaltung
→ S. 114

Stangelmayer, Ludwig
Fassergasse 31/Top 23
A–6060 Hall in Tirol
Tel.: +43 (0)699 / 11 58 55 19
E-Mail: office@inngaerten.at
Website: www.inngaerten.at
→ S. 168

Strauchpoeten GbR
Tauroggener Str. 8
10589 Berlin
Tel.: +49 (0)30 / 64 43 18 80
E-Mail: bureau@strauchpoeten.de
Website: www.strauchpoeten.de
Instagram: strauchpoeten
→ S. 224

Studio Nico Wissing
Julianaweg 22
NL–7078 AR Megchelen
Tel.: +31 (0)88 / 10 01 880
E-Mail: info@nicowissing.com
Website: www.nicowissing.com
→ S. 278

Surfacedesign, Inc
Pier 33 North, The Embarcadero Suite 200
US-94111 San Francisco, California
Website: www.sdisf.com
Instagram: @sdisf
→ S. 86

T

Thomann Garten- und Landschaftsbau
GmbH & Co.KG
Hülbenstraße 1
72475 Bitz
Tel. +49 (0)74 31 / 84 99
E-Mail: jochen.thomann@thomann-garten.de
Website: www.thomann-garten.de
Instagram: thomann.gartenbau
→ S. 172

W

wildflorie OG DI Elsa Triebaumer
Mühldorf 22
A–4644 Scharnstein
Tel.: +43 (0)676 / 55 42 307
E-Mail: triebaumer@wildflorie.at
Website: www.wildflorie.at/gartenplanung-und-frei-raumplanung
Instagram: wildflorie sowie elsa triebaumer
→ S. 178

WKM Landschaftsarchitekten
Clarissenstraße 63
40549 Düsseldorf
Tel.: +49 (0)211 / 59 88 91-0
E-Mail: wkm@wkm-la.de
Website: www.wkm-la.de
Instagram: wkm_landschaftsarchitekten
→ S. 52

WOHN(T)RÄUME
Am Rollgraben 27
61184 Karben
Tel.: +49 (0)60 34 / 91 98 50
Mobil: +49 (0)172 / 65 85 026
E-Mail: info@wohntraeume-karben.de
Website: www.wohntraeume-karben.de
→ S. 152

AUSFÜHRENDE BETRIEBE

360° Landschaftsgestaltung Georgi
Schönbrunnstraße 13
01097 Dresden
Tel.: +49 (0)174 / 91 53 162
E-Mail: 360@landschaft-georgi.de
Website: www.360grad-landschaftsgestaltung.de
Instagram: max.georgi.360LA

A
Arndt GmbH & Co. KG
Hofmarkstraße 22a
85296 Rohrbach
Tel.: +49 (0)84 42 / 96 42 70
E-Mail: info@arndt-gartenbau.de
Website: www.arndt-gartenbau.de
Instagram: arndt_gaertnervoneden

B
BEGRÜNDER
Hochstrass 599
A–3033 Hochstrass
Tel.: +43 (0)27 73 / 42 540
E-Mail: office@begruender.at
Website: www.begruender.at
Instagram: begruender

BERAN GÄRTEN GmbH & Co. KG, Gärtner von Eden
Wilhelm-Raabe-Straße 1
21629 Neu Wulmstorf
Tel.: +49 (0)40 / 70 01 38 40
E-Mail: info@beran-gaerten.de
Website: www.beran-gaerten.de
Instagram: beran.gaertnervoneden

Berg, Daniel, GmbH
Turbinenstrasse 22
CH–8005 Zürich
Tel.: +41 (0)44 / 30 45 112
E-Mail: info@danielberg.ch
Website: www.danielberg.ch
Instagram: danielbergdesign

Berg, Peter Gartendesign
Wachtelweg 21
53489 Sinzig-Westum
Tel.: +49 (0)26 42 / 90 29 70
E-Mail: info@gartenlandschaft.com
Website: www.gartenlandschaft.com
Instagram: peter_berg_gartendesign

Buk Garten- und Landschaftsbau gmbh
Gut Laufzorn 15
82041 Oberhaching
Tel.: +49 (0)89 / 23 24 94 90
E-Mail: mail@buk-galabau.de
Website: www.buk-garden-couture.de

E
Eder Gartenarchitektur GmbH
Schmelzerweg 9
A–6250 Kundl
Tel.: +43 (0)53 38 / 20 188
E-Mail: office@garten-eder.at
Website: www.garten-eder.at
Instagram: garten.eder

E
Feldmann Garten & Landschaft
Rollweg 4
64319 Pfungstadt
Tel.: +49 (0) 61 57 / 91 93 690
E-Mail: cf@feldmann-feldmann.de
Website: www.feldmann-feldmann.de
Instagram: feldmannundfeldmann

G
Gärtnerhof GmbH Garten- und Landschaftsbau
Miraustraße 27-29
13509 Berlin
Tel.: +49 (0)30 / 40 49 004
E-Mail: info@gaertnerhof-gmbh.de
Website: www.gaertnerhof-gmbh.de

Gartenkultur AG
Kanalweg 8
CH–3322 Urtenen-Schönbühl
Tel.: +41 (0)31 / 91 84 350
E-Mail: info@gartenkultur.swiss
Website: www.gartenkultur.swiss
Instagram: gartenkulturag

GartenLandschaft Paul Heidt GmbH
Carl-Metz Straße 18
76275 Ettlingen
Tel.: +49 (0)72 43 / 31 061
E-Mail: paul.heidt@gartenlandschaft.com

Garten Nebel
Am Rollgraben 27
61184 Karben
Tel.: +49 (0)176 / 51 81 21 65
E-Mail: info@garten-nebel.de
Website: www.garten-nebel.de

Garten- und Landschaftsbau Michael Fella & Winfried Behn GbR
Waxensteinstraße 26
82319 Starnberg
Tel.: +49 (0)160 / 97 51 74 76
E-Mail: fella@gartenbau-starnberg.de
Website: www.gartenbau-starnberg.de

Grütters Gärtner von Eden
Dassendaler Weg 18
47665 Sonsbeck
Tel.: +49 (0)28 38 / 91 621
E-Mail: info@gruetters-gruen.de
Website: www.gruetters-gruen.de
Instagram: gruetters.gaertnervoneden

J
Jansen und Arens GmbH & Co. KG
Jägerstr. 52
50997 Köln
Tel.: +49 (0)22 33 / 28 03 65
E-Mail: mail@jansen-arens.de
Website: www.jansen-arens.de

Landschaften und Gärten GaLa GmbH
Kolpingring 1
82041 Oberhaching
Tel.:+49 (0)81 / 02 99 94 096
E-Mail: kontakt@landschaftenundgaerten.de
Website: www.landschaftenundgaerten.de
Instagram: landschaftenundgaerten

Leuthold Gärten AG
Dörflistrasse 24a
CH–8942 Oberrieden
Tel.: +41 (0)43 / 44 42 288
E-Mail: lg@leuga.ch
Website: www.gartenliebhaber.ch

LINDENLAUB GmbH Garten- und Landschaftsbau
Lindenallee 13
99428 Weimar-Legefeld
Tel.: +49 (0)36 43 / 41 51 70
E-Mail: kontakt@lindenlaub.team
Website: www.lindenlaub-team.de

Löbel Garten- und Landschaftsbau
Fohlenweideweg 29
74889 Sinsheim
Tel. +49 (0)72 61 / 20 33
E-mail: info@loebel-sinsheim.de
Website: https://löbel-sinsheim.de

M
Majuntke GmbH Gärtner von Eden
Ebrantshauser Str. 4
84048 Mainburg
Tel.: +49 (0)87 51 / 86 47- 40
E-Mail: eden@majuntke.de
Website: www.majuntke-gaerten.de
Instagram: majuntke_gaertner_von_eden

N
Natursteingarten Nikolas Schliep
Im Handwerkerhof 38
54338 Schweich-Issel
Tel.: +49 (0)65 02 / 93 97 726
E-Mail: natursteingarten@garten-schliep.de
Website: www.natursteingartenschliep.de
Instagram: natursteingarten.schliep

P
Potsdamer Gartengestaltung GmbH
Otto-Lilienthal-Straße 35
14542 Werder
Tel.: +49 (0)33 27 / 58 100
E-Mail: info@potsdamer-gaerten.de
Website: www.potsdamer-gaerten.de
Instagram: potsdamergaerten

R

Rüger Garten- und Landschaftsbau
Neuer Markt 6
97450 Büchold
Tel.: +49 (0)93 63 / 82 48
E-Mail: mail@rueger-landschaftsbau.de
Website: www.rueger-landschaftsbau.de

S

Salamander Naturgarten AG
Schachenstrasse 34
CH–5012 Schönenwerd
Tel.: +44 (0)62 / 29 12 691
E-Mail: info@salamander-garten.ch
Website: www.salamander-garten.ch
Instagram: salamander_naturgarten

Schroeder, Frank, Gartenmanufaktur und Landschaftsbau
Zur Ommer 9
51789 Lindlar
Tel.: +49 (0)22 66 / 47 15 37
E-Mail: ommertalhof@gmx.de
Website: www.ommertalhof.de
Instagram: Frank Schroeder Gartenmanufaktur

Seitz Garten- und Landschaftsbau GmbH & Co. KG, Dipl.-Ing. (FH) Landschaftsarchitektur Jochen Seitz
Ortsstraße 5
68259 Mannheim
Tel.: +49 (0)6 21 / 73 61 840
E-Mail: info@seitz-gartenbau.de
Website: www.seitz-gartenbau.de
Instagram: seitz.galabau

Stangelmayer, Ludwig
Fassergasse 31/Top 23
A–6060 Hall in Tirol
Tel.: +43 (0)699 / 11 58 55 19
E-Mail: office@inngaerten.at
Website: www.inngaerten.at

T

Thomann Garten- und Landschaftsbau GmbH & Co.KG
Hülbenstraße 1
72475 Bitz
Tel. +49 (0)74 31 / 84 99
E-Mail: jochen.thomann@thomann-garten.de
Website: www.thomann-garten.de
Instagram: thomann.gartenbau

W

Waldis GmbH, Wald und Garten
Zingelistrasse 15
CH–6353 Weggis
Tel.: +41 (0)41 / 39 99 859
E-Mail: waldis@waldundgarten.ch
Website: www.waldundgarten.ch
Instagram: waldisgmbh

Westphal Service, Stefan und Christian Westphal GbRDienstleistungen für Haus, Garten und Gewerbe
Krefelder Weg 98
47906 Kempen
Tel.: +49 (0)21 52 / 87 60 553
E-Mail: info@westphal-service.de
Website: www.westphalservice.de

wildflorie OG
Mühldorf 22
A–4644 Scharnstein
Tel.:+43 (0) 664 / 35 86 128
E-Mail: triebaumer@wildflorie.at
Website: www.wildflorie.at/gartenplanung-und-freiraumplanung
Instagram: wildflorie sowie elsa triebaumer

Z

Zanders Garten- und Landschaftsbau
Grefrather Straße 234
41749 Viersen
Tel.: +49 (0)21 62 / 86 41
E-Mail: info@zanders-gartenbau.de
Website: www.zanders-gartenbau.de

zehnder-garten GmbH
Erlenweg 20
CH–8836 Bennau
Tel.: +44 (0)55 / 41 23 400
E-Mail: info@zehnder-garten.ch
Website: www.zehnder-garten.ch

HERSTELLER PRODUKTE

ADEZZ B.V.
Liessentstraat 4
NL–5405 AG Uden
Website: www.adezz.de
Instagram: adezz_gartenprodukte

CUBIC OUTDOOR LIVING GmbH
Haghof 1a
97789 Oberleichtersbach
Website: www.cubicoutdoorliving.com
Instagram: cubicoutdoorliving

Garpa Garten & Park Einrichtungen GmbH (Garpa)
Kiehnwiese 1
21039 Escheburg bei Hamburg
Website: www.garpa.de
Instagram: garpa_garten

in-lite design bv
Stephensonweg 18
NL–4207 HB Gorinchem
Website: www.in-lite.com/de
Instagram: in-lite Outdoor Lighting | Global HQ

Knirps GmbH
Schlossstrasse 24
A–5280 Braunau am Inn
Website: www.knirps.com
Instagram: knirps_official

KANN GmbH Baustoffwerke
Bendorfer Str.
56170 Bendorf
Website: www.kann.de
Instagram: kannbaustoffwerke

RAINER FEST
Kollwitz Straße 66
10435 Berlin
Website: www.rainerfest.de

Schellevis
Loswal 11
NL–4271 BA Dussen
Website: www.schellevis.nl/de
Instagram: schellevis_beton

SunSquare Shading Solutions GmbH
Maderspergerstrasse 12
A–3430 Tulln
Website: www.sunsquare.com
Instagram: sunsquareinternational

TANTAN – Josef Hain GmbH & Co. KG
Am Hain 1-13
83561 Ramerberg
Website: www.tan-tan.de
Instagram: tan.tan.concretedesign

FOTOGRAFEN UND FOTOGRAFINNEN

B

b&f fotografiert
Franziska Schwaller
Unterdorf 1a
CH–6214 Schenkon
Tel.: +41 (0)79 / 88 68 084
E-Mail: fraenzi@bf-fotografiert.ch
Website: www.bf-fotografiert.ch

Benedikt Dittli Fotografie
Benedikt Dittli
Seefeldstrasse 259
CH–8008 Zürich
Tel.: +41 (0)44 / 38 18 881
E-Mail: info@dittli.ch
Website: www.dittli.ch

BK – FRAMES FOR GOOD
Benjamin Klopp
Ligsalzstr. 37
80339 München
Tel.: +49 (0)89 / 45 24 20 50
E-Mail: info@benjaminklopp.com
Website: www.framesforgood.de

Brenner, Marion
USA - San Francisco
Tel.: +1 (0)510 / 51 09 10 91 00
E-Mail: marion@marionbrenner.com
Website: www.marionbrenner.com

D

daub fotodesign
Stefan Daub
Steubenplatz 12
64293 Darmstadt
Tel.: +49 (0)61 51 / 66 76 566
E-Mail: stef@ndaub.de
Website: www.stefandaub.de

E

Edelrot Fotografie & Kommunikationsdesign
Rodehorster Allee 1
46499 Hamminkeln
Tel.: +49 (0)28 73 / 23 50 263
E-Mail: info@edelrot.org
Website: www.edelrot.org

Effimero estudio
E-Mail: info@efimeroestudio.com
Website: www.efimeroestudio.com

Ehlers media
Michael Ehlers
Geisberg 9b
97234 Reichenberg
Tel.: +49 (0)931 / 66 32 16
E-Mail: info@ehlers-media.com
Website: www.ehlers-media.com

F

Frauenfelder Terry
Gütschstrasse 28
CH-8122 Binz
Tel.: +41 (0)44 / 725 05 29
E-Mail: frauenfelder@lsla.ch

Fuhrmann, Arno
Staiglestrasse 41
72475 Bitz
Tel.: +49 (0)74 31 / 80 06 11

H

Hochenauer, Bianca
Maierhöfen 14
A–3294 Maierhöfen
Tel.: +43 (0)699 / 19 74 35 05
E-Mail: hello@biancahochenauer.at
Website: www.biancahochenauer.at

I

Ilabaca, Daniel
Kornweg 74
3027 Bern
Tel.: +44 (0)12 73 / 80 78 84
E-Mail: daniel@stuntcameracrew.com

L

Lehrmann, Albrecht
Lennèstraße 53
14471 Potsdam
Tel.: +49 (0)179 / 77 45 392
E-Mail: brecht@movez.de

Luckner Fotografie
Ferdinand Graf Luckner
Stauferstrasse 37
85051 Ingolstadt
Tel.: +49 (0)172 / 23 03 633
E-Mail: foto@graf-luckner.de
Website: www.graf-luckner.de

M

MW Architekturfotografie
Florian Wais
Wopfing 348
A–2754 Waldegg
Tel.: +43 (0)664 / 13 27 556
E-Mail: f.wais@mw-architekturfotografie.at
Website: www.mw-architekturfotografie.at

P

Prüß, Susann
Im Lübschen Recht 23
25348 Glückstadt
Tel.: +49 (0)172 / 38 32 95 6
E-Mail: susann.pruess@gmail.com
Website: www.susann-pruess.de

R

Rau, Martin
Emsweg 16
51789 Lindlar
Tel.: +49(0)151 / 40 23 02 96
E-Mail: Foto@martin-rau.de
Website: www.martin-rau.de

René Sievert Photographie
Falkenried 40b
20251 Hamburg
Tel.: +49 (0)177 / 25 42 088
E-Mail: mail@renesievert.de
Website: www.renesievert.de

Romeis, Ulrike
Kaiserstrasse 72
44135 Dortmund
Tel.: +49 (0)151 / 22 33 55 63
E-Mail: romeisulrike22@gmail.com
Website: www.ulrike-romeis-fotografie.de

Round the Garden
Sue Pfleger
Pestalozzistr. 9
69469 Weinheim
Tel.: +49 (0)175 / 83 53 285
E-Mail: sue.pfleger@t-online.de

S

Sam Bosshard FOTOGRAFIE
Sam Bosshard
Fährstrasse 32
CH–3004 Bern
Tel.: +41 (0)78 / 79 72 878
E-Mail: info@sambosshard.ch
Website: www.sambosshard.ch

Schliep, Gunda
Estebrügger Straße 143
21635 Jork
Tel.: +49 (0)157 / 37 62 67 86
E-Mail: gunda@gundaschliep.com
Website: www.gundaschliep.com

Sebastian Kolm Architekturfotografie
Sebastian Kolm
An der Linde 7
96271 Grub am Forst
Tel.: +49 (0)95 60 / 98 18 890
E-Mail: mail@sebastiankolm.de
Website: www.sebastiankolm.de

Sylvia Knittel Fotografie und Garten
Sylvia Knittel
Sparrhärmlingweg 45
70376 Stuttgart
Tel.: +49 (0)172 / 74 07 850
E-Mail: mail@sylviaknittel.com
Website: www.sylviaknittel.de

T

Thorsten Scherz Fotografie
Thorsten Scherz
Wallstr. 37
21335 Lüneburg
Tel.: +49 (0)173 / 41 45 562
E-Mail: info@thorstenscherz.de
Website: www.thorstenscherz.de

Tim Schober Fotografie
Tim Schober
Hasselbusch 21
22941 Bargteheide
Tel.: +49 (0)172 / 40 15 993
E-Mail: contact@tim-schober.de
Website: www.tim-schober.de

W

Weiermair, Christoph
Eckelsberg 29
A–4554
Oberschlierbach, Österreich
Tel.: +43 (0)699 / 13 14 71 72
E-Mail: info@christophweiermair.com
Website: www.christophweiermair.com

wunderwaldphoto
Sebastian Weingart, Bastian Tröger
Fotograf
Frühlingstraße 9
01099 Dresden
Tel.: +49 (0)173 / 99 64 249
E-Mail: hello@wunderwaldphoto.com
Website: www.wunderwaldphoto.com

Pflanzen

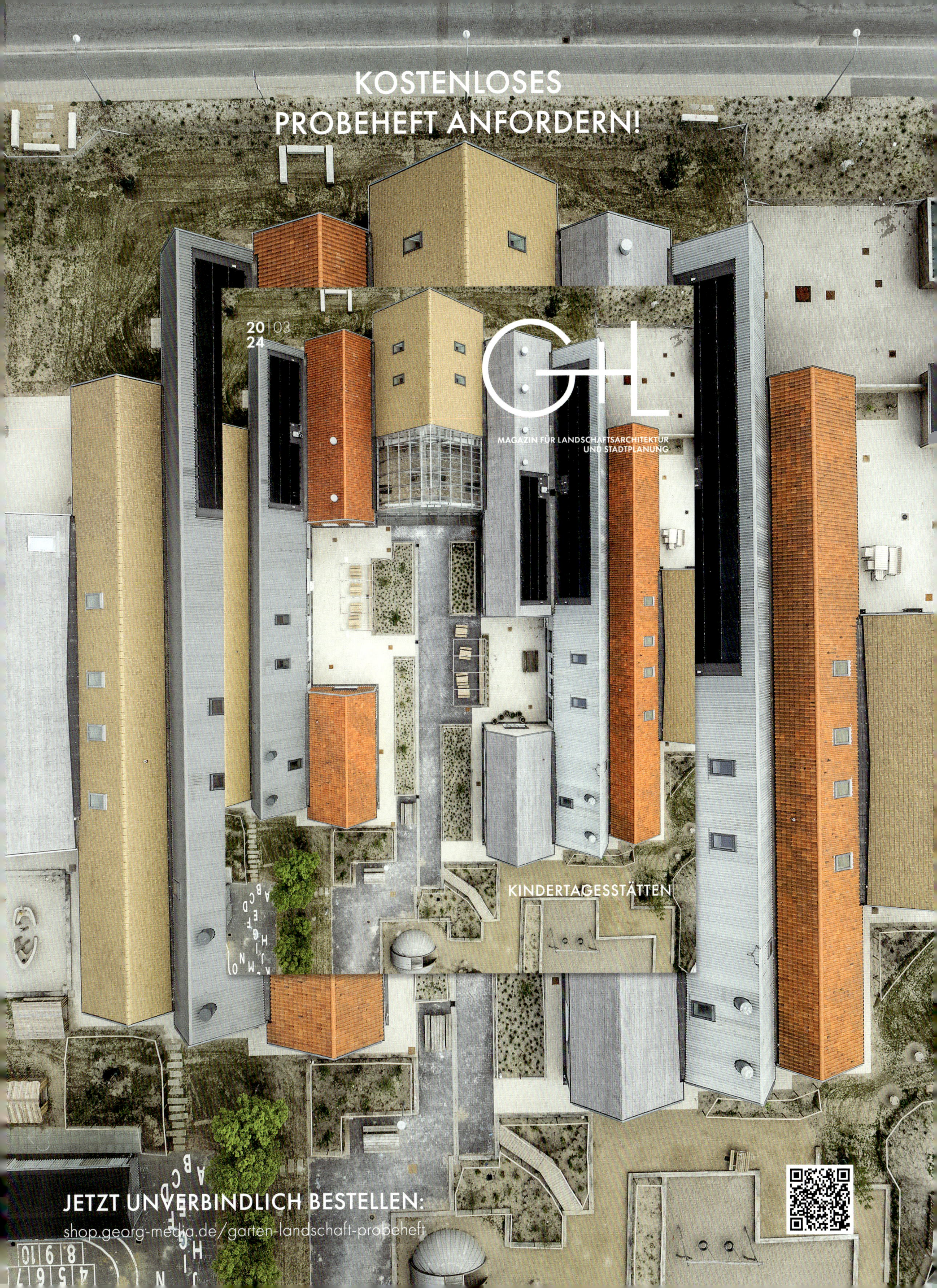
KOSTENLOSES
PROBEHEFT ANFORDERN!
20|03
24
G+L
MAGAZIN FÜR LANDSCHAFTSARCHITEKTUR
UND STADTPLANUNG
KINDERTAGESSTÄTTEN
JETZT UNVERBINDLICH BESTELLEN:
shop.georg-media.de/garten-landschaft-probeheft

CALLWEY

Bücher machen glücklich

seit

1884

Seit seiner Gründung hat sich der Callwey Verlag als einer der führenden deutschen Verlage etabliert, bekannt für seine hochwertigen Publikationen in den Bereichen Architektur, Design, Garten, Wohnen und Lifestyle. Was vor mehr als 140 Jahren mit der Gründung einer Verlagsbuchhandlung durch Georg D.W. Callwey begann, entwickelte sich schnell zu einem renommierten Verlagshaus, das Generationen von Lesern inspiriert. Die inzwischen vierte Generation führt das Erbe mit derselben Hingabe und demselben Innovationsgeist fort, die schon die Gründer angetrieben haben.
Der Callwey Verlag steht für Inspiration, Kreativität und höchste Qualität. Jedes Buch, das das Verlagshaus verlässt, ist ein Meisterwerk für sich, oft über Jahre hinweg geplant und entwickelt, sorgfältig kuratiert, gestaltet und mit den besten Papieren liebevoll verarbeitet – seit 1884 hat sich hieran nichts verändert.

Eine Reise durch die Jahrhunderte: Die historischen Verlagsräume, Mitarbeiterinnen und Mitarbeiter des Verlags in den 20er und 60er Jahren, der Verlagsgründer Georg D.W. Callwey, Mitglieder der Verlegerfamilie, darunter Marcella Prior-Callwey.

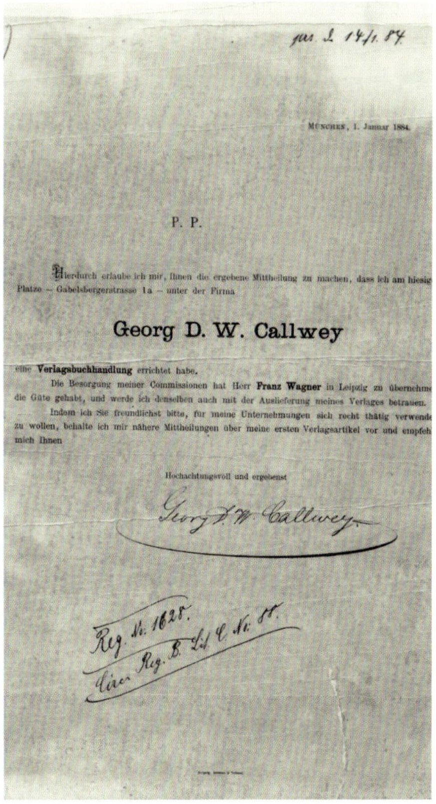

München, 1. Januar 1884.

P. P.

Hierdurch erlaube ich mir, Ihnen die ergebene Mittheilung zu machen, dass ich am hiesig Platze – Gabelsbergerstrasse 1a – unter der Firma

Georg D. W. Callwey

eine **Verlagsbuchhandlung** errichtet habe.

Die Besorgung meiner Commissionen hat Herr **Franz Wagner** in Leipzig zu übernehme die Güte gehabt, und werde ich denselben auch mit der Auslieferung meines Verlages betrauen.

Indem ich Sie freundlichst bitte, für meine Unternehmungen sich recht thätig verwende zu wollen, behalte ich mir nähere Mittheilungen über meine ersten Verlagsartikel vor und empfeh mich Ihnen

Hochachtungsvoll und ergebenst

Georg D. W. Callwey

IMPRESSUM

Klenzestraße 36
80469 München
buch@callwey.de
Tel.: +49 (0)89/8905080-0
www.callwey.de

Wir sehen uns auf Instagram:
WWW.INSTAGRAM.COM/CALLWEY

Die Deutsche Nationalbibliothek verzeichnet diese Publikation in der Deutschen Nationalbibliografie; detaillierte bibliografische Daten sind im Internet über <http://dnb.d-nb.de> abrufbar.

ISBN 978-3-7667-2793-0
1. AUFLAGE 2026

DIE AUTOREN

Konstanze Neubauer studierte Geographie, Raumordnung und Landesplanung sowie Landschaftsökologie an der LMU und der TU in München. Sie ist Freie Journalistin und Autorin für die Themenbereiche Garten, Umwelt und Natur. Im Callwey Verlag sind bisher *Gartenschätze in Bayern*, *100 Traumgärten* sowie die Reihe *Gärten des Jahres* von ihr erschienen.

Susanne Wiborg ist Journalistin und Buchautorin. Sie lebt in der Nähe von Hamburg, arbeitete unter anderem für *Die Zeit* und schreibt aktuell für *kraut & rüben*. Von ihr erschienen die Bücher *Blütenpracht und schlaue Hühner* sowie *Gäste in meinem Garten* und viele weitere Titel.

DIESES BUCH WURDE IN CALLWEY-QUALITÄT FÜR SIE HERGESTELLT

Beim Inhaltspapier haben wir uns für ein MagnoMatt in 150 g/m² entschieden – ein matt gestrichenes Bilderdruckpapier. Die gestrichene, mattierte Oberfläche gibt dem Inhalt einen edlen und hochwertigen Charakter. Die Hardcover-Gestaltung besteht aus bedruck-tem Surbalin-Papier und wurde mit einem partiellen UV-Lack veredelt. Dieses Buch wurde in Europa gedruckt und gebunden bei Graspo.

VIEL FREUDE MIT DIESEM BUCH WÜNSCHEN IHNEN

Projektleitung: Tina Freitag und Konstanze Neubauer
Mitarbeit: Jeannine Moreth
Lektorat: Konstanze Neubauer, Waakirchen
Schlusskorrektur: Victoria Wegner
Herstellung: Oliver Meier
Gestaltung, Satz: Studio Heike Czerner
Art Direction: Mario Lombardo

BILDNACHWEIS

Umschlagfotografie Cover und Rückseite: Ferdinand Graf Luckner; Vorsatz/S. 1, Nachsatz: Ferdinand Graf Luckner; S. 2 (Bildausschnitt): Ferdinand Graf Luckner; Porträt S. 9: privat; S. 10: Tina Freitag; S. 11 (Porträts Jurysitzung): Jeannine Moreth; Porträt Dirk Ebben: privat; S. 15: Ferdinand Graf Luckner; S. 286–287: CUBIC OUTDOOR LIVING; S. 288–289: Mat Kovacic; S. 289 Porträt: Isabel Winkler; S. 290–291: KANN GmbH Baustoffwerke; S. 292: Schellevis; S. 293 oben: Photographer Peter Baas; S. 293 unten: Schellevis; S. 294–295: ADEZZ B.V.; S. 296–297: Garpa; S. 298–299 (Außenaufnahmen): Christian Redtenbacher; S. 299 Porträts: Martin Wacht; S. 299 Renderings: Sunsquare; S. 300–301: Knirps GmbH; S. 302–303: in-lite; S. 304–305: Rainer Fest; S. 332–333: Ferdinand Graf Luckner; S. 334–335: Archiv Callwey

Alle Zeichnungen, Pläne und Porträtfotos sowie die angegebenen Gebäudedaten wurden – soweit nicht anders angegeben – von den jeweiligen Planern zur Verfügung gestellt. Die Bilder der vorgestellten Produkte sowie die Porträtfotos der Interviewpartner wurden – soweit nicht anders angegeben – von den jeweiligen Herstellern zur Verfügung gestellt.

LITERATUR

Dieses Buch wurde ohne künstliche Intelligenz verfasst. Alle Inhalte beruhen auf persönlichen Gesprächen mit den Planern und Planerinnen bzw. auf deren schriftlichen Antworten, ergänzt um Pläne sowie Fotografien, und, wo es möglich war, Lokalterminen.
Hilfreich bei der Einordnung der Gestaltungsideen ist zudem die einschlägige Fachliteratur – anbei ein paar ausgewählte Titel:

Freytag, Anette: Dieter Kienast - Stadt und Landschaft lesbar machen, gta Verlag, Zürich 2016
Hertle, Bernd: Blütenpracht ohne gießen, G|U Verlag, 2023
Jelitto, Leo: Die Freiland-Schmuckstauden 2 Bde, Handbuch und Lexikon der Gartenstauden. Neu hrsg. von H. Simon. 5., überarbeitete Auflage, Ulmer Verlag
Kühn, Norbert: Staudenverwendung, Eugen Ulmer KG, 2024
Mertens, Elke: Die resiliente Stadt - Landschaftsarchitektur für den Klimawandel, Birkhäuser Verlag, Basel 2021
Vidiella, Alex Sanchez (Hg.), Atlas der zeitgenössischen Landschaftsarchitektur, DuMont Verlag, Köln 2009
Warda, Hans-Dieter: Das Große Buch der Garten- und Landschaftsgehölze, Bruns Pflanzen Export GmbH im Eigenverlag, Bad Zwischenahn 2., erweiterte Auflage, 2001

HINWEIS

Uns ist es ein Anliegen, dass sich alle Geschlechter wahrgenommen und wertgeschätzt fühlen. Im Sinne einer besseren Lesbarkeit der Texte verzichten wir jedoch auf die gleichzeitige Verwendung der Sprachformen männlich, weiblich und divers (m/w/d). Wo dies möglich ist, bemühen wir uns darum, alle Formen miteinzubeziehen, oder um neutrale Formulierungen. Sämtliche Personenbezeichnungen gelten gleichermaßen für alle Geschlechter.

DANK

Herzlichen Dank an alle Landschafts- und Gartenarchitekten, Gartenplaner und Gartenbauer, die sich Zeit für ein persönliches Gespräch nahmen bzw. mir eine persönliche Führung durch die Gärten gaben. Ohne ihre wertvolle Arbeit und das Einverständnis der Gartenbesitzer, Einblicke in ihre Privatgärten zu gewähren, wäre dieses Buch nicht zustande gekommen. Ein besonderer Dank geht an alle Gartenfotografen, deren stimmungsvolle Bilder letztlich einen Bildband über Gärten ausmachen. Bedanken möchte ich mich auch bei Frau Dr. Marcella Prior-Callwey und dem gesamten Callwey-Team für die reibungslose Zusammenarbeit sowie besonders bei Heike Czerner, die mit ihrer Kreativität aus Bildern und Texten ansprechende Bücher macht.

Konstanze Neubauer, Marienstein im November 2025

CALLWEY 1884